宇宙地球科学

Earth and Space Sciences

Bun'ei Sato
Hideo Tsunakawa

佐藤文衛
綱川秀夫

講談社

JN173531

まえがき

　本書『宇宙地球科学』は、広大な宇宙の進化とその宇宙を構成する恒星、銀河・銀河系、銀河系の中にある太陽系、太陽系の一天体としての地球、地球システムに息づく生命を科学的に俯瞰する。本書が、ピコスケールからテラスケールの時空を巡る科学的自然観を得るきっかけになれば幸いである。

　第I部が天文・宇宙編、第II部が地球・太陽系編となっており、東京工業大学の学部1年生数百人を対象とする講義内容をもとに執筆したものである。大学生向けであるが、高校地学の知識を前提にはしていない。本書では、宇宙や地球について基本的な知識を学ぶだけでなく、それらの背景となっている観測・実験と物理学・化学・地質学的理論・モデルをできるだけ把握することも主目的の一つとしている。そのために必要な数学的表現を、理工系大学生あるいは理工系大学出身者が理解できる範囲で使っている。また、『宇宙地球科学』という名の教科書であるため、一般的な天文学や地学の教科書と比べると内容に偏りや濃淡がある。足りない部分は、他の書物等で適宜補足していただきたい。

　なお、本書執筆にあたり、講談社サイエンティフィク第2出版部の慶山篤氏、渡邉拓氏には、構成・内容・作図などたいへんお世話になった。東京工業大学理学院地球惑星科学系教員には、忙しい中を内容の確認・修正をしていただいた。同系秘書の工藤さん、竹山さんには、遅々として執筆の進まない中、各種の調整をしていただいた。紙面を借りて、これらの方々に心からお礼を申し上げたい。

2017年12月1日

佐藤 文衛

綱川 秀夫

『宇宙地球科学』目次

第 I 部　天文・宇宙編 …… 1

第 1 章　太陽系の測量 …………………………………………… 2

第 2 章　運動の法則と天体の質量 ……………………………… 12

第 3 章　星の温度とスペクトル ………………………………… 22

第7章 膨張する宇宙 60

第8章 元素の起源 70

第9章 恒星の内部構造 81

第 II 部　地球・太陽系編 ──── 153

第1章　惑星の形状 ──────────────── 154

第2章　惑星の重力圏 ──────────────── 165

ギリシア文字の読み方

大文字	小文字	読み方
A	α	アルファ
B	β	ベータ
Γ	γ	ガンマ
Δ	δ	デルタ
E	ε	イプシロン
Z	ζ	ゼータ
H	η	イータ
Θ	θ	シータ
I	ι	イオタ
K	κ	カッパ
Λ	λ	ラムダ
M	μ	ミュー
N	ν	ニュー
Ξ	ξ	グザイ
O	o	オミクロン
Π	π	パイ
P	ρ	ロー
Σ	σ	シグマ
T	τ	タウ
Y	υ	ウプシロン
Φ	ϕ	ファイ
X	χ	カイ
Ψ	ψ	プサイ
Ω	ω	オメガ

（画像出典：NASA, ESA, & F. Paresce (INAF-IASF), R. O'Connell (U. Virginia), & the HST WFC3 Science Oversight Committee)

第 1 章　太陽系の測量

空を見上げれば太陽と
月はほぼ同じ大きさに
見え、惑星、恒星とと
もに空にはりついて地
球を中心に回っている
ように見える。これら
の天体は、本当はどの
くらいの大きさで、地
球からどのくらいの距
離にあるのだろうか。

（画像出典：戸田博之、国立天文台）

1.1　地球の大きさ

　地球が丸いことは、宇宙から地球を見れば一目瞭然である。しかし、人類が宇宙へと飛び出す以前から、地球が丸いことは知られていたようである。例えば古代ギリシャのアリストテレスは、海の向こうから船がやってくるとき、まず先にマストのてっぺんが見え、その後船全体が見えることから、地球は丸いと考えた。また、月食のときに月に映る地球の影の形、地球上の場所（緯度）による北極星の見える高度の違いなどからも、地球が丸いことは推測できる。

　地球の大きさはどうだろうか。古代アレクサンドリアのエラトステネスは、夏至の日にシエネ（現在のアスワン）では井戸に真上から日が差す一方、シエネの北のアレクサンドリアでは地面に鉛直に立てた棒に影ができる、つまり日が斜めから差すことに気づいた。エラトステネスは、その棒と影のなす角度が約 7.2°であることを利用して、地球の円周がシエネ–アレクサンドリア間の距離の約 50 倍であると推定した（**図 1.1**）。これは約 45000 km に相当し、実際の地球の円周約 40000 km（半径約 6400 km）に極めて近い。このように、すでに紀元前には地球の大きさは大体わかっていたのである。

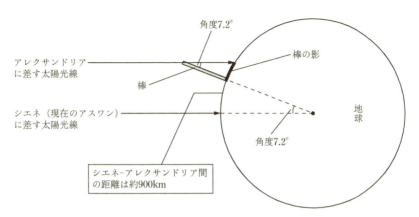

図 1.1 エラトステネスによる地球の大きさの測定（図は角度を誇張している）。

1.2　月の大きさと距離：「見かけの」大きさと「真の」大きさ

　では、月の大きさはどれくらいだろうか。古代ギリシャのアリスタルコスは、皆既月食を利用して月と地球の大きさの比を測定した。**図 1.2** のように、皆既月食時の月の位置における地球の影には、本影と半影と呼ばれる部分がある。本影は、月から見ると太陽が完全に地球に隠される領域、半影は一部太陽が見える領域である。地球から見た月と太陽の見かけの大きさは同じであるため、半影の幅はちょうど月 1 個分になる。太陽が十分遠方にあるとすれば月の軌道上において、地球の大きさは本影の大きさに月 1 個分を足した大きさになる。アリスタルコスは月食の観測から本影は月 2 個分であるとし、月の直径が地球の約 1/3（実際は約 1/4）であると推定した。

　月と地球の大きさの比がわかれば、地球から月までの距離を求めることができる。地球の大きさは、半径約 6400 km（直径約 12800 km）とわかっているとしよう。月の直径（半径）は地球の 1/4 とすると、月の半径は約 1600 km ということになる。また、地球から見た月の見かけの大きさ（直径）は、角度にして約 30 分角（ただし、1 分角＝1/60 度）である。これらの情報をもとに、**図 1.3** が描ける。この条件で三角関数を使えば、月までの距離 d は約 37 万 km となる（実際の月までの距離は、アポロ宇宙船が月面に置いてきた反射鏡に地球からレーザー光を当て、反射して地球に戻ってくるまでの時間から測定

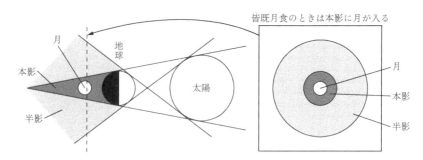

図1.2　月食のしくみの概念図。月の像が本影に丸ごと覆われる場合が皆既月食である。半影は幅のあるリング状をしており、その幅はちょうど月1個分の直径と等しい（図とは大きさが異なる）。

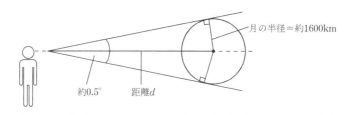

図1.3　地球から見た月の見かけの大きさ（角度）と、地球からの距離、月の本当の大きさの関係。

する。これによって、月までの平均距離は約38万 km と求められている）。

　我々が空を見たとき、奥行き方向の情報、つまりある天体までの距離はわからない（すべて同じ面にはりついているように見える）。しかし上記のように、何らかの方法でその天体の実際の大きさを知ることができれば、見かけの大きさ（角度）と比べることによってその天体までの距離が得られる。逆に、何らかの方法でその天体までの距離がわかれば、見かけの大きさからその天体の真の大きさがわかる。

　同じ大きさのものでも近くにあれば大きく見え、遠くにあれば小さく見える。この単純な関係が、天文学においては非常に重要である。

　さて、地球、月とくれば、次は太陽である。アリスタルコスは、半月のときの月と太陽の間の角度をもとに、太陽までの距離は月までの距離の 19 倍と求めた。月と太陽は見かけの大きさが同じなので、アリスタルコスの推定した比によれば、太陽の大きさは月の大きさの 19 倍ということになる。実際の太陽までの距離は月までの距離の約 400 倍であるから、アリスタルコスの測定は

間違っていたわけだが、少なくとも、太陽は月より遠くにあり、地球や月よりも大きいことは認識していたようだ。太陽の大きさと距離の正確な測定については 1.4 節で述べる。

1.3 天体の動き：地球中心説と太陽中心説

ここでいったん距離の話から離れて、天体の見かけの動きに話を移そう。天文学の歴史において、天体の見かけの動きが詳細に観測された結果、天体の運動の法則が明らかになった。さらにそれが、太陽を含めた天体間の距離の測定へとつながっていく。

1.3.1 天体の見かけの動き

まず、恒星の見かけの動きから始めよう。恒星を観察していると、恒星は毎晩東から昇って西に沈み、翌日また昇ってくる。これは1日の動きである。さらに、季節によって見える恒星が移り変わってゆく。同じ時刻に観察すると、恒星の位置は毎日約1°ずつ西にずれ、1年で元の位置に戻る。また、恒星は基本的にお互いの位置関係を変えない（だから恒星と呼ばれる）。

惑星についても1日の動きは同じである。しかし惑星は、恒星に対して平均

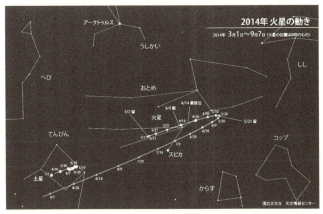

（画像出典：国立天文台天文情報センター）

図 1.4　2014 年の火星と土星の動き。恒星に対する位置の変化を表す。

的には西から東に移動しているように見え、ときどき逆行（東から西に移動；図1.4）と呼ばれる動きをする（このため、惑う星＝惑星という呼び名がついた）。惑星の動きの1周期（恒星に対して同じ場所に戻ってくるまでの期間）は、火星1.88年、木星11.9年、土星29.5年である。

　太陽も東から西へ1日1回転するのは同じである。これに加えて、太陽はほかの恒星に対しては、西から東へ1日約1°動いているように見える（昼間でも星が見えていると想像してみよう）。

1.3.2　地球中心か太陽中心か

　1.3.1節で述べた天体の動きは、すべて地球を中心にして起こっているように見える（地球から見ているのだからあたり前である）。古代アレクサンドリアのプトレマイオスは、地球を中心とした宇宙を考え、天体の動きを説明しようとした。プトレマイオスの宇宙では、太陽、月、各惑星にそれぞれ大円が与えられ、かつ惑星には周転円が与えられた（図1.5左）。大円と周転円には、それぞれ回転周期が惑星ごとに与えられる。惑星の軌道が円だとすれば、実際にこのモデルで惑星の見える方向は正確に予言できる。

　しかし、地球から各惑星までの距離については、実はプトレマイオスのモデルでは何もわからない。図1.5左ではもっともらしい順番に天体が並べてあるが、この並びには特に必然性はない。地球中心説で決まるのは、大円と周転円

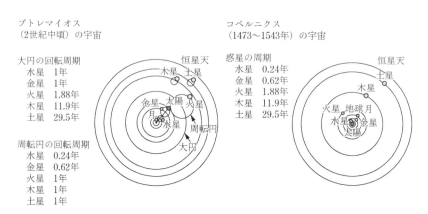

図1.5　プトレマイオスの宇宙（左）とコペルニクスの宇宙（右）。

の大きさの比である。この比は、惑星の逆行運動の見かけの振れ幅に相当している。惑星までの距離はわからないので、大円が大きいと思えばそれに応じて周転円も大きくなるのである。

　一方、コペルニクスは太陽を中心にした宇宙を考えた（図1.5右）。こう考えると、各惑星に公転周期を1つずつ与えるだけで、周転円は不要となる。外惑星の逆行は、地球がそれぞれの惑星を追い越す際に見られる現象として説明がつく（図1.6）。また、逆行の見かけの振れ幅は、地球から惑星までの距離による。遠くの惑星ほど振れ幅は小さい。このように、太陽中心説では、地球中心説では決まらなかった各惑星の順番と軌道の大きさが1つに決まる。

　実は、地球を中心とするか太陽を中心とするかは、単に座標の原点の取り方の違いに等しく、両者は相互に変換が可能である。図1.7を見てわかるように、どちらの場合でも観測によって決まるのは a_J と a_E の比である。しかし、地球

図 1.6　太陽中心説による惑星の逆行の説明。

どちらも a_J と a_E の比は惑星ごとに観測によって定まる

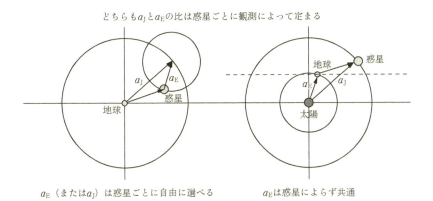

a_E（または a_J）は惑星ごとに自由に選べる　　　　a_E は惑星によらず共通

図 1.7　地球中心モデル（左）と太陽中心モデル（右）の関係。

中心モデルでは a_E（または a_J）を惑星ごとに自由に選べるのに対し、太陽中心モデルでは a_E は惑星によらず共通でなければならない（考える惑星ごとに太陽-地球間の距離が変わることはない）。そのため、地球の軌道の大きさを基準として、各惑星同士の相対的な軌道の大きさが決まるのである。

ところで、地球中心モデルをよく見ると、太陽中心モデルのヒントがすでに隠されている。すべての惑星の大円または周転円の回転周期に、1年という周期が出てきているのがわかるだろう。これは何か特別な周期のように思えるが、実は地球の公転周期、つまり自分が運動していることによって生じる見かけの動きだったのである。

コペルニクスによって太陽中心説が唱えられて以降も、太陽中心説に基づく惑星運動モデルは必ずしも地球中心モデルに比べて実用上優れたものとは考えられていなかった。しかし、1600年代初頭にドイツのケプラーによって惑星の運動に関する法則(ケプラーの法則)が見出されると、太陽中心モデルが広く

表 1.1　太陽系のスケール。

惑星	公転周期 (年)	太陽からの平均距離 (地球を1とする)	実際の距離 (億 km)	150 億分の 1 模型の場合	
				距離 (m)	直径 (mm)
太　陽					93
水　星	0.24	0.39	0.579	3.9	0.33
金　星	0.62	0.72	1.082	7.2	0.81
地　球	1	1	1.496	10	0.85
火　星	1.88	1.5	2.279	15	0.45
木　星	11.86	5.2	7.783	52	9.5
土　星	29.46	9.6	14.294	96	8.0
天王星	84.02	19.2	28.750	192	3.4
海王星	164.77	30.1	45.045	301	3.3
ケンタウルス座 α 星			410000 (4.3 光年)	2700 km	

受け入れられるようになった。次章で詳しく述べるが、ケプラーの法則による
と惑星の軌道は円ではなく、太陽を焦点の1つとする楕円であり、各惑星の太
陽からの平均距離の3乗は公転周期の2乗に比例する（**表1.1**）。

1.4 太陽までの距離：1天文単位の測定

　1.3.2節で、太陽を中心にして考えると、各惑星には公転周期と軌道が1つ
ずつ与えられることを示した。しかし、決まるのはあくまで、地球の軌道の大
きさに対する相対的な大きさであることに注意が必要である。この段階では、
実際の地球の軌道の大きさ、すなわち太陽と地球の間の距離はまだわかってい
ない。

　太陽と地球の距離（1天文単位という）を求めるには、地球からどれか1つ
の惑星までの実距離がわかればよい。例えば、火星までの距離を測ってみよう
（**図1.8**）。火星と地球が最接近したとき、つまり、太陽、地球、火星がこの順
に一直線に並ぶときを考える（このとき、火星は衝の位置にあるという）。地
球上の異なる2地点から火星を見ると、背景の恒星に対する火星の位置が異
なって見える。見かけの位置のずれの角度を θ、地球半径を R、火星までの距
離を d とすると、

$$d = R/\sin\theta \tag{1.1}$$

の関係がある。これは、地球の大きさを利用した三角測量である。

　最接近時の地球-火星間の距離はそれぞれの軌道の半径の差に等しいから、

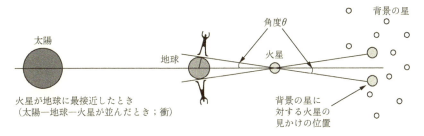

図1.8　火星-地球間の距離の測定。

太陽-地球間の距離を 1 とすると 0.5 に相当する。つまり、これを 2 倍したものが太陽-地球間の距離ということになる。カッシーニは、このような測定から 1 天文単位として約 1 億 4000 万 km という値を得た。

　現代的な方法では、金星までの距離をレーダーを使って測る。地球と金星が最も接近したとき（内合という）に金星に向かって電波を打ち出し、反射して戻ってくるまでの時間から実際の距離を割り出す。内合時の金星-地球間の距離は平均軌道半径の差から 0.28 天文単位であるので、ここから 1 天文単位が計算できる。このような測定が積み重ねられた結果、現在では 1 天文単位＝ 1.495978707×10^8 km（約 1 億 5000 万 km）と正確に定義されている。

　太陽までの距離がわかれば、太陽の大きさを求めるのは簡単である。太陽の見かけの大きさが 30 分角であることから、太陽の半径は約 696000 km であることがわかる。これは地球の約 109 倍、月の約 400 倍である。また、同様にして各惑星の大きさも求めることができる（Exercise 1.2）。

1.5　太陽系の縮尺

　地球の大きさから始まり、ここまでで太陽系の大きさ（各惑星までの距離）と各惑星および太陽の大きさがわかったことになる。天体の大きさと距離の感覚をつかむため、太陽系の 150 億分の 1 模型を考えよう（表 1.1）。この縮尺では、太陽は直径 93 mm なので、ちょうどソフトボールくらいの大きさになる。地球の直径は 1 mm にも満たない 0.85 mm、それが太陽から 10 m 離れたところにある。最も遠くの惑星である海王星までの距離は約 300 m である。惑星が、太陽系の大きさに比べて如何に小さいかを感じてもらえるだろう。

　ちなみに、太陽のお隣の恒星であるケンタウルス座アルファ星までの距離は約 4.3 光年である。これを 150 億分の 1 に縮小すると約 2700 km、ちょうど札幌から台北くらいの距離である。恒星同士の間も実にスカスカである。

——————————— Teatime ———————————

太陽中心説の証拠

　地球中心説に代わって太陽中心説が受け入れられるようになってからも、その直接的な証拠はなかなか得られなかった。地球が太陽の周りを回っているという証拠が最初に捉えられたのは、1728年、ブラッドレーによる年周光行差（ねんしゅうこうこうさ）の発見によってである。

　雨の中を走ると、本当は雨が空の真上から落ちてきていても、頭のてっぺんではなく体の前面が濡れるのと同じで、観測者の進行方向に対してある角度をもった方向にある天体からの光は、観測者の進行方向にずれた方向からやってくるように見える。このときのずれが光行差である。地球の公転速度は約 30 km/s であり、これによって生じる光行差は、進行方向に対して垂直な方向にある天体に対して約 20.5 秒角である（秒角（びょうかく）は角度の単位で、1 分角の 1/60、すなわち 1° の 1/3600）。

　その後、1838 年には年周視差（第 4 章参照）が検出されて、太陽中心説の正しさは決定的となった。

—————————◆ Exercise ◆—————————

1.1　次のそれぞれの物体の視半径を求めよ。単位は分角とする。

　(1)　腕の長さ 60 cm の人が、腕を伸ばして親指を立てたとき、親指の爪の視半径。ただし、親指の爪を直径 1.5 cm の円とする。

　(2)　100 m 離れた所に置いた直径 20 cm のボールの視半径。

　(3)　1 天文単位離れた所に置いた直径 140 万 km のボールの視半径。

1.2　木星の大きさを求めよ。衝における木星の視半径は約 23 秒角である。

第 2 章　運動の法則と天体の質量

地球をはじめとする太陽系の
惑星は、太陽の周りを回って
いる。その運動は規則的であ
り、例えば地球の公転周期は
1年、木星は約12年と決まっ
ている。本章では、このよう
な天体の運動を支配する法則
を説明し、さらにこれを用い
て天体の質量を推定してみる。

（画像出典：NASA）

2.1　ケプラーの法則

　16世紀のコペルニクスによる太陽中心説の提唱以後、惑星の位置や運動に
関するさらに詳細なデータが蓄積された。なかでもブラーエが約20年間にわ
たって実施した天体の位置観測は、非常に精密であった。ブラーエのデータを
引き継いだケプラーは、詳細な解析によって惑星の運動に関する以下の3つの
経験則を発見した。

2.1.1　第1法則：惑星は太陽を1つの焦点とする楕円上を運動する

　楕円とは、ある2点からの距離の和が一定である点の軌跡であり、その2点
を楕円の焦点と呼ぶ（図2.1）。楕円の中心から焦点までの距離は、楕円の長
軸の半径（長半径）をaとすると、離心率と呼ばれる無次元のパラメータe
を用いてaeと表される。円は、離心率が0の場合である。太陽系の惑星は、
太陽が一方の焦点に位置する楕円上を運動する。

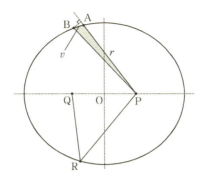

図 2.1　楕円。O は楕円の中心、P、Q は楕円の焦点。線分 PR と QR の長さの和が一定になる。これを太陽 P の周りを回る惑星の軌道とすると、単位時間当たりに太陽と惑星を結ぶ線分が掃く面積（灰色の部分）が面積速度。

2.1.2　第 2 法則：惑星と太陽を結ぶ線分が単位時間に掃く面積は一定である

　惑星と太陽を結ぶ線分が単位時間に掃く面積を「面積速度」という。再び図 2.1 を見てみよう。今、点 A にいた惑星が速度 v で単位時間に点 B に進んだとする。AB 間は微小だとすると、この間に線分 PA が掃いた面積は三角形 PAB の面積で近似できる。線分 PA の長さを r、ベクトル PA とベクトル v のなす角を θ とすると、面積速度は

$$面積速度 = \frac{1}{2} r v \sin\theta \tag{2.1}$$

と表される。面積速度が一定であるということは、惑星の公転速度は一定ではなく、惑星が太陽の近くにあるときは速く、遠くにあるときは遅く公転することを意味している。実は、面積速度一定の法則は、太陽の周りを回る惑星の角運動量が一定に保たれることを教えるものに他ならない。惑星の質量を m とすると、角運動量 l の大きさはベクトルの外積を使って

$$|l| = |r \times p| = |r \times (mv)| = mrv \sin\theta \tag{2.2}$$

と表され、面積速度が角運動量に対応していることがわかる。

2.1.3　第 3 法則：惑星の公転周期の 2 乗は楕円軌道の長半径の 3 乗に比例する

　第 1 法則は軌道の形、第 2 法則は軌道上での運動の仕方を示したものであるが、これに加えて各惑星軌道の大きさの関係を与えるものが第 3 法則である。

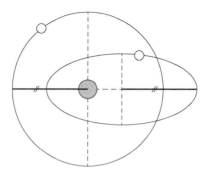

図 2.2　円軌道と楕円軌道。円軌道の半径と楕円軌道の長半径が等しいので、2 つの軌道の公転周期は等しい。

　ケプラーは、惑星軌道の長半径（太陽からの平均距離）a と公転周期 P の間に以下の関係が成り立つことを見いだした。

$$P^2 \propto a^3 \tag{2.3}$$

軌道長半径が等しければ、円でも楕円でも公転周期は等しい（**図 2.2**）。これにより、観測によって求められる惑星の公転周期に基づいて、各惑星軌道の相対的な大きさがわかる。また、いずれかの惑星間の実距離が測定できれば、上記関係式の比例係数が求まり、全ての惑星までの実距離がわかる。後述するように、この比例係数の値は実は太陽と惑星の質量によって決まっている。

2.2　ニュートンの運動の 3 法則

　ケプラーの法則は、天上の惑星の運動についての法則であった。その一方、地上における物体の運動についても、ケプラーと同時代の科学者であるガリレイらによって研究が進められた。その研究は、ガリレイによる落体運動の法則に始まり、17 世紀後半、ニュートンによる運動の 3 法則として確立された。天上の運動と地上の運動は、このニュートンの運動法則と 2.3 節で述べる万有引力の発見によって、同じ法則に基づく運動として統一されることになる。

　ニュートンが掲げた、物体の運動に関する 3 つの基礎法則は以下の通りである。

第1法則（慣性の法則）

質点が空間に孤立していて、外界と何らの相互作用もしていないとき、その質点は等速度運動する。

第2法則（運動方程式）

物体が力 F を受けると、その力の働く方向に加速度（速度の変化率；位置ベクトル r の時間 t に関する2階微分）が生じる。加速度は力の大きさに比例し、物体の質量 m に反比例する。これを式で表すと以下のようになる。

$$m\frac{d^2r}{dt^2}=F \tag{2.4}$$

第3法則（作用・反作用の法則）

2つの物体に働く力には、一方の物体に作用する力だけでなく、他方への反作用がある。これらの力は等しく、向きが逆である。

2.3 万有引力の法則

　ニュートンは、ケプラーの法則を説明するために、太陽と惑星の間には空間を越えて伝わる力が働いていると考えた。さらに、自身が見いだした運動の法則を適用することによって、万有引力の考えに到達した。ここでは、ケプラーの第3法則から万有引力の形を導いてみよう。

　簡単のため、惑星の軌道は円と仮定する。質量 m の惑星が太陽から距離 a だけ離れたところを速度 v で回転しているとする。この場合、惑星には mv^2/a の遠心力がかかる。これが太陽から及ぼされる引力と釣り合っているとすると、引力の形を仮に km/a^n とおけば

$$m\frac{v^2}{a}=k\frac{m}{a^n} \ \Rightarrow \ v^2a^{n-1}=k=\text{一定} \tag{2.5}$$

となる。一方、ケプラーの第3法則によると公転周期 $P=2\pi a/v$ の2乗は半径 a の3乗に比例することから、

$$P=\frac{2\pi a}{v}=ca^{3/2} \ \Rightarrow \ v=\frac{2\pi}{ca^{1/2}} \tag{2.6}$$

が得られる（c は比例定数）。これらより、

$$a^{n-2} = \frac{c^2 k}{4\pi^2} = 一定 \tag{2.7}$$

となる。右辺が a に関わらず一定となるためには、$n=2$ でなければならない。つまり、引力は距離の 2 乗に逆比例することが導かれる。

ニュートンはさらに、月の公転運動と地上の落体の運動とを比較する考察も行い、以下に述べる万有引力の法則に到達した。

> **万有引力の法則**
>
> 全ての物体間には引き合う力 F が存在し、その大きさは 2 つの物体の質量 M、m に比例し、物体間を結ぶ方向に作用し、それらの距離 r の 2 乗に逆比例する。
>
> $$F = G\frac{Mm}{r^2} \tag{2.8}$$
>
> ここで、G は万有引力定数と呼ばれる比例係数であり、現在、実験からは
>
> $$G = 6.67408 \times 10^{-11}\,\mathrm{N\,m^2\,kg^{-2}} \tag{2.9}$$
>
> という値が得られている。

万有引力の発見によって、地上の物体の運動も天体の運動も全て同じ法則に従っていることが明らかになったのである。

なお、ここではケプラーの第 3 法則から万有引力の形を導いたが、ニュートンの運動の法則に万有引力の法則を適用すれば、ケプラーの 3 つの法則を全て完璧に導くことができる。詳細は力学の教科書を参照されたい。

2.4　太陽の質量

ケプラーの第 3 法則は、惑星の軌道長半径の 2 乗が公転周期の 3 乗に比例することを示すが、この比例係数の具体的な形は、ニュートンの運動の法則と万有引力の法則を用いることで明らかになる。

2.4.1　太陽の周りを回る惑星

簡単のため、2.3 節と同じように、太陽の周りを円運動する惑星を考える

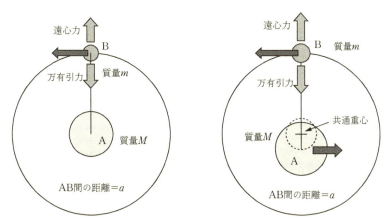

図2.3　太陽と惑星の運動。（左）固定された太陽A（質量M）の周りを回る惑星B（質量m）の運動。（右）共通重心の周りを回る太陽と惑星の運動。

（図2.3左）。太陽の質量をM、惑星の質量をmとし、両者の間には万有引力が働いているとすると、惑星に働く力の釣り合いの式は以下のように書ける。

$$m\frac{v^2}{a}=G\frac{Mm}{a^2} \tag{2.10}$$

$v=2\pi a/P$であることから、これを整理すると

$$P^2=\frac{4\pi^2}{GM}a^3 \tag{2.11}$$

が得られる。これはケプラーの第3法則そのものであり、比例係数が万有引力定数と太陽の質量からなっていることがわかる。

　これを書き換えると、太陽の質量に関して以下の式を得る。

$$M=\frac{4\pi^2}{G}\frac{a^3}{P^2} \tag{2.12}$$

つまり、観測と測定によって求められる惑星の軌道長半径と公転周期、および実験から求められる万有引力定数を用いることによって、太陽の質量を求めることができるのである。このことは、中心が太陽である場合に限らない。例えば、地球の周りを回る月や木星の周りを回る衛星の運動を調べることによって、地球や木星の質量を求めることができる。衛星がない場合は、その天体に

人工衛星を飛ばして周回させ、その運動を調べればよい。

このようにして求められた太陽の質量は

$$1.9884 \times 10^{30} \, \text{kg}$$

である。万有引力は非常に弱い力であり、実験による測定が非常に難しい。そのため、万有引力定数の精度は軌道長半径や公転周期に比べて低く、これが太陽質量の測定精度を決めている。

2.4.2　共通重心の周りを回る太陽と惑星

2.4.1 節では、固定された太陽の周りを回る惑星の運動を考えた。しかし、これは一種の近似であり、太陽に比べて惑星の質量が無視できるほど小さい場合に成り立つものである。実際には惑星もある質量をもっているため、太陽と惑星はお互いに共通重心の周りを回ることになる。例えば、太陽と木星の共通重心はちょうど太陽の表面近くに位置するので、太陽はちょうど自分の大きさ 1 個分だけ動いていることになる。これを踏まえて、より一般的に共通重心の周りを回る惑星の運動を考えてみよう。

図 2.3 右により、共通重心から惑星までの距離 a_p は

$$a_p = a \frac{M}{M+m} \tag{2.13}$$

と書ける。したがって、惑星に働く遠心力と万有引力の釣り合いの式は

$$m \frac{v^2}{a_p} = G \frac{Mm}{a^2} \tag{2.14}$$

となる。これに $v = 2\pi a_p / P$ と a_p を代入して整理すると、ケプラーの第 3 法則として次式が得られる。

$$P^2 = \frac{4\pi^2}{G(M+m)} a^3 \tag{2.15}$$

ここでは簡単のため円軌道を仮定したが、楕円軌道でも同じ式が得られる。

係数の分母が太陽と惑星の質量の和になっており、太陽の質量に比べて惑星の質量が無視できる（$M \gg m$）場合には式（2.11）と同じ形になる。片方の天体の質量がもう片方の天体の質量に比べて無視できない場合（例えば恒星同士の連星系など）には、式（2.15）をそのまま用いなければならない。

2.5 大きさのある物体からの万有引力

さて、ここまでの話では、天体の大きさは考えていなかった。しかし、もちろん天体はある大きさをもっており、天体の質量はその中に分布している。このような天体を考えた場合にも、これまで述べた法則は成り立つのだろうか。

天体のように大きさをもっている物体から受ける引力は、その物体を無限に多くの微小部分に分割して、その各部分から受ける引力の和と考えることができる。物体が等方的な（半径のみの関数である）質量分布をもつ球である場合には、以下のことが成り立つ。

等方的質量分布をもつ球が質点に及ぼす万有引力

① 球の外側にある質点に働く万有引力の大きさは、その球の全質量が中心に集中したと考えた場合と等しい。

② 球の内側にある質点に働く万有引力の大きさは、質点の位置（半径）より内側にある質量が球の中心に集中したと考えた場合と等しい（つまり、質点より外側にある質量から受ける万有引力の総和はゼロである）。

ここでは、以下の簡単な考察によって②を示してみよう。

図2.4左のように、球 O の内部、半径 r の位置にある質点 P（質量を 1 とする）を考える。この点が、半径 r'（$r' > r$）の球殻の一部分 Q_1 から受ける万有引力を求めよう。PQ_1 間の距離を d_1、球殻の厚みを $\Delta r'$、OQ_1 と PQ_1 のなす角を θ、P からみた Q_1 の立体角を $\Delta\Omega$ とすると、Q_1 の体積 ΔV_1 は

$$\Delta V_1 = \Delta r' \cos\theta \, d_1^2 \Delta\Omega \qquad (2.16)$$

と表される。ここで、立体角とは空間におけるある領域を見込む角度のことであり、角の頂点を中心とする半径 1 の球から錐面が切りとる面積の大きさで表される（**図2.4**右；単位はステラジアン）。立体角が等しい領域の面積は、距離の 2 乗に比例する。今、球の質量分布は等方的で半径のみの関数と仮定しているので、半径 r' での密度を ρ' とすると、P が Q_1 から受ける万有引力 F_1 は

$$F_1 = G\rho' \Delta V_1 / d_1^2 = G\rho' \Delta r' \cos\theta \, \Delta\Omega \qquad (2.17)$$

と書ける。

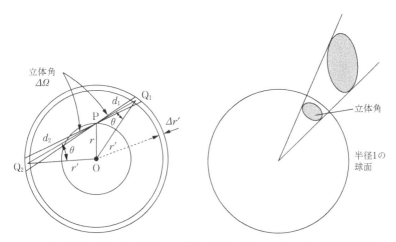

図 2.4　2.5 節の議論。(左) 球の内部にある質点が外側の球殻から受ける力。(右) 立体角。原点から 2 つの灰色領域を見込む立体角は等しい。

　同様に、Q_1 と正反対の方向に同じ立体角をもつ半径 r' の球殻の一部分 Q_2（体積 ΔV_2、P からの距離 d_2）を考えると、P が Q_2 から受ける万有引力 F_2 は

$$F_2 = G\rho' \Delta V_2/d_2^2 = G\rho' \Delta r' \cos\theta \, \Delta\Omega \tag{2.18}$$

と書ける。

　つまり、F_1 と F_2 は大きさが同じ反対向きの力であり、これらの力はキャンセルされる。これを全ての方向、全ての球殻について考えると、結局質点が外側にある球殻から受ける万有引力の総和はゼロになるのである。

─────────── Teatime ───────────

万有引力定数

　万有引力は非常に弱い力である。例えば、一定の距離に置かれた2つの陽子の間に働く万有引力の大きさは、同時に働くクーロン力（静電気力）に比べて36桁も小さい。しかし、万有引力にはクーロン力とは違って斥力がなく、引力のみであるため、力が打ち消しあうことはない。そのため、天体のスケールになると万有引力が支配的になる。

　万有引力の強さを表す万有引力定数が、仮に「定数」でなかったらどうなるだろう。例えば、宇宙初期に万有引力定数が現在より大きかったら、宇宙の膨張率は大きくなり、ビッグバン元素合成に影響が出るだろう（第7、8章）。また、強い重力は恒星内部の温度上昇を招き、核融合反応を促進するため、太陽の寿命は短くなる。逆に重力が小さかったら、銀河団など多数の天体が重力で集まっている集団は既に離散してしまっているかもしれない。また、銀河系には回転速度を維持するためにダークマターが必要であると考えられているが（第5章）、万有引力定数が空間スケールに依存し、銀河系スケールでは大きくなるとすれば、ダークマターは必要なくなる。

　このように、万有引力定数は宇宙の成り立ちに大きく関わっており、その時間的、空間的な一定性について、現在様々な検証が行われている。

───────────> Exercise <───────────

2.1　地上の物体の落下運動と月の公転運動とが同じ万有引力の法則に従っていることを示せ。

2.2　木星の衛星の運動を利用して木星の質量を求めよ。

第3章　星の温度とスペクトル

我々は、天体が放射する光（電磁波）の観測を通して、その天体の温度などの情報を得ている。本章では、放射の重要な概念である黒体放射について説明し、続いてスペクトル、特に吸収線・輝線のしくみについて説明する。

3.1　黒体放射

　外部から入射する電磁波を、あらゆる波長にわたって完全に吸収する理想的な物体のことを黒体と呼び、黒体から放射される熱的な電磁波を黒体放射と呼ぶ。黒体放射には、放射のエネルギーが物質によらず、黒体の温度のみによって決まるという性質がある。

3.1.1　黒体放射とみなせる例（1）：空洞放射

　黒体はあくまで理想的な物体であり、完全な黒体を実際に作ることは難しいので、代わりに空洞放射というものを考える。図3.1左のような、ごく小さな孔が開いた中空の箱があるとしよう。この孔から入った光がそのまま（反射を繰り返して）外に出てくる可能性は極めて低く、最終的には箱の内壁か、箱の中の物質によって吸収されるだろう。つまり、この箱（より正確には小孔）は完全な吸収体であると言える。

　この箱をある温度に保つと、箱の中の物質から光子が放出され、それはまた物質に吸収され、いずれ物質と放射が平衡状態に達する。この状態を熱力学平

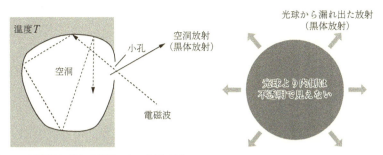

図 3.1　空洞放射（左）と恒星からの放射（右）。

衡と呼ぶ。このとき小孔から漏れ出てくる放射は、黒体放射のよい近似となっ
ている。

3.1.2　黒体放射とみなせる例（2）：恒星

　恒星の表面も、上で述べた小孔と同じような性質をもっている。放射体とし
ての黒体の基本的な条件は、無視できるほどわずかな放射が漏れ出る、という
ものである（**図 3.1 右**）。

　恒星は巨大なガスのかたまりであるが、その内部は極めて高密度で不透明な
ので、発生した光子はすぐに内部物質に吸収されてしまい、直接恒星の外に出
ることができない。そのため、恒星の内部では局所的に熱力学平衡が成り立っ
ていると考えられ、恒星の放射は黒体放射で近似できる。恒星内部は表面に近
づくほど密度が小さくなり、ある面を境に一部の光子は再吸収されずに外に出
られるようになる。この面は光球と呼ばれ、我々が見る恒星の表面に相当す
る。さらに外側になると、再吸収されずに出られる光子がどんどん多くなり
（孔がどんどん大きくなり）、恒星の放射は黒体放射からずれていく。

3.1.3　黒体放射の性質

　絶対温度 T の黒体放射エネルギーの表式はプランク関数と呼ばれ、以下の
式で表される（**図 3.2**）。

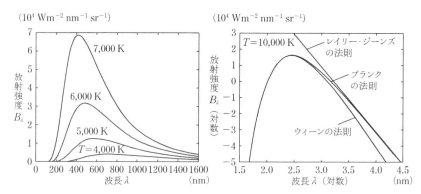

図 3.2　プランク関数。

$$B_\lambda(T) = \frac{2hc^2}{\lambda^5} \frac{1}{\exp\left(\dfrac{hc}{\lambda k T}\right) - 1} \tag{3.1}$$

ここで、λ は放射される電磁波の波長、h はプランク定数、c は光速、k はボルツマン定数であり、$B_\lambda(T)$ は単位時間、単位面積、単位立体角、単位波長あたりの放射エネルギーである。

　黒体放射はその温度に応じて、特定の波長で放射強度がピークとなる。その波長は、温度の関数として以下の式によって表される（ウィーンの変位則）。

$$\lambda_{max} = \frac{2898}{T(K)} \mu\mathrm{m} \tag{3.2}$$

この式を見てわかるように、温度が上昇するにつれピークの波長は短波長側にシフトする。また、このピークより短波長側では放射強度が急激に落ちる一方、長波長側ではなだらかに落ちる。短波長側の近似式はウィーンの法則と呼ばれ、

$$B_\lambda(T) = \frac{2hc^2}{\lambda^5} \frac{1}{\exp\left(\dfrac{hc}{\lambda k T}\right)} \tag{3.3}$$

で表される。一方、長波長側の近似式はレイリー–ジーンズの法則と呼ばれ、

$$B_\lambda(T) = \frac{2ckT}{\lambda^4} \tag{3.4}$$

で表される。また、温度が上昇すると、あらゆる波長で放射強度が増大することに注意が必要である。

　式 (3.1) を立体角半分と、波長について積分すると、黒体放射の単位時間、単位面積あたりのエネルギー F として以下の表式が得られる。

$$F = \sigma T^4 \tag{3.5}$$

ここで、σ はシュテファン–ボルツマン定数 $\sigma = 5.670367 \times 10^{-8}\,\mathrm{W\,m^{-2}\,K^{-4}}$ である。この式からわかるように、黒体からの総放射エネルギーは黒体の温度の4乗に比例する（シュテファン–ボルツマンの法則）。

3.2　太陽の放射エネルギーと表面温度

　前節で述べたように、恒星からの放射は近似的に黒体放射と見なすことができ、また、黒体放射のエネルギーは温度のみによって決まる。つまり、恒星の放射エネルギーを測定することによって、恒星の表面温度を知ることができる。

　例として、太陽を考えてみよう。地球の大気圏外で測定した、単位時間、単位面積あたりに地球に降り注ぐ太陽の全放射エネルギーの大きさは約 $1.37\,\mathrm{kW/m^2}$ である。このエネルギー流束は太陽定数 S と呼ばれる。これに太陽–地球間の距離 R_0 を半径とする球の表面積を掛けると、太陽の単位時間あたりの全放射エネルギー（光度）$L_\odot$ が求められる。

$$L_\odot = 4\pi R_0^2 S \tag{3.6}$$

　一方、シュテファン–ボルツマンの法則によると、黒体放射を全波長域にわたって積分した総放射エネルギーは、黒体の絶対温度 T の4乗に比例する。太陽放射を絶対温度 $T_\odot$ の黒体放射と見なせば、太陽の半径を $R_\odot$ として

$$L_\odot = 4\pi R_0^2 S = 4\pi R_\odot^2 \sigma T_\odot^4 \tag{3.7}$$

が成り立つ。これを計算すると、太陽の表面温度として $T_\odot = 5{,}780\,\mathrm{K}$ が得られる。このようにして求められる温度を有効温度と呼ぶ。

　式 (3.5) は全波長を積分した測定値であるが、**図 3.3** をみると太陽放射は実際に約 $5{,}770\,\mathrm{K}$ の黒体放射で概ね近似できることがわかる。また、放射エネ

ルギーは波長約 500 nm でピークとなっている。このことと、ウィーンの変位則からも太陽の温度をおおよそ推定することができる。

3.3　スペクトル

3.3.1　電磁波

　図 3.3 で見たように、太陽は広い波長域で電磁波を放射している。それぞれの波長域には名前がついており（図 3.4）、このうち、人間の目が感じることのできる波長域の電磁波が可視光である。一般に光というと可視光のことを指す場合が多い。可視光と電波、赤外線の一部は地球大気に対して透明であり、これらの波長の電磁波は地上で観測することができる。

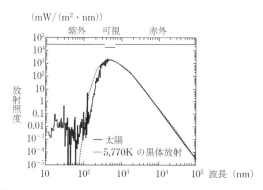

図 3.3　太陽放射のエネルギー分布（Lean 1991, Reviews of Geophysics, 29, 505）。

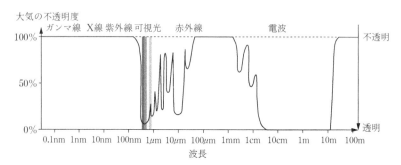

図 3.4　電磁波の名称と、波長ごとの地球大気の不透明度（NASA/IPAC のデータをもとに作成）。

（画像出典：国立天文台）

図 3.5 太陽の可視光スペクトル。色で表すと図の左端が紫、右端が赤。

電磁波の波長毎のエネルギー分布を表したものをスペクトルと呼ぶ。図 3.5 は太陽の可視光スペクトルである。紫から赤まで（実際は紫より短波長、赤より長波長側にもスペクトルは続いている）の連続的な成分（連続スペクトル）と、その中に混ざって所々に黒い筋が見える。この筋は暗線（吸収線）と呼ばれるが、フラウンホーファーによって発見されたのでフラウンホーファー線とも呼ばれる。周囲の波長に比べて放射強度が小さいため暗く見える。逆に、周囲の波長に比べて放射強度が高い場合は明るく見え、明線（輝線）となる。輝線と吸収線を合わせて線スペクトルと呼ぶ。

3.3.2 線スペクトルが生じる仕組み

吸収線は、光球より外側に存在する原子、分子、イオンによって、光球から出た光の一部（特定の波長の光）が吸収されるために生じる。そのため、元素

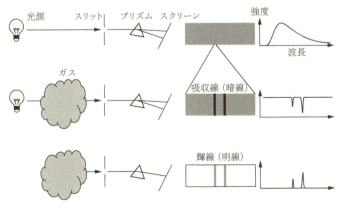

図 3.6 線スペクトルが生じる仕組み。

の組成や恒星表面の物理状態（有効温度、圧力等）によって現れ方が異なる。

　図 3.6 は、線スペクトルが生じる仕組みを表している。恒星の場合、光源が恒星内部、ガスが光球より外側の大気に対応すると考えよう。

　吸収線は、観測者から見て温度の高い光源の手前に温度の低いガスがあるときに見られる。そのガスが特定の波長（λ_0）の光のみをよく吸収・放射する場合、波長 λ_0 の光にとってガスは不透明になる。つまり、波長 λ_0 の光ではガスを透かして直接光源を見ることができず、手前のガスの放射を見ることになる。一方、λ_0 以外の波長ではガスは透明であり、ガスを透かして光源を見ることができる。光源の温度はガスの温度より高いので、スペクトルにおいて波長 λ_0 の領域でその周りより放射強度が小さい吸収線が生じる。恒星大気の場合、光源が恒星内部（温度が高い）、ガスが光球より外側の大気（温度が低い）に相当するため、吸収線が見られるのである。

　一方、ガスの背後に光源がない場合は、波長 λ_0 でガスの放射が見えるが、それ以外の波長では何も見えない（光源がなくガスも放射していない）。その結果、スペクトルにおいて波長 λ_0 でのみ明るい輝線が生じる。電離水素領域など、高温のガス雲のスペクトルがこの場合に相当する。

3.4　光の放射と吸収

　3.3 節で、ガスが特定の波長の光のみをよく吸収・放射する場合を考えた。ここでは、物質による光の吸収・放射について、もう少し詳しく見ていこう。

　量子力学に基づくと、各種のイオンや原子、分子には、それぞれに固有の様々な量子状態（エネルギー準位）がある。あるエネルギー準位 E_i から別の準位 E_j（$>E_i$）に遷移するとき、準位間のエネルギー差に応じた波長（振動数）の電磁波の吸収（逆の場合は放出）が起こる。

$$E_j - E_i = h\nu \tag{3.8}$$

ここで、h はプランク定数、ν は電磁波の振動数である。エネルギーの低い状態から高い状態へ遷移するときには、光の吸収が起こり、逆の遷移では放出が起こる。これらの遷移には、例えば電子の量子状態の変化や、分子の振動・回転状態の変化などがある（図 3.7）。

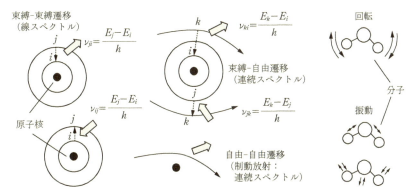

図 3.7 光の吸収・放射のメカニズム。

例として、最も単純な原子である水素原子のエネルギー準位は以下のように表される。

$$E_n = -13.6 \frac{1}{n^2} \text{ eV} \tag{3.9}$$

n は電子が入る軌道の主量子数であり、$n=1$ がエネルギーの最も低い基底状態で、$n=\infty$ で電離自由状態となる。電子が原子に束縛された状態では、離散的なエネルギー準位となるため、束縛状態間の遷移（束縛-束縛遷移）は線スペクトルを形成する。電離自由状態を含む遷移（束縛-自由遷移、自由-自由遷移）では、電離自由状態が連続的なエネルギー準位をとるため、連続スペクトルを形成する。図 3.8 に、可視光波長域に見られる水素原子の主な遷移をまとめる。

どの遷移による吸収・放射が強くなるかは、遷移確率とそれぞれの準位にある原子の数密度によって決まる。前者は原子固有の定数であり、後者は温度と圧力によって決まる。つまり、ガスの組成は同じでも、温度や圧力によってスペクトルの見え方が変わるということである。このことが、第 4 章で述べる、恒星のスペクトルの多様性を生み出している。

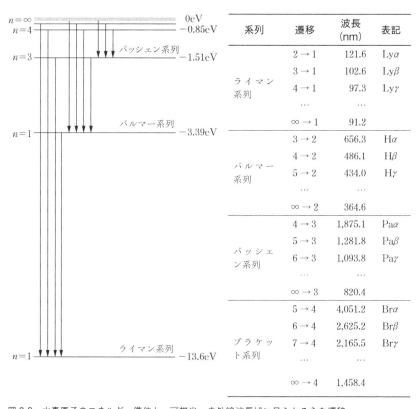

図 3.8　水素原子のエネルギー準位と、可視光、赤外線波長域に見られる主な遷移。

─── Teatime ───

地球のスペクトル

　宇宙から地球をみると、地球のスペクトルは可視光波長域では太陽の反射光、赤外線波長域では地球の熱放射が支配的である。地球大気は可視光に対してはほぼ透明であるため、地表に到達した太陽光によって地球は温められ、赤外線として宇宙空間に再放射される。赤外線は、地球大気に含まれる水や二酸化炭素によって吸収されるため、地球の赤外線スペクトルには、これらの分子による吸収線が見られる。

　図は、金星、地球、火星の赤外線スペクトルを示したものである。地球のスペクトルには、金星と火星には見られない水とオゾンの吸収線が見られる。オゾンは、酸素分子が紫外線を吸収して酸素原子に光解離し、その酸素原子が酸素分子と結びつくことによって形成される。そしてその酸素分子は、植物の光合成によって生成されたものである。このため、地球以外に生命を宿す惑星を探す際、スペクトル中のオゾンは生命存在の指標の1つになると考えられている。

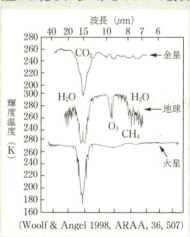

(Woolf & Angel 1998, ARAA, 36, 507)

─── Exercise ───

3.1　プランク関数を電磁波の振動数 ν を用いて表せ。このとき、$B_\lambda(T)\,d\lambda = B_\nu(T)\,d\nu$ であることに注意せよ（$d\lambda$、$d\nu$ はそれぞれ波長、振動数の微小変化量）。

3.2　図 3.6 において、ガスの温度が光源の温度より高い場合にはどのようなスペクトルが見られるか。

第 4 章　恒星の分類

地球から見る恒星の明るさは「見かけの」明るさであり、恒星までの距離がわかればその恒星の「真の」明るさがわかる。一方、恒星の色は距離によらない固有の性質である。本章では、これらの観測量を用いて恒星を分類してみよう。

（画像提供：戸田博之）

4.1　年周視差を利用した距離の測定

　太陽の周りを回る天体までの距離は、第2章で述べたように、ケプラーの法則を使って公転周期から求められる。一方、太陽系の外の天体までの距離は、別の方法で測定しなければならない。天体の距離の測定に際して最も基本となるのが、年周視差を利用した方法である。この方法では、後に述べる方法と異なり、天体の物理的性質を仮定せずに直接距離を測定できる。

　地球が太陽の周りを公転するにつれて、太陽の近くにある星は背景の星に対して見える方向が変化する。これを年周視差と呼ぶ。年周視差の大きさは太陽から星までの距離に反比例するので、太陽から遠く離れた星ほど年周視差は小さくなる。これは、半径1天文単位の地球軌道を基準とした三角測量と言える。

　太陽から恒星までの距離 d は、年周視差 p の大きさが1秒角になる距離（1 pc；パーセク）を単位として

$$d = \frac{1}{p} \tag{4.1}$$

と定義される（図4.1）。d の単位はパーセク、p の単位は秒角である。パーセ

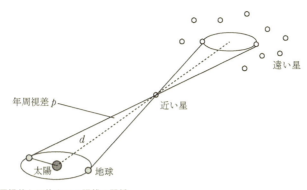

図 4.1 年周視差と天体までの距離の関係。

クを別の単位で表すと、$1\,\mathrm{pc}=3.09\times10^{16}\mathrm{m}=3.26$ 光年である。太陽に最も近い恒星はプロキシマ・ケンタウリ（ケンタウルス座 α 星 C）であり、その年周視差は 0.77 秒角である（つまり、1 パーセクは太陽近傍の典型的な恒星間距離に相当する）。

年周視差は非常に小さい量であるため、その測定に初めて成功したのは 1838 年のことであり、ベッセルがはくちょう座 61 番星において 0.31 秒角という値を求めた。また、これが太陽中心説の証拠ともなった。

4.2　星の明るさ：等級

つぎに、恒星の明るさについて考えよう。ここで重要なのは、我々が観測する星の見かけの明るさは、その星の真の明るさとは異なる、という点である。

4.2.1　等級の定義

我々が観測する天体の見かけの明るさは、地球に単位時間、単位面積あたりに降り注ぐ天体からの光（電磁波）の強度（フラックス）によって表される。天文学では歴史的経緯により、これを等級という単位を用いて表す。

等級 m は次式で定義されている。

$$m=m_0-2.5\log_{10}f \tag{4.2}$$

f はフラックス、m_0 は定数であり、こと座 α 星（ベガ）が 0 等級になるよう

に定められている。等級は、フラックスが 100 倍異なると 5 等級異なるように定義されており、1 等級の違いはフラックスにして約 2.5 倍の違いである。古来最も明るい 1 等星と肉眼でかろうじて見える 6 等星のフラックスの比が約 100 倍であったことから、5 等級の差がちょうど 100 倍になるように再定義された。また、明るい（フラックスの大きい）星ほど等級の数字が小さくなる。

4.2.2　距離の効果と絶対等級

本来同じ明るさ、つまり同じエネルギー量を放射している天体であっても、地球からの距離によってフラックスは異なる。天体までの距離を d、天体が放出している単位時間あたりのエネルギー（光度）を L とすると、放射は四方八方に広がっていくので、フラックス f は以下のように書ける（図 4.2）。

$$f = \frac{L}{4\pi d^2} \tag{4.3}$$

地球からの距離が d_1、d_2 の場合、見かけの等級の差は以下のように書ける。

$$m_1 - m_2 = 5 \log_{10}\left(\frac{d_1}{d_2}\right) \tag{4.4}$$

天体の本来の明るさは、絶対等級を用いて表される。絶対等級 M は、天体を 10 パーセクの距離においたときの見かけの等級として定義され、その天体の見かけの等級と距離を用いて次式で表される。

$$M - m = 5 - 5 \log_{10} d \tag{4.5}$$

ちなみに、太陽の見かけの等級は -26.75 等、絶対等級は 4.82 等である。

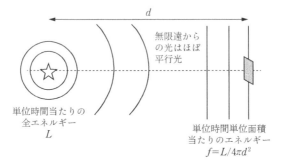

図 4.2　天体の光度 L とフラックス f。

4.3　星の色：色指数

　前節では、人間の目で見たときの明るさを暗黙のうちに仮定していた。人間の目は、波長約 550 nm あたりの光に対して最も感度が高く、この波長帯での天体の等級を実視等級と呼ぶ。

　人間の目は光を検出する検出器の 1 つであるが、天文学観測では、人の目の代わりに写真や CCD などの検出器が使われる。これらは人の目とは少し異なる波長帯に感度があり、それぞれの波長帯での明るさを測定することになる。通常は、むしろある波長範囲（バンド）の光のみを透過するフィルターを用いて測定することが多く、代表的なものとして UBV システムがある。U（ultraviolet）は約 360 nm、B（blue）は約 440 nm、V（visual）は約 550 nm に対応している（図 4.3）。それぞれのバンドでの見かけの等級は、m_U、m_B、m_V、または単に U、B、V と表記され、全てのバンドでベガが原点（見かけの等級がゼロ）と定められている（ただし、ベガが全ての波長で実際に同じ明るさということではない）。

　異なる波長帯での等級の差は色指数と呼ばれ、その天体の色（温度）の指標となる。例えば、同じ V 等級をもつ星同士を比べた場合、ベガに比べてより青い（温度が高い）星の方が B 等級が小さい。逆に、同じ B 等級をもつ星でも、ベガに比べてより赤い（温度が低い）星は V 等級が小さい。よく使われる色指数には、U 等級と B 等級の差（$U-B$）や、B 等級と V 等級の差（$B-V$）などがある。太陽では、$B-V = +0.65$ である。色指数は基本的には天体

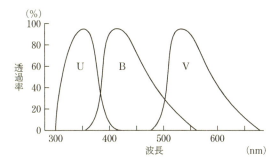

図 4.3　UBV システムの感度曲線。

までの距離によらないため、見かけの等級のみから星の色（温度）を決められる。ただし、実際は星間空間の塵による赤化（短波長の光が選択的に散乱され弱められる）が生じるため、遠方の天体ほど赤く見える傾向があることに注意が必要である。

4.4　色−等級図（HR 図）

これまで述べてきたように、太陽近傍の恒星までの距離は年周視差を用いて直接測定することができるので、見かけの明るさと距離からその星本来の明るさに相当する絶対等級を求められる。また、色指数は恒星までの距離に依らず、その恒星の表面温度を反映している。これらの恒星そのものの性質を表す 2 つの指標をそれぞれ Y 軸と X 軸にとり、各恒星のデータをプロットした図を色−等級図もしくはヘルツシュプルング−ラッセル図（HR 図）と呼ぶ。

太陽近傍の恒星について作成した HR 図を**図 4.4** に示す。図をみてわかるように、大部分の星は左上から右下にかけて帯状に分布しており、表面温度と絶対等級に相関があることを示している。この帯を主系列、この帯状に分布す

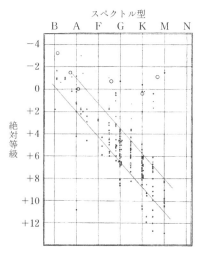

図 4.4　太陽近傍の恒星の HR 図（Russell 1914, Nature, 93, 252）。横軸にはスペクトル型（4.5 節参照）をとっている（右にいくほど赤い）.

る星を主系列星と呼ぶ。後の節で述べるが、主系列星は恒星の中心で水素の核融合反応が起こっている恒星である。さらに、主系列の右上にも一群の星がある。これらは温度が低く、表面温度が同程度の主系列星に比べて明るい、すなわち半径の大きな星であり（第3章参照）、赤色巨星と呼ばれる。さらに、主系列の左下にも星が分布している。これらは温度が高く、表面温度が同程度の主系列星に比べて暗い、すなわち半径の小さな星であり、白色矮星と呼ばれる。このように、恒星は有効温度と絶対等級によって大まかに分類することができる。

4.5　スペクトルを用いた恒星の分類：MK 分類

前節で、同じ有効温度でも絶対等級の異なる恒星があることがわかった。絶対等級は恒星本来の明るさを示す量であるが、4.2節で述べたように、絶対等級を知るには通常その恒星までの距離を知る必要がある。このとき、色指数のように、絶対等級を知るための距離によらない方法があれば便利である。

このために用いられるのが、スペクトルを用いた恒星の分類である。第3章で述べたように、太陽のスペクトルにはフラウンホーファー線と呼ばれる、太陽大気中の様々な原子・イオンによる吸収線が見られる。他の恒星のスペクトルにも同様に様々な吸収線が見られるが、それらの見え方は恒星の有効温度、絶対等級によって異なる。恒星放射のスペクトルにおける吸収線の特徴は、現在、恒星の分類基準となっている。

4.5.1　スペクトル型：有効温度

天文学者は当初、どの恒星のスペクトルにもほぼ共通して見られる強い吸収線（水素の吸収線）の強度によって、強度が強い順にスペクトル型を A、B、……と分類した。しかし、この順では他の吸収線の現れ方に規則性が見出せなかった。そこで、他の吸収線の見え方も考慮して並べ直した結果、それは星の色（温度）の系列となることがわかった。

19世紀の終わりから20世紀の初めにかけてアメリカのハーバード大学天文台で全天の恒星約20万個のスペクトルを観測・分類する仕事が行われ、温度

表 4.1　スペクトル型の特徴。温度はおおよその範囲を示す。

スペクトル型	温度	色	星の例	スペクトルの特徴
O	数万度	青白		電離ヘリウムの線
B	36,000—11,000 K	青白	リゲル、スピカ	水素と中性ヘリウムの線
A	11,000—7,000 K	白	シリウス、ベガ	水素線最強、電離金属の線
F	7,000—6,000 K	薄黄	カノープス、プロキオン	水素線および金属元素の線
G	6,000—5,300 K	黄	太陽、カペラ	カルシウム HK 線、中性鉄線
K	5,300—4,000 K	橙	アルデバラン、アークトゥルス	金属の吸収線が非常に強い
M	4,000 K 以下	赤	アンタレス、ベテルギウス	金属の吸収線　分子の吸収線

の高い星から低い星へ OBAFGKM の 7 種類のスペクトル型（**表 4.1**）と、低温度星の特殊なもの（S、R、N 型）に分類された。これはハーバード分類と呼ばれ、恒星の表面温度の指標として現在でもよく使われている。歴史的な理由から、スペクトル型が A 型より高温の星を早期型星、G 型より低温の星を晩期型星と呼ぶ（定義は明確ではない）。それぞれのスペクトル型を温度が高い順に 0 から 9 までのサブクラスに分け、A0、A1、などと示すことが多い。

4.5.2　光度階級：絶対等級

さらにその後、同じスペクトル型の星どうしでも吸収線の太さや強さの比が異なる場合があることがわかり、これらは星本来の明るさ（絶対等級）によることが明らかになった。例えば、B 型星や A 型星の水素線は、絶対等級が明るい星ほど細い。また、G 型より低温の星では水素線の強度は変わらないが、絶対等級が明るい星ほど金属線が強くなる。このように、恒星の絶対等級、すなわち真の明るさ（光度）を表す指標を光度階級と呼び、明るいものから順に I から V まである（**表 4.2**、**図 4.5**）。1940 年代にヤーキス天文台のモルガンとキーナンによって導入された。

現在は、スペクトル型と光度階級の 2 つの指標を用いて恒星を分類することが多く、この分類法は MK 分類と呼ばれている。この分類法を用いると、太陽は G2V に分類される。

表 4.2　光度階級。

光度階級	名称
I	超巨星
II	輝巨星
III	巨星
IV	準巨星
V	矮星（主系列星）

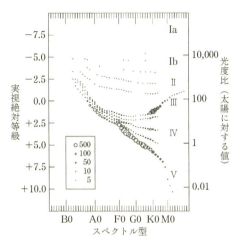

図 4.5　スペクトル型と光度階級による恒星の 2 次元分類と HR 図。(Sowell et al. 2007, AJ, 134, 1089)

4.5.3　分光視差を利用した距離の測定

　前節までに述べた恒星の性質を利用すると、年周視差を利用する方法では距離が測れない遠くの恒星までの距離を測定できる。恒星の色指数またはスペクトル型（X 座標）を測定し、スペクトルから光度階級を区別すると、絶対等級（Y 座標）を求めることができる。これと見かけの等級を比べることによって、その恒星までの距離を求めることができるというわけである。このように、スペクトルから求められた絶対等級と見かけの等級の差から距離を求める方法のことを分光視差法と呼ぶ。

4.6　距離のはしご

　天体までの距離を測ることは、天文学の基本中の基本である。年周視差を利用できないほど遠くにある天体の距離を測定するには、何らかの方法でその天体の真の明るさを知る必要がある。真の明るさが既知の天体を標準光源と呼ぶ。

　標準光源の中で特に重要なものが、脈動変光星である。周期的に明るさを変える恒星を変光星と呼ぶが、脈動変光星とは、変光星のなかでも星自体の大き

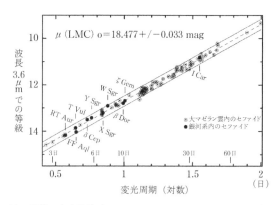

図 4.6　セファイドの周期—光度関係（Freedman et al. 2012, ApJ, 758, 24）。

さが変化することによって明るさが変化する星である。代表的な脈動変光星
に、ケフェウス座 δ 型変光星（セファイド）やこと座 RR 型変光星（RR ライ
リ）がある。これらの脈動変光星には、変光周期が長いものほど真の明るさが
明るい、という性質がある（図 4.6）。この変光周期と真の明るさの関係を周
期-光度関係という。変光周期は距離によらないので、これを観測で測定し、
周期-光度関係から求めた真の明るさと見かけの明るさを比較することで距離
を求める。

　星一つ一つを空間的に分解できないほど遠方の銀河に対しては、セファイド
より明るい超新星や銀河そのものを標準光源として利用する。さらに遠方の銀
河に対しては、後述するハッブルの法則（遠くの銀河は距離に比例する速さで
我々から遠ざかる）によって距離が求められる。この場合は、銀河の後退速度
が距離によらない測定量となる。

　このように天文学の観測では、距離がわかっている天体について、距離によ
らない何らかの量と真の明るさとの相関関係を導き出し、今度はそれを基準に
してより遠い距離にある天体の距離を測定する。これを繰り返して距離を伸ば
していく様子は「距離のはしご」と呼ばれる。

—— Teatime ——

星の音色

脈動変光星は、星自体が膨張と収縮を繰り返し、明るさが変化する恒星である。本文に登場したケフェウス座δ星は、5日8時間47分の規則正しい周期で約1等級ほど明るさを変える。また、我々におなじみの北極星は、周期4日のセファイドである。

恒星は、自分自身の重力と内部の圧力のつりあいで大きさを一定に保っているが（第9章）、つりあいの位置からずれると、元に戻そうとする力（復元力）が働く。この働きによって、つりあいの位置のまわりを振動する。これが恒星の固有振動（自由振動）であり、脈動の正体である。

我々の身の回りで固有振動に関係があるものとして思いつくのは楽器である。例えば、大太鼓は低い音を出すが、小太鼓は高い音を出す。恒星を楽器に例えると、大きな恒星は低い（振動数が小さい＝周期が長い）音を出し、小さな恒星は高い（振動数が大きい＝周期が短い）音を出す。大きな恒星は光度が大きいので、ここに、周期-光度関係が成り立つことがわかる。

▶ Exercise ◀

4.1 新しい望遠鏡を使ったら、それまでよりも1等級暗い星まで見えた。観測できる星の数は何倍になったか。ただし、星は宇宙空間に一様に分布し、真の明るさは全て等しいとする。

4.2 見かけの等級が等しいK0型主系列星とK0型巨星があった。地球からの距離はどれくらい違うか。

第 5 章　銀河系の構造

太陽系は銀河系と呼ばれる恒星の集団に属し、その中心から少し離れた場所に位置している。また、銀河系円盤は回転し渦巻構造をもっている。銀河系の中にいながらにして、なぜこのようなことがわかるのだろうか。

（画像出典：国立天文台）

5.1　太陽系から銀河系へ：ハーシェルの宇宙とシャプレーの宇宙

　夜空を見上げると、星は全天に万遍なく分布している。街明かりの少ないところに行けば、天の川と呼ばれる帯状の明るい部分があることがわかる。ガリレイは自作の望遠鏡で天の川を観察し、これが無数の星の集まりであることを知った。ライトは、星は薄い球殻上に分布していると考えた。球殻に沿った方向、つまり天の川の方向には多数の星が見える一方で、球殻に垂直な方向には星の数が少ないというわけである。

　恒星の分布を最初に系統的に調査したのは、ハーシェルである。ハーシェルは全天の恒星の数を丹念に調べ上げ、場所ごとに星が何個見えるかを数えた。当時は恒星までの距離を測定する方法がなかったので、全ての恒星の真の明るさは等しいと仮定し、見かけの明るさの違いは距離の違いであると考えることによって、様々な方向での宇宙の奥行きと恒星の分布を調べたのである。その結果ハーシェルは、太陽系がほぼ中心に位置する円盤状の「銀河系」という概念に到達した（図 5.1 左）。

　その後、恒星までの距離の測定が可能になると、シャプレーは銀河系内における球状星団（第 10 章参照）の分布を調べた。球状星団に含まれる脈動変光星（第 4 章参照）を利用して、その星団までの距離を求めたのである。その結

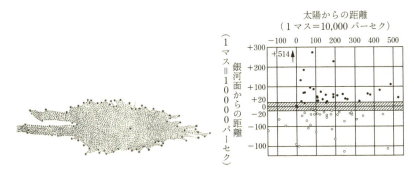

図 5.1 左：ハーシェルの宇宙（Herschel 1785）。右：シャプレーの宇宙（Shapley 1918, ApJ, 48, 154）。

果、**図 5.1 右**のように、球状星団は銀河面（銀河系円盤）を取り囲むように分布していること、またその分布の中心がいて座の方向に太陽から約 10 kpc（キロパーセク；1 kpc＝10^3 pc）離れたところにあることがわかった。シャプレーは、この球状星団の分布の中心こそが銀河系の中心である、と考えたのである。

銀河面を取り囲む球状の領域はハローと呼ばれ、銀河面に比べてガスの密度が小さいことが知られている。銀河面は星間ガスや星間塵が濃く、これによって遠方からの光は吸収されてしまうため、遠くまで見通すことができない。一方、ハローはガスの密度が小さいため、銀河系中心の向こう側まで見通すことができたのである。

5.2 天体の固有運動と視線速度

天体の間には万有引力が働くため、多数の星からなる銀河系円盤はそのままでは自己重力によってつぶれてしまう。つぶれることなく有限の大きさを保っていられるのは、回転による遠心力が働いているためである。この節では、銀河系円盤の回転と構造を調べるための準備として、天体の運動の測定について述べる。

5.2.1 固有運動

各天体は太陽系に対して様々な方向に運動している。天球面上における天体

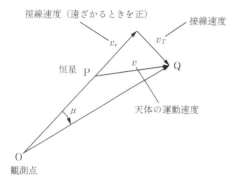

図 5.2　固有運動と視線速度。

の空間的な運動として我々が測定できるのは、角度方向、つまり視線に垂直な方向の運動である。時間をおいて天体の位置を繰り返し測定すれば、天体が天球面上を移動する速さが測定できる。これを固有運動 μ と呼ぶ（図 5.2）。天体までの距離がわかっていれば、実距離を用いて速さ（接線速度）を表すことができる。

　同じ速度で運動していても、太陽系に近い天体や、太陽とは異なる方向に運動している天体は固有運動が大きい。また、一般に恒星は極めて遠方にあるため、全ての恒星は太陽系に対して等速直線運動をしているとみなして差し支えない。しかし、例えばその恒星が連星系であったり惑星をもっていたりする場合には、固有運動にゆらぎが生じる。逆に考えると、そのゆらぎから伴星や惑星を発見できるということである。

5.2.2　視線速度

　天体の奥行き（視線）方向の運動は空間的には見えないが、天体が発する光のドップラー効果を通して、速度（視線速度）を測定することができる。救急車のサイレンの音の高さ（周波数）が、近づいてくるときと遠ざかるときとで変化するのと同様に、観測者に対する天体の視線方向の運動によって、観測される光の周波数が変化する。

　図 5.3 を見てみよう。天体が光を発しながら、観測者に対し視線速度 v で遠ざかっているとする。位置 1 で発した光は観測者に時刻 t_1 に届いたとし、天体が位置 1 からちょうど光の波の一周期 $\Delta t = 1/f_0$ に相当する時間だけ移動した位置 2 で発した光が、観測者に時刻 t_2 に届いたとする。ここで f_0 は、天体が発している本来の光の周波数である。このとき、観測者が受け取る光の周波数 f は

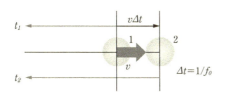
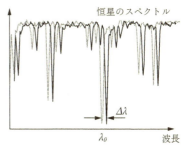

図 5.3　視線速度とドップラー効果。

$$f = \frac{1}{t_2 - t_1} = \frac{1}{\Delta t(1 + v/c)} = \frac{f_0}{1 + v/c} \tag{5.1}$$

となる（c は光速）。つまり、観測者にとっては、天体が遠ざかっている（v が正）ときは周波数が小さくなり、近づいている（v が負）ときは周波数が大きくなり、速度 v が大きいほど変化量が大きくなる。

これを波長に書き直すと

$$\frac{\Delta\lambda}{\lambda_0} = \frac{\lambda - \lambda_0}{\lambda_0} = \frac{v}{c} \tag{5.2}$$

となり、天体が遠ざかっているときは長波長側（色で言うと赤側）に、逆に近づいているときは短波長側（色で言うと青側）に波長がずれることになる。この波長のずれから、天体の地球に対する視線速度を測定することができる。

なお、光の伝播は本来特殊相対論に従うため、厳密には、運動する物体の時間の遅れという効果がある。式 (5.2) は、光源の運動速度が光速に比べて十分小さいと仮定した場合の近似式である。天体が光速に近い運動をしている場合や、超高精度の測定をする場合などには、特殊相対論の効果を考慮する必要がある。

5.3　銀河系円盤の回転と渦巻き構造

さて、恒星の運動から、どのようにして銀河系の回転がわかるだろうか。これまでに、銀河系円盤の様々な場所での回転運動について記述する試みがなさ

れている。

5.3.1　太陽近傍の天体の速度

　太陽を原点にとり、銀河面内で銀河系中心方向から測った角度を l（銀経）とする。いま、銀径 l、銀河系中心からの距離 R にある天体が、角速度 ω で円運動しているとする（図 5.4 左）。太陽は銀河系中心から R_0 の距離にあり、太陽からこの天体までの距離を d とする。このとき、太陽からみた天体の視線速度 V_R と接線速度 V_T は、次のように書ける。

$$V_R = dA \sin 2l \tag{5.3}$$

$$V_T = d(A \cos 2l + B) \tag{5.4}$$

ただし、天体は太陽近傍にあるとし、$d \ll R$ が成り立つと仮定している。ここで、A と B はオールト定数と呼ばれるもので、回転速度 $\Theta = R\omega$ として

$$A \equiv \frac{1}{2}\left[\omega_0 - \left(\frac{d\Theta}{dR}\right)_{R_0}\right] \tag{5.5}$$

$$B \equiv -\frac{1}{2}\left[\omega_0 + \left(\frac{d\Theta}{dR}\right)_{R_0}\right] \tag{5.6}$$

と表される。

　距離 d のわかっている天体について V_R、V_T を測定すると、式 (5.3)、(5.4) により A と B が観測的に求められる。その結果を用いて、式 (5.5)、(5.6)

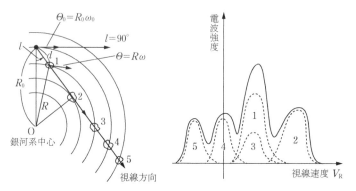

図 5.4　銀河系円盤回転の模式図。

を逆に解けば、太陽の位置での銀河系円盤の回転速度とその勾配が求められる。具体的には、観測で求められたオールト定数を、次式に代入すればよい。

$$\Theta_0 = R_0(A - B) \tag{5.7}$$

$$\left(\frac{d\Theta}{dR}\right)_{R_0} = -(A + B) \tag{5.8}$$

オールト（1927）が出した値は $A = 19 \pm 3$ km s^{-1} kpc^{-1}, $B = -24 \pm 5$ km s^{-1} kpc^{-1} であったが、$A = 14.4 \pm 1.2$、$B = -12.0 \pm 2.8$、$R_0 = 8.5 \pm 1.1$ kpc、$\Theta_0 = 220$ km s^{-1} が国際天文学連合（IAU）推奨値（1985）としては採用されている。この推奨値を用いて計算すると、太陽は約 2 億 4000 万年で銀河系を一周しており、太陽系誕生以来約 20 周したことがわかる。

5.3.2　太陽から離れた星間ガスの速度

　太陽から離れた場所の回転速度はどのようにして求められるであろうか。銀河系の構造を調べるのに特に重要な役割を果たしたのが、中性水素原子、つまりイオン化していない水素原子の発する波長 21 cm の電波である。電波は星間で吸収されにくいため、銀河系の遠方まで見通すことができる。星間空間に漂う水素ガス雲が放射する波長 21 cm の電波（21 cm 線）は、星間ガスの分布を調べるのに適している。

　21 cm 線で銀河系のある方向を観測すると、**図 5.4 右**のように、複数の視線速度成分にピークをもつ電波強度の分布が見られる。これは、銀河系円盤の異なる半径にある水素ガス雲からの放射と考えられる。また、最大の視線速度はちょうど回転の接線方向、つまり半径 $R = R_0 \sin l$ の回転速度に一致すると考えられる。

5.3.3　銀河系円盤の回転速度と質量の分布

　このようにして様々な方向について回転速度を調べた結果、銀河系円盤の回転速度分布曲線は**図 5.5** のように得られている。これを見ると、中心から 1 kpc 付近で回転速度はピークになり、そこから少し下がって 2 kpc 以遠ではほぼ一定の値をとることがわかる。太陽系の惑星の運動のように中心に質量が集中している場合は、ケプラー運動の回転速度は中心からの距離の 1/2 乗に

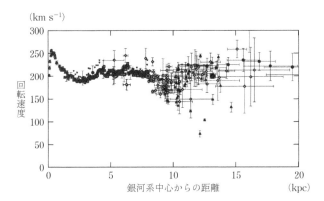

図 5.5　銀河系円盤の回転曲線（Sofue et al. 2009, PASJ, 61, 227）。

反比例して小さくなっていく。回転速度 V が一定であるということは、ある半径 r 以内に含まれる質量 M_r が半径とともに増大していることを示している。

このことは、次式で表現される（G は万有引力定数）。

$$M_r = \frac{rV_r^2}{G} \tag{5.9}$$

一方、光で見える恒星だけを考えると、質量は半径 r とともに減少している。このことは、光では見えないが質量をもつ物質（ダークマター）が、光で見える物質の数倍以上存在することを示している。また、ハローの星や球状星団の運動の解析から、ダークマターは銀河系円盤からハローにかけて広く分布していることがわかっている。

銀河系円盤の回転速度分布がわかれば、図 5.4 右のそれぞれの視線速度成分をもつガス雲までの距離と、そのガス雲の銀河系中心からの半径が求められる。このようにして得られたガス雲の密度分布を示したのが図 5.6 である。筋状の密度の濃淡が見られ、渦巻のような構造があることが見て取れる。

5.4　星の種族

現在観測から得られている銀河系の描像は図 5.7 のようなものである。恒星は銀河系円盤に集中しているが、その円盤は薄い円盤（thin disk）と厚い円盤

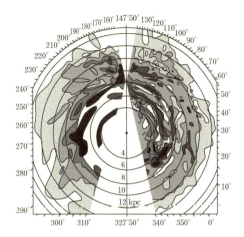

図 5.6 銀河系円盤における中性水素ガスの分布 (Oort et al. 1958, MNRAS, 118, 379)。

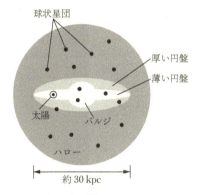

図 5.7 銀河系の描像。

（thick disk）からなる。中心部には、特に明るく輝く丸く膨らんだバルジと呼ばれる領域がある。円盤を取り囲むようにハローと呼ばれる空間が広がり、密度は低いが、恒星や球状星団が分布している。これらの各部は、異なる種族の星から構成されていることが知られている。薄い円盤は比較的若く、重元素の量が多い星（種族 I）からなる一方、厚い円盤やバルジ、ハローは年老いた重元素量の少ない星（種族 II）から構成される。

　宇宙はビッグバンによる水素・ヘリウムの合成から始まり、恒星内部での核融合反応による元素合成を経て、次第に重元素で汚染されてきた。したがって、重元素量の少ない種族 II の星は宇宙の初期に生まれた年老いた星であり、逆に重元素量の多い種族 I の星は比較的最近生まれた若い星である、と言える。つまり、薄い円盤は銀河系では新しい（若い）構造であり、厚い円盤やバルジ、ハローはそれよりも形成年代が古い構造である。ハローに存在する球状星団は

年齢 100 億歳以上であり、宇宙の年齢に匹敵する。また、バルジやハローの星は、円盤部分の星とは異なる空間運動をしている。このような星が太陽近傍で観測される場合は、大きな固有運動を示すことが多い。

Teatime

銀河の合体の痕跡

　ハローには古い年齢の星が分布しているため、ハローの星を詳細に調べることによって銀河系の形成初期の状態を知ることができる。かつては、銀河系は単一のガス系の中から収縮によって生まれたと考えられていたが、現在は、銀河系は初期に小さな銀河が合体してできたと考えられている。下図は、スローン・デジタル・スカイ・サーベイ (SDSS) によって同定された、銀河系ハローに存在するストリーム構造を示している。この構造は、小さな銀河が銀河系に落下している途中に銀河系に潮汐力によって引き伸ばされ、銀河から剥がされた恒星でできている。このように、銀河系は小さな銀河との合体を繰り返しながら成長し、やがて収縮して円盤などの構造が生まれ、現在の姿になったと考えられている。

(画像出典：S. Koposov and the SDSS-III Collaboration)

Exercise

5.1　太陽の位置より内側の銀河系の質量を推定せよ。

5.2　式 (5.3)、(5.4) の V_R と V_T の表式を導出せよ。

第 6 章　銀河と宇宙の階層構造

銀河は恒星の集団であるが、宇宙においてはその銀河が基本的な構成要素となり、様々な集団を作って階層構造を成している。本章では、銀河の基本的な性質と多様性を概観し、宇宙の構造をみていこう。

（画像出典：ESA/Hubble & NASA）

6.1　島宇宙論争

　前章で述べたように、18世紀にハーシェルによって、我々の宇宙（銀河系）の大きさと形に関する先駆的な研究が行われた。その後、ハーシェルの宇宙モデルは20世紀になってカプタインによって精密化され、カーチスによって支持されていた。このモデルでは銀河系の直径は約10 kpcで、太陽系はその中心近くに位置していた。一方、シャプレーは球状星団までの距離の測定から、銀河系の直径は約100 kpcで、太陽系はその中心から約20 kpcの距離にあるという全く異なるモデルを提示していた（第5章）。両者のモデルでは、当時宇宙に多数発見されていた渦巻き型の星雲（渦巻星雲）の位置付けも大きく異なっていた。シャプレーの宇宙では、渦巻星雲は銀河系の中にあり、一方カーチスの宇宙では、渦巻星雲は銀河系の外にある別の宇宙（島宇宙）であった（図6.1）。

　この論争に決着をつけたのが、ハッブルである。ハッブルは、ウィルソン山天文台の60インチと100インチの望遠鏡を用いて渦巻星雲M31（アンドロメダ星雲）を含む複数の渦巻星雲中にセファイドを発見し、周期-光度関係（4.6節参照）からこれらの星雲までの距離がいずれも約200 kpc以上であることを突き止めた（M31は約285 kpc。現在の測定値は約770 kpc）。これにより、

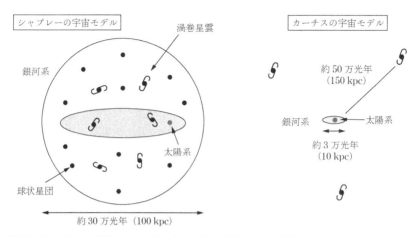

図 6.1 シャプレーの宇宙モデル（左）とカーチスの宇宙モデル（右）。

渦巻星雲は銀河系の遥か外にある別の島宇宙（のちに銀河と呼ばれる）であり、宇宙は無数の銀河を含むとてつもなく広大な空間であることが明らかになったのである。

6.2 銀河

　銀河は宇宙を構成する基本的な構成要素である。典型的な銀河は 10^{11} 太陽質量ほどの質量をもち、直径は 30 kpc 程度である。我々の銀河系やアンドロメダ銀河はほぼ典型的な銀河と言える。ちなみに、「銀河系」は固有名詞、「銀河」は普通名詞であり、我々の住む銀河のことを銀河系、または天の川銀河と呼ぶ。

　ここでは、銀河の性質を見ていこう。

6.2.1 銀河の分類：ハッブル分類

　銀河の規模は、大きいものから小さいものまで質量にして 100 倍以上に渡っている。大別すると、B バンドの絶対等級で約マイナス 18 等より明るい銀河は巨大銀河、それより暗い銀河は矮小銀河と呼ばれる。巨大銀河の分類には、

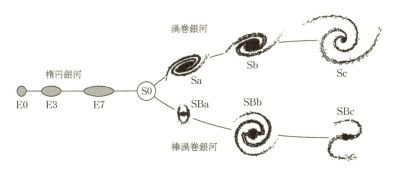

図 6.2　ハッブルによる銀河の形態分類（音叉図）。(Hubble 1936, The Realm of the Nebulae)

いわゆる「ハッブル分類」が広く用いられている。

　ハッブル分類は、銀河を見た目の形（形態）によって楕円銀河、渦巻銀河、棒渦巻銀河、不規則銀河に分類し、ハッブルの音叉図（**図 6.2**）と呼ばれる図に配置したものである。歴史的経緯により、銀河が音叉図の左側にあるほど早期型、右側にあるほど晩期型と呼ばれる。

　楕円銀河は、見た目の形が楕円形をしており、丸いものから扁平なものの順に左から右に並べられている。渦巻銀河は、バルジと円盤成分からなる。左から右に向かうに従い、円盤に対してバルジの明るさが小さくなり、渦巻きの巻き込みの度合いが緩やかになり、微細な模様が目立ってくる。また、渦巻銀河のうち中心部に棒状の構造が見える銀河は棒渦巻銀河と呼ばれる。我々の住む銀河系は、棒渦巻銀河に分類されると考えられている。

　楕円銀河と渦巻銀河の中間に位置する銀河は S0 銀河と呼ばれ、ハッブルが音叉図を作った当時はまだ見つかっていなかったが、その後の観測で発見された。S0 銀河は、渦巻銀河と同様に円盤成分をもつが、渦巻き腕がほとんど見られない銀河である。S0 銀河と渦巻銀河を総称して円盤銀河と呼ぶ。

　不規則銀河は、楕円や円盤など規則的な形をもたない銀河であり、ハッブル分類では記号 Irr で表される。代表的な不規則銀河にはマゼラン雲がある。

6.2.2　銀河からの放射と銀河の色

　銀河を構成する、恒星、ガス、および塵は、それぞれの成分と物理状態に応

図 6.3　様々な波長でみた渦巻銀河 M81。（上段左から X 線、紫外線、可視光。下段左から赤外線、電波）（画像出典：〔X 線〕NASA/CXC/Wisconsin/D. Pooley & CfA/A.Zezas、〔紫外〕NASA/JPL−Caltech/CfA/J. Huchra et al.、〔可視〕NASA/ESA/CfA/A. Zezas、〔赤外〕NASA/JPL−Caltech/CfA、〔電波〕NRAO/AUI）

じた電磁波を放射しており、銀河からの放射（スペクトル）はこれらの足し合わせとなっている。

　図 6.3 は、様々な波長で観測した渦巻銀河 M81 の様子である。可視光波長域の放射には通常の恒星が主に寄与しており、中心部のバルジと円盤の渦巻腕がよく見えている。バルジには比較的赤い年老いた星が多く、渦巻腕を含む円盤部には青い若い星が目立つ。

　波長の短い X 線では、銀河中心部が明るく光っている。銀河中心部には巨大ブラックホールが存在すると考えられており、その周囲の高温ガスからの放

射が観測されているためである。一方、波長の長い赤外線では、星間空間に存在する塵からの放射が主であり、また、電波領域では低温のガスからの放射が主となっている。これらの波長域では渦巻腕が際立って見えており、恒星の材料となる物質が渦巻腕に多く分布していることがわかる。

一方、楕円銀河では低温のガスや塵は非常に少なく、恒星からの放射、特に年老いた赤色巨星からの放射が主となっている。

銀河からの放射のこのような特徴は、銀河の形態、すなわちハッブル分類とよい相関があり、楕円銀河は赤く、円盤銀河は晩期型になるほど青く見える。

6.2.3 銀河の運動

円盤銀河の形状は、回転運動による遠心力が銀河の自己重力とつりあうことによって保たれている。銀河系が回転運動をしていることは第5章で述べたが、他の円盤銀河も同様に回転運動をしていることが知られている。銀河が回転していることは、銀河中心を挟んで両側で測ったスペクトルが互いに波長の逆方向にドップラー偏移していることからわかる。銀河系同様、他の円盤銀河でも中心からある程度離れると回転速度は半径に対してほぼ一定であり、円盤銀河にはダークマターが普遍的に存在していることが示唆される。

一方、円盤をもたない楕円銀河の場合は、銀河内の恒星の非等方なランダムな運動（速度分散）によって銀河の形状が支えられている。速度分散は、銀河のスペクトル線の広がり（幅）の程度から推定することができる。

円盤銀河の回転速度、あるいは楕円銀河の速度分散から力学的に推定される銀河の（ダークマターを含む）質量と、銀河の光度（恒星の寄与が主）の比（質量-光度比）は、銀河や銀河の種類によらずほぼ一定であることが知られている。このことは、ダークマターと恒星の質量比が銀河によらずほぼ一定であることを意味している。

また、銀河の光度は、円盤銀河の場合は回転速度、楕円銀河の場合は速度分散のほぼ4乗に比例することが知られている。この関係は、円盤銀河ではタリー-フィッシャー関係、楕円銀河ではフェイバー-ジャクソン関係と呼ばれ、銀河の距離の測定に用いられる。

6.2.4　活動銀河中心核

　ほとんどの円盤銀河と楕円銀河の中心には、極めて密度が高く質量が集中している領域があることが知られている。これを銀河中心核（あるいは単に銀河核）と呼ぶ。銀河系を含むいくつかの近傍銀河については、中心核のごく近くにある恒星やガスの運動から、高密度の質量源の正体は超大質量ブラックホールであると推定されている。銀河系の中心核はいて座 A*（Sgr A*）と呼ばれる点状（空間スケール 0.1 秒角以下）の電波源であり、太陽質量の約 400 万倍のブラックホールがあると推定されている。

　銀河中心核の中には、銀河全体を凌駕するような強い電磁波を放射しているものがある。このような銀河核は「活動銀河核（AGN；Active Galactic Nuclei）」と呼ばれ、活動銀河核をもつ銀河は活動銀河と呼ばれる。活動銀河核からの放射は電波から X 線（場合によっては γ 線）までの広い波長域に渡る。これらの銀河核にも超大質量ブラックホールが存在すると推定されている。ブラックホール周囲のガスは、ブラックホールの周りにできる回転円盤（降着円盤）を通してブラックホールに落ち込む（**図 6.4**）。このとき、ガスの重力（位置）エネルギーが運動エネルギーに変換され、ガス同士の激しい摩擦の結果、高温になったガスから非常に強い放射が放たれる。

　活動銀河は、放射スペクトルの特徴などによって、セイファート銀河、電波銀河、クェーサー、ライナーなどと分類されている。これらの活動銀河核の多

図 6.4　ハッブル宇宙望遠鏡による活動銀河 NGC4261 の中心核画像。中心には約 5×10⁸ 太陽質量のブラックホールがあると考えられ、その周りを直径 800 光年の円盤が取り巻いている。中心核からは、図中白線の方向にジェットが吹き出していることが知られている（Ferrarese et al. 1996, ApJ, 470, 444）。（画像出典：NASA&ESA）

様性を、降着円盤を見込む角度の違いで説明しようという統一的なモデルが提案されている。

6.3 宇宙の階層構造

前節で述べた様々な銀河は、宇宙空間に一様に分布しているのではなく、お互いに重力によって引きつけあい、群れをなして存在している。2個の銀河が重力的に結びついた系を連銀河、構成銀河数が3個から数十個以下の銀河集団を銀河群と呼ぶ。銀河系とアンドロメダ銀河（M31）を中心とする半径約1 Mpc（1×10^6 pc；メガパーセク）の中にある銀河の集団を局所銀河群と呼ぶ。この集団は50個程度の銀河から構成されている（**図6.5左**）。局所銀河群は、格段に大きい渦巻銀河である銀河系とM31、これらより少し小規模の渦巻銀河M33（さんかく座銀河）、銀河系の伴銀河である大マゼラン雲、小マゼラン雲、などの不規則銀河と、その他の矮小銀河からなっている。

さらに大きな銀河の集団は銀河団と呼ばれる。銀河団は数百から数千個の銀河が数 Mpc ほどの範囲に集まっている集団で、代表的なものにおとめ座銀河団やかみのけ座銀河団がある。おとめ座銀河団は銀河系から約20 Mpc の距離にあり、2,000個あまりの銀河からなっている。銀河団内の銀河の運動から、

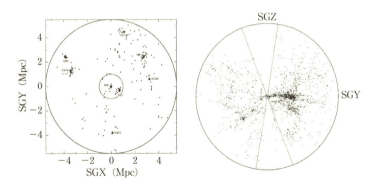

図6.5　左：近傍の銀河群（Karachentsev et al. 2003, A&A, 398, 479）。中心にあるのは銀河系。内側の円は局所銀河群を示す。右：局所超銀河団（Tully 1982, ApJ, 257, 389）。図の真ん中やや右に見える、銀河が特に集まっているところはおとめ座銀河団。SGX、SGY は超銀河面（局所超銀河団の円盤部の赤道面）内にとった直交座標（超銀河直交座標）を表す。

銀河団の質量のほとんどは電磁波を出さない暗黒物質で占められていることがわかっている。

　銀河群や銀河団は連なって、さらに大きな集団である超銀河団を作っている。例えば我々の銀河系が属する局所銀河群は、おとめ座銀河団を中心とする差しわたし20 Mpc程度の「局所超銀河団」の一部である（**図6.5右**）。さらに、超銀河団同士もフィラメント状やシート状に連なった銀河でつながっている。一方、同程度のスケールで銀河がほとんど存在しない空間もあり、「ボイド」と呼ばれている。

　このように、フィラメントとボイドが複雑に入り組んで形作る巨大なネットワークは宇宙の大規模構造と呼ばれる。大規模構造は、一つ一つの銀河までの距離を測定し宇宙の地図を作るという地道な観測によって、1980年代に発見された（**図6.6**）。大規模構造は、ビッグバン直後に生成した密度ゆらぎが自己重力で成長して形成されたと考えられている。

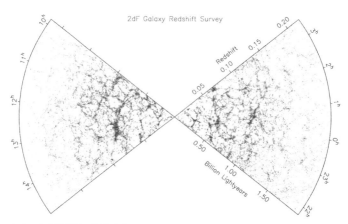

図6.6　宇宙の大規模構造（画像出典：the 2dF Galaxy Redshift Survey team（www.2dfgrs. net））。距離は銀河系（図の中心）からの距離を表す。一点一点が銀河に対応する。銀河の分布に疎密があることがわかる。表示がない領域は観測されていない天域。

——— Teatime ———

遠方宇宙の探索

　光の速さは有限なので、遠くの天体を調べることで昔の宇宙を調べることができ、宇宙における天体の形成史をたどることができる。

　例えば、現在の宇宙で見られるような形態の銀河は、約80億年前（赤方偏移〜1；第7章）の宇宙から見られるようになる。約100億年から120億年前（赤方偏移〜2-3）に遡ると、ハッブル分類が適用できない不規則な形の銀河の割合が高くなる。

　現在観測されている最遠方の銀河は、2016年にハッブル宇宙望遠鏡によって発見された「GN-z11」と呼ばれる銀河である。今から約134億年前（赤方偏移11.1）、つまりビッグバンからわずか4億年後の宇宙に存在している銀河である。GN-z11の大きさは銀河系の25分の1、質量は銀河系のわずか1％ながら、現在の銀河系の約20倍以上の効率で星が生み出されている。

　宇宙で最初の恒星が誕生したと考えられているのは、ビッグバンから約2億年後。その2億年後にはすでに初代銀河が形成されており、活発な星形成が行われていたことを示している。

> Exercise <

6.1　回転速度と見かけの等級がそれぞれ V_1、m_1 である渦巻銀河1と、V_2、m_2 である渦巻銀河2があるとする。回転速度比 $V_1/V_2=3$、見かけの等級差 $m_1-m_2=2.5$ のとき、地球から渦巻銀河1までの距離 d_1 と渦巻銀河2までの距離 d_2 の比 d_1/d_2 を求めよ。

6.2　NGC 4261（図6.4）は地球から約30 Mpcの距離にある。また、中心核の大きさは約0.1秒角である。

　（1）中心核の大きさは何pcか。

　（2）円盤の回転速度を推定せよ。

第 7 章　膨張する宇宙

「ハッブルの法則」の発見により、宇宙に対する概念は「静止宇宙」から「膨張宇宙」へと大きく転換した。宇宙はかつて高温高密度の火の玉から始まったとするビッグバン理論は、現在最も広く受け入れられている宇宙論である。

（画像出典：NASA/WMAP Science Team）

7.1　宇宙膨張の発見：ハッブルの法則

　1929 年、ハッブルは、遠方の銀河は全て我々の銀河系から遠ざかっており、その後退速度（視線速度）は銀河系からの距離に比例するという、有名なハッブルの法則を発見した（図 7.1）。この法則は、銀河の後退速度 v、銀河系からの距離 r を用いて

$$v = H_0 r \tag{7.1}$$

と表わされる。比例定数 H_0 はハッブル定数と呼ばれ、時間の逆数の次元をもつ。銀河の後退速度 v は、銀河のスペクトル線のドップラー偏移 $\Delta\lambda$ から以下の関係によって求められる。

$$\frac{v}{c} = \frac{\Delta\lambda}{\lambda_0} = \frac{\lambda - \lambda_0}{\lambda_0} \tag{7.2}$$

ここで、c は光速、λ、λ_0 はそれぞれスペクトル線の観測される波長と実験室系（静止系）での波長を表す。上式は v が c に比べて十分小さい場合に成り立つ式であり、この仮定が成り立たない場合には、

$$\frac{v}{c} = \frac{(1+z)^2 - 1}{(1+z)^2 + 1} \tag{7.3}$$

の式を用いる必要がある。ここで $z = \Delta\lambda/\lambda_0$ は赤方偏移と呼ばれる量であり、

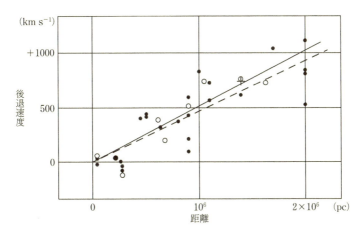

図 7.1 遠方銀河の距離（横軸）と後退速度（縦軸）の関係（Hubble 1929, PNAS, 15, 168）。

赤方偏移 z をもつ天体からの光の波長は実験室（静止系）での値の（$1+z$）倍になっている。

　ハッブルの法則が真に意味するところは、すべての銀河がそれぞれ我々の銀河系から遠ざかっているということではなく、銀河が存在するこの宇宙自体が膨張しているということである。そのため、物体の運動により光の波長が変化して観測されるドップラー効果と、その物体から出た光が我々に届く間に空間そのものが膨張することによって光の波長がのびて観測される赤方偏移は、厳密には異なった概念である。このように解釈すると、赤方偏移 z をもつ天体は、現在よりも宇宙の大きさ（天体間の距離）が（$1+z$）分の1だったときの姿を見せていることになる（その天体までの実際の距離や年齢は宇宙モデルによる）。

　また、先のハッブル定数は、一般相対性理論から導かれる宇宙モデル（フリードマン宇宙モデル）における現在の宇宙の膨張率と同じものである。空間が膨張しているとすると、時間を過去に遡ると宇宙は過去ほど小さく、最終的にはすべてが一点に集まってしまうことになる。ハッブル定数の逆数

$$t=\frac{R}{V}=\frac{1}{H_0} \tag{7.4}$$

はハッブル時間と呼ばれ、現在、距離 R、後退速度 V である銀河の速度が過

去一定であった場合に、距離 R だけ進むのにかかった時間、すなわち宇宙年齢に相当する。しかし実際は、膨張速度は時間に対して一定ではないため、ハッブル時間はあくまでも宇宙年齢の目安であることに注意が必要である。

　このように、ハッブル定数は我々の宇宙を記述するための重要なパラメータであり、遠方銀河の距離と後退速度を精度よく測定することによって観測的に決定される。ハッブルが出した値は $H_0 = 530\ \mathrm{km\ s^{-1}\ Mpc^{-1}}$ であったが、この値ではハッブル時間が約 20 億年となってしまう。ハッブルによる H_0 値は、明らかに大きすぎる。その後、測定精度が向上するにつれてハッブル定数の測定値は下方修正され、現在は欧州の天文観測衛星 Planck によって

$$H_0 = 67.15 \pm 1.2\ \mathrm{km\ s^{-1}\ Mpc^{-1}} \tag{7.5}$$

という値が得られている。この値と、過去の膨張速度の変化を考慮して、宇宙の年齢は 138 億年と推定されている。

　なお、ハッブル定数は時間の逆数の次元をもつが、通常 $[\mathrm{km\ s^{-1}\ Mpc^{-1}}]$ という単位が使われる。これは、1 Mpc 離れた 2 つの銀河がお互いに後退する速度という意味を表すためである。

7.2　宇宙膨張の概念

　前節で述べたハッブルの法則は、遠方の銀河が我々から遠ざかっているというものであった。とすると、宇宙の中で我々があたかも特別な場所にいるかのように思える。果たしてそうであろうか？

　図 7.2 のように、観測者（我々）O が A と B の 2 つの銀河を観測したとしよう。これらの銀河の位置ベクトルを $\boldsymbol{d}_{\mathrm{OA}}$、$\boldsymbol{d}_{\mathrm{OB}}$、後退速度ベクトルを $\boldsymbol{v}_{\mathrm{OA}}$、$\boldsymbol{v}_{\mathrm{OB}}$ とし、それぞれに対して以下のハッブルの法則が成り立つとする。

$$\boldsymbol{v}_{\mathrm{OA}} = H_0 \boldsymbol{d}_{\mathrm{OA}},\quad \boldsymbol{v}_{\mathrm{OB}} = H_0 \boldsymbol{d}_{\mathrm{OB}} \tag{7.6}$$

今度は銀河 A にいる観測者について考えよう。A から B を観測したときの B の後退速度は

$$\boldsymbol{v}_{\mathrm{AB}} = \boldsymbol{v}_{\mathrm{OB}} - \boldsymbol{v}_{\mathrm{OA}} = H_0(\boldsymbol{d}_{\mathrm{OB}} - \boldsymbol{d}_{\mathrm{OA}}) = H_0 \boldsymbol{d}_{\mathrm{AB}} \tag{7.7}$$

と書ける。つまり、観測者 A からみてもハッブルの法則が成り立つのである。

　我々から見てどの方向に対してもハッブルの法則が成り立つということは、

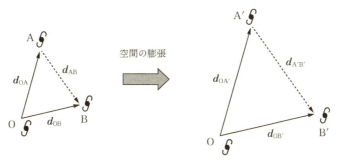

図7.2 宇宙膨張の概念図。どの銀河から見てもハッブルの法則が成り立っている。

宇宙のどの場所においてもハッブルの法則が成り立つということである。これは、宇宙に特別な場所はないということを意味している。宇宙の大局的な構造を議論する際、通常、"宇宙は空間的に一様であり等方的である" という宇宙原理を前提に置くが、ハッブルの法則はこの宇宙原理と矛盾しない。

7.3 膨張宇宙の力学：ニュートン力学的モデル

膨張宇宙は本来一般相対性理論を用いて記述されるべきものであるが、ここでは簡単のため、ニュートン力学を用いて記述してみよう。ニュートン力学を用いたからといって、議論の本質は失われない。

今、一様等方な宇宙の中に、ある点を中心とした半径 $R(t)$ の球殻を考え、この球殻の膨張について議論する（図7.3）。半径 $R(t)$ は時刻 t の関数である。一様な物質分布を考えているので、球殻の膨張運動に対して球の外側の物質は影響を与えず（第2章）、球殻の内側の質量だけを考えればよい。球殻内の質量 M は宇宙の密度 $\rho(t)$ を用いて

$$M = \frac{4\pi}{3} R(t)^3 \rho(t) \tag{7.8}$$

と表せる。このとき、球殻の運動方程式は

$$\frac{d^2 R}{dt^2} = -\frac{GM}{R^2} \tag{7.9}$$

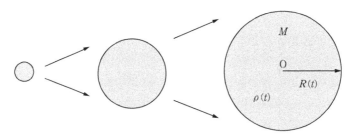

図 7.3　宇宙膨張のニュートン力学的モデル。

となる。この両辺に dR/dt をかけて積分すると、

$$\frac{1}{2}\left(\frac{dR}{dt}\right)^2 - \frac{GM}{R} = E \tag{7.10}$$

というエネルギー保存則に相当する式が得られる。ここで左辺第一項は球殻の単位質量あたりの運動エネルギー、第二項は球殻の単位質量あたりのポテンシャルエネルギー、E は単位質量あたりの全エネルギーを表す。

　現在時刻における宇宙の諸量に添字 0 をつけて表すことにすると、式 (7.8)、(7.10) から

$$\frac{1}{2}\left(\frac{dR}{dt}\right)^2 - \frac{4\pi G}{3}\frac{\rho_0 R_0{}^3}{R} = -\frac{4\pi G R_0{}^2}{3}(\rho_0 - \rho_c) = E \tag{7.11}$$

$$\rho_c \equiv \frac{3}{8\pi}\frac{H_0{}^2}{G} \tag{7.12}$$

が得られる。ここで、ρ_c は臨界密度と呼ばれるパラメータであり、H_0 は

$$H \equiv \frac{1}{R}\frac{dR}{dt} \tag{7.13}$$

で定義される宇宙の膨張率（ハッブル定数）の現在の値である。

　球殻の運動、つまり宇宙膨張は、E の符号、つまり ρ_0 と ρ_c の大小関係によって以下の 3 つのパターンに分けられる（図 7.4）。

(1)　$E < 0$（$\rho_0 > \rho_c$）

　　R がある最大値に達した後、膨張から収縮に転じる

(2)　$E = 0$（$\rho_0 = \rho_c$）

　　永遠に膨張を続ける（無限遠での速度ゼロ）

(3)　$E>0$（$\rho_0<\rho_c$）

　　永遠に膨張を続ける（無限遠で有限の速度）

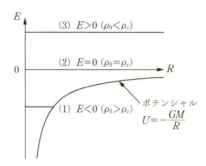

図 7.4　宇宙膨張の 3 つの場合。

これらは、ちょうど地球上で物体を投げ上げたときの物体の運動に対応している。(1)は投げ上げた物体がある高さまで上がって再び落ちて戻ってくる場合、(2)は投げ上げる速度がちょうど地球の重力圏からの脱出速度に等しい場合、(3)は脱出速度を超えている場合である。

　臨界密度は、現在得られているハッブル定数の値を用いると、$\rho_c=8\times10^{-27}$ kg m^{-3} 程度であり、これは 1 m^3 当たり水素原子数個分に相当する。現在の宇宙の質量密度は、バリオン（陽子、中性子）と暗黒物質（ダークマター）を合わせても臨界密度の 3 割ほどであることが、観測から示唆されている。つまり、宇宙は永遠に膨張し続けることが予想される。

7.4　宇宙の温度

　宇宙が現在膨張しているとすれば、過去の宇宙はもっと小さく高密度だったはずである。宇宙膨張が断熱膨張だとすると、過去の宇宙は高温でもあったと考えられる。本節では、宇宙の温度について考えてみよう。

　再び、宇宙の中の半径 R のある領域を考える（図 7.5）。この領域の熱力学的な変化は、つぎの熱力学第一法則で記述される。

$$dQ=dU+pdV \tag{7.14}$$

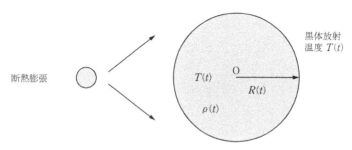

図 7.5　宇宙の温度。

ここで、dQ は領域の外側から内側へ流れる正味のエネルギー量、U および V は領域の内部エネルギーおよび体積、p は圧力を表す。領域の内部では放射のエネルギーが物質のエネルギーに比べて優勢であり、放射は温度 T の黒体放射であるとすると、放射のエネルギー密度 aT^4、放射圧 $(a/3)T^4$ を用いて、上式は

$$dQ = d\left(aT^4 \frac{4\pi}{3} R^3\right) + \frac{a}{3} T^4 d\left(\frac{4\pi}{3} R^3\right) = 定数 \times d\ln(TR) \qquad (7.15)$$

と書き直せる（$\ln$ は自然対数）。ここで、$a = 4\sigma/c$（σ はシュテファン-ボルツマン定数、c は光速）である。宇宙は一様でかつ全体が断熱膨張していると仮定すると、$dQ = 0$ なので $TR = $一定、つまり $T \propto 1/R$ となる。これは、放射の温度は宇宙の大きさに反比例して減少するということである。したがって、宇宙が時間とともに膨張してきたとすると、過去の宇宙は高温であったと予想される。また、物質密度は宇宙の半径の 3 乗に反比例して減少する（$\rho \propto 1/R^3$）ため、T^3/ρ は膨張の過程で一定に保たれることがわかる。

7.5　ビッグバン理論

　1946 年、ガモフは、宇宙がかつて高温高密度の熱い火の玉のような状態だったときに全ての元素が作られた、とする理論を発表した。ビッグバン宇宙論の始まりである。その後の研究で、宇宙初期に合成されるのは水素とヘリウム、およびわずかなリチウムとベリリウムまでの軽元素のみであることがわかった

（8.5 節参照）。

7.5.1　宇宙誕生直後の3分間

　現在のビッグバン理論によると、宇宙は今から約 138 億年前、極めて微小・高温・高エネルギーの状態で誕生し（それより前については現在の理論ではわからないため、誕生と呼ぶことにする）、その中で光（光子）を含む大量の素粒子が生まれた。以降、宇宙は膨張と冷却の歴史をたどって今に至る。

　誕生から 10^{-44} 秒後（10^{32} K）、それまで区別のなかった4つの力（重力、電磁気力、弱い相互作用、強い相互作用）から重力が分離する。さらに 10^{-36} 秒後（10^{28} K）には強い相互作用が分離する。この頃の宇宙は、クォークとレプトンに支配されていた。10^{-11} 秒後には弱い相互作用と電磁気力が分離する。10^{-4} 秒（10^{12} K）後になると、それまで自由に飛び回っていたクォークが結合して核子（陽子・中性子）が誕生し、1 秒後には陽子と中性子が結合し原子核が作られ始める。こうして、宇宙誕生から3分後（10^9 K）には大量のヘリウムを含む軽元素の合成が完了する。この時点での宇宙の物質密度は、前節の議論を用いればおおよそ計算できる。現在の宇宙の温度を3 K（後述）、物質密度を 10^{-27} kg m^{-3} とすると、誕生から3分後の宇宙の温度は 10^9 K であったので、$T^3/\rho=$一定とすると 0.04 kg m^{-3} となる。この値は、太陽の平均密度 1.4×10^3 kg m^{-3}（中心密度は 1.6×10^5 kg m^{-3}）に比べてずいぶん小さいことがわかる。そのため、宇宙初期にはこれ以上の元素合成（核融合反応）は起こらなかった。

7.5.2　宇宙の晴れ上がりと宇宙マイクロ波背景放射

　その後、37 万年後（3,000 K）には、それまで自由に運動していた電子が原子核にとらえられ原子が誕生し、光子が電子との相互作用を免れて直進できるようになったと考えられている。これを「宇宙の晴れ上がり」と呼び、我々が電磁波（光子）で見通せる宇宙の果てに相当する。このときの黒体放射の名残は、現在、絶対温度 2.7 K の宇宙マイクロ波背景放射（cosmic microwave background radiation；CMB）として観測される。宇宙の大きさ（天体間の距離）が今の 1,000 分の1だったときは、宇宙は 3,000 K の赤外線放射で満た

されていたが、その後宇宙の大きさが 1,000 倍に膨張し、放射の波長も 1,000 倍に引き伸ばされたため、現在は電波として観測される。宇宙マイクロ波背景放射は、全天のあらゆる方向からやってくる電波として、ペンジアスとウィルソンによって発見された（1965 年）。その後、人工衛星 COBE、WMAP、Planck による観測によって、宇宙マイクロ波背景放射がきわめて高い精度で黒体放射に一致することが確かめられた（図 7.6）。宇宙マイクロ波背景放射の温度は現在 2.725±0.001 K と求められている。宇宙マイクロ波背景放射の存在は、かつて宇宙が高温の火の玉であったことを示すものであり、先に示した宇宙膨張に関するハッブルの法則、ヘリウムをはじめとする軽元素の存在比とともに、ビッグバン理論を支える代表的な観測的事実となっている。

また、宇宙マイクロ波背景放射は完全に均一ではなく、方向によってわずかに揺らぎがあることがわかっている。この温度ムラは、宇宙初期に存在した密度のムラを示しており、現在見ることのできる超銀河団やフィラメント、ボイドという大規模構造を形作る種となったと考えられている。

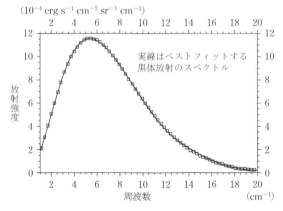

図 7.6　人工衛星 COBE が測定した宇宙マイクロ波背景放射のエネルギー分布。絶対温度 2.7 K の黒体放射（実線）とぴたりと一致する。測定点の誤差は線の太さよりも小さい。（Mather et al. 1990, ApJ, 354, L37）

—————————— Teatime ——————————

加速する宇宙膨張

　地上で投げ上げたボールは、地球の重力に引かれて速度が段々小さくなり、やがて地上に落ちてくる。脱出速度を超えて投げ上げた場合でも、いずれ速度はほぼ一定の等速運動となる。かつては、宇宙もこれと同じで減速膨張していると考えられていたが、実はその逆で、投げ上げたボールがどんどんスピードアップしている、つまり加速しながら膨張していることが近年の観測結果から明らかになっている。

　Ia型と呼ばれる超新星は、爆発時の最大光度が超新星によらずほぼ一定のため、遠方銀河の距離の測定に使われる。宇宙が減速膨張している場合、ある赤方偏移をもつ超新星までの距離は、加速も減速もしていない場合に比べて小さいため、超新星の見かけの明るさは明るくなる。逆に加速膨張している場合は、超新星までの距離が増大するため、見かけの明るさは暗くなる。

　このことを利用して、様々な赤方偏移をもつ超新星までの距離を測定し解析したところ、宇宙は数十億年前に減速膨張から加速膨張に転じたことがわかった。宇宙が加速膨張するには、物質に対して斥力の重力を及ぼし、宇宙膨張を減速させる物質の引力を打ち消さなければならない。宇宙は、このような通常の物質とは異なる性質をもつ「ダークエネルギー（暗黒エネルギー）」で満ちていると考えられているが、その正体は明らかになっていない。

Exercise

7.1　式（7.11）において $\rho_0 = \rho_c$ の宇宙を考える。$R(t)$ の表式を求めよ。また、現在の宇宙の年齢 t_0 を求めよ。ただし、$t=0$ で $R=0$ とする。

7.2　問7.1において、現在の宇宙の温度を3K、年齢を 1.4×10^{10} 年とする。宇宙の温度が3,000Kであったときの宇宙の年齢を求めよ。

第 8 章　元素の起源

ビッグバンによって宇宙は
始まり、同時に物質も誕生
した。身の回りの様々な元
素も元をたどればビッグバ
ンにその起源がある。本章
では、元素と原子核の基本
的性質を解説したのち、宇
宙初期の元素合成について
概説する。

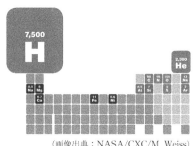

（画像出典：NASA/CXC/M. Weiss）

8.1　宇宙の組成

　我々の身の回りの物質は様々な元素の組み合わせでできている。太陽を始め
とする恒星も、そのスペクトルを観測することによって、どのような元素を含
むのかを知ることができる。図 8.1 は、太陽のスペクトルと隕石の分析から得
られた太陽系の組成を表している（ケイ素 Si の個数を 10^6 としたときの各元
素の相対個数）。この図から、いくつかの特徴が見て取れる。

　まず、水素、それに次いでヘリウムの存在量が圧倒的に多い。質量比にする
と水素が約71％、ヘリウムが約27％で、この2つの元素だけで98％を占める。
水素は宇宙初期に合成され、ヘリウムは一部恒星内部でも合成されるが、大部
分は宇宙初期に合成された。ヘリウムの次に軽いリチウム、ベリリウム、ホウ
素の存在量は非常に低い。これらの一部はごくわずかに宇宙初期にも合成され
たが、主に炭素や窒素、酸素などの原子核に高エネルギーの粒子が衝突し、そ
れらの原子核が破砕されてできたのではないかと考えられている。

　水素、ヘリウムに次いで存在量が多いのは、炭素、酸素、窒素であり、鉄で
また存在量が多くなる。鉄は最も安定な元素であるため、原子番号の近い元素
に比べて多く存在する。炭素から鉄までの元素は、恒星の中心核における原子

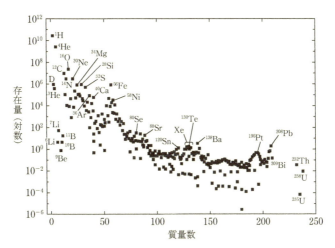

図 8.1 太陽系の組成。ケイ素 (Si) の存在量を 10^6 としたときの各核種の存在量を表す。E. Anders and N. Grevesse 1989, Geochimica et Cosmochimica Acta, 53, 197 のデータをもとに作成。

核反応によって合成される。鉄より重い元素の存在量は極めて少なく、水素の数千億分の1から1兆分の1以下である。これらは、巨星の内部や超新星爆発など限られた場所で合成されると考えられている。

8.2　元素と原子核

　物質は究極的には何でできているのか、という問いに対して、人類は様々なアイディアを提示してきた。たとえば、古代ギリシャのデモクリトスが唱えた原子論や、アリストテレスが唱えた四元素説などがある。現代における元素の定義は「化学的手段（化学反応）によってそれ以上に分解できない物質」であり、同一の原子番号をもつ原子を指す集合名詞として用いられる。

8.2.1　元素と原子

　地球上に天然に存在する元素は約90種類であり、そのうちで最も重いのはウランである。この中の少なくとも23種類はヒトの生命活動に必須と考えられている（多量、少量、微量、超微量元素）。人体は宇宙に存在する多くの元

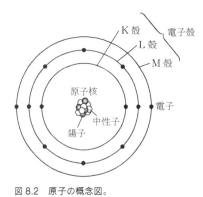

図 8.2　原子の概念図。

表 8.1　電子殻と電子軌道。

殻	主量子数 n	電子数 $2n^2$	電子軌道
K	1	2	1s
L	2	8	2s, 2p
M	3	18	3s, 3p, 3d
N	4	32	4s, 4p, 4d, 4f
O	5	50	5s, 5p, 5d, 5f, 5g

電子軌道	方位量子数	電子数
s	0	2
p	1	6
d	2	10
f	3	14
g	4	18

素を進化の過程で取り込んできたのである。

　図 8.2 に原子の概念図を示す。原子は原子核とその周囲を回る電子からなる。原子核は正の電荷をもつ陽子と電荷をもたない中性子からなり、原子核中の陽子数がその原子の原子番号である。また、陽子数と中性子数を加えたものは質量数と呼ばれる。元素の中には、陽子数は同じだが中性子数の異なる元素が存在し、これらは「同位体」と呼ばれる。例えば酸素（原子番号 8）には、中性子数がそれぞれ 8 個（質量数 16）、9 個（質量数 17）、10 個（質量数 18）の同位体が存在し、それぞれ $^{16}_{8}O$、$^{17}_{8}O$、$^{18}_{8}O$ と書き表す。同位体一つ一つを区別するため、陽子と中性子の数により決定される原子核の種類を「核種」と呼ぶ。

8.2.2　核種

　図 8.3 に核図表の一部を示す。核種には安定なものとそうでない（有限の時間で崩壊する）ものがある（8.3 節参照）。この図では、安定核種を濃い色のマスで示している。質量数 5 と 8 の安定核種が存在しないことが、ビッグバンにおける元素合成に大きな影響を与えている（詳しくは 8.5 節参照）。地球上に天然に存在する核種は約 300 種類であるが、理論的には約 10,000 種類の存

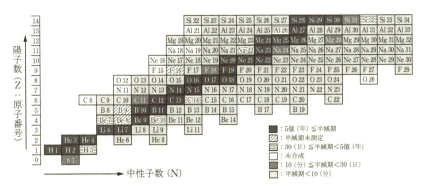

図 8.3 核図表の一部。図中の数字は質量数。日本原子力研究開発機構 2014 年版核図表をもとに作成。

在が予測されており、そのうち実験的に確かめられたのは約3,000種類である。

8.2.3　原子の魔法数

　電子は負の電荷をもち、電子殻と呼ばれる層に分かれて存在する。電子殻はさらに電子軌道に分けられる。各電子軌道に入りうる電子の数は決まっており、それゆえ各電子殻に入りうる電子の数も決まっている（**表 8.1**）。電子はエネルギーの低い軌道から順に埋まっていく。1つの電子殻が最大の定員まで埋まっている状態を「閉殻」と呼ぶ。閉殻構造をもつ原子は化学的に安定で反応しにくい。閉殻構造をもつ原子の原子番号を「原子の魔法数」と呼び、具体的に 2（He）、10（Ne）、18（Ar）、36（Kr）、54（Xe）、86（Rn）がこれに相当する（10 の次の魔法数が K、L、M 殻の電子数の総和である 28 にならないのは、ネオンより先は、同じ電子殻の d 軌道より上の殻の s 軌道の方がエネルギーが低く、p 軌道まで閉じることで安定になるためである）。これら 6 種類の元素は希ガスと呼ばれる。希ガスは化学的に安定であるため、生命活動には使われていない。

8.2.4　原子核の魔法数

　また、原子核を構成する陽子または中性子の数が特定の値をとると、原子核が特に安定になる。この数は陽子、中性子ともに同じで 2、8、20、28、50、82、126 であり、原子核の魔法数と呼ばれる。陽子数（原子番号）や中性子数

がこれにあたる元素は、周辺の元素に比べて多くの安定同位体をもっている（図 8.3）。ヘリウム（原子番号 2）、酸素（原子番号 8）、カルシウム（原子番号 20）、ニッケル（原子番号 28）、スズ（原子番号 50）、鉛（原子番号 82）は陽子数が魔法数になっており、^{4}He、^{16}O、^{40}Ca は中性子数も魔法数となっている。また、図 8.1 に見られる、鉄より重い元素で存在量の多い ^{88}Sr（原子番号 38）、^{138}Ba（原子番号 56）、^{208}Pb（原子番号 82）は中性子数が魔法数（それぞれ 50、82、126）となっている。これらのピークから少し左にずれたところには別のピーク（Se、Te、Xe、Pt）がみられる。これらの核種は、中性子数が魔法数になっている原子番号の大きな核種の放射壊変（β 崩壊；次節参照）によってできたと考えられている。

　ヘリウム原子核（^{4}He）は原子核と原子の両方の魔法数となっているため、安定で大量に存在するものの、生命活動には利用されていない。質量数がヘリウム原子核の整数倍である核種（^{12}C、^{16}O、^{20}Ne、^{24}Mg、^{28}Si、^{32}S、^{36}Ar、^{40}Ca）も周りの核種に比べて非常に安定で、存在量が多い。ただし、^{8}Be は極めて不安定で、すぐに 2 個の ^{4}He に分裂する。

8.3　原子核の崩壊

　前節で、「安定な核種」や「不安定な核種」という言葉を使った。本節では、安定／不安定のちがいと、不安定な原子核の崩壊について解説する。

8.3.1　半減期

　原子核内で陽子と中性子は、核子間に働く力（核力）によって束縛されている。しかし、原子核は陽子や中性子を吸収したり、他の原子核と融合したり、分裂したりといった原子核反応によって、核種やその状態を変化させることができる。外からエネルギーを与えない限り変化を起こさないのが安定核種である。一方、不安定核種（いわゆる放射性元素）は、ある時間で自発的に内部エネルギーを放射線として放出して、別のより安定な核種に変化する（放射壊変）。

　放射壊変は確率的な現象であり、一定時間で一定量の原子核が崩壊する。崩

壊する前の核種を親核種、崩壊後の核種を娘核種と呼ぶ。親核種の数の初期値
を N_0、その核種の壊変定数を λ とすると、時間 t が経過したときの親核種の
数 N は

$$N = N_0 e^{-\lambda t} \tag{8.1}$$

と表される。親核種の数が半分になるのにかかる時間を半減期 $t_{1/2}$ と呼び、壊
変定数との間には $\lambda = \ln 2/t_{1/2}$ の関係がある。放射性元素であっても、半減期
が宇宙年齢より十分に長いものは安定元素として見なすことができる。

8.3.2 放射壊変

不安定核種は、放射壊変によって別の安定な核種に変化する。放射壊変には
以下のような種類がある（図 8.4）。

α 崩壊

原子核が ^{4}He 原子核（α 線と呼ばれる；陽子 2 個、中性子 2 個）を放出し、
原子番号が 2、質量数が 4 減少する。原子番号の大きい元素の放射性核種に多
く見られる。α 崩壊は、α 粒子が原子核のエネルギー障壁を量子力学的な効果
（トンネル効果）によって通り抜け、原子核外に飛び出すことによって起きる。

例：$^{238}_{92}\mathrm{U} \rightarrow {}^{234}_{90}\mathrm{Th} + {}^4_2\mathrm{He}^{2+}$　半減期　4.47×10^9 年

β 崩壊（β⁻崩壊）

原子核から電子と反ニュートリノが放出され、中性子 1 個が陽子 1 個に変換さ
れる。質量数は変化せず、原子番号が 1 増加する。陽子に比べて中性子の数が
多い中性子過剰核種で生じやすい。β 崩壊の原因は弱い相互作用である。

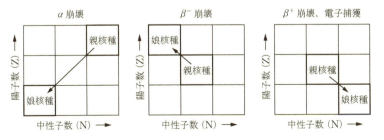

図 8.4　放射壊変による陽子数と中性子数の変化。

$$例：{}^{187}_{75}\text{Re} \rightarrow {}^{187}_{76}\text{Os} + \text{e}^- + \bar{\nu} \quad 半減期 \quad 4.3 \times 10^{10} 年$$

ちなみに、単独で存在する中性子は不安定であり、電子と反ニュートリノを放出して半減期約 10 分で陽子に壊変する。

β 崩壊（β⁺崩壊）

原子核から陽電子とニュートリノが放出され、陽子 1 個が中性子 1 個に変換される。質量数は変化せず、原子番号が 1 減少する。陽子過剰核種で生じやすい。ただし、陽子があまりに多いと、電気的な反発が強くなり分裂する。

$$例：{}^{26}_{13}\text{Al} \rightarrow {}^{26}_{12}\text{Mg} + \text{e}^+ + \nu \quad 半減期 \quad 7.2 \times 10^5 年$$

β 崩壊（電子捕獲）

原子核中の陽子が軌道電子を捕獲して中性子となり、ニュートリノを放出する。質量数は変化せず、原子番号が 1 減少する。

$$例：{}^{41}_{20}\text{Ca} + \text{e}^- \rightarrow {}^{41}_{19}\text{K} + \nu \quad 半減期 \quad 1.03 \times 10^5 年$$

γ 崩壊

励起された原子核がガンマ線を放出して、安定な原子核に移る。高いエネルギー準位から低いエネルギー準位に遷移するときに、そのエネルギー差に等しいエネルギーをもつガンマ線を放出する。原子番号や質量数は変わらない。

8.4　核融合反応

　陽子が多すぎると電気的な反発によって核分裂を起こすが、核分裂とは逆に、陽子と中性子の数が少ない原子核同士は核融合を起こすことができる。核融合反応が起きるには、反応後の原子核が反応前に比べて安定、つまりエネルギーがより低い状態にならなければならない。アインシュタインの特殊相対性理論によると、エネルギーと質量は等価である（$E = mc^2$）。したがって、1 核子あたりの質量が小さいほどその核種は安定であり（水素原子核がバラバラに存在するよりも、1 つの原子核内に存在する方がエネルギーは低い）、最も安定なのは ^{56}Fe である。つまり、^{56}Fe までは核融合反応によってエネルギーを取り出すことができるが、それより重い元素を核融合反応で作るには逆にエネルギーが必要となる（それゆえ重い元素からは核分裂でエネルギーを取り出せる）。実際に核融合反応が起きるには、原子核同士の電気的な反発力（クーロ

ン障壁）に打ち勝つだけの運動エネルギーが必要である。これが可能となるほ
どの高温は、自然界ではビッグバンと恒星の内部でのみ達成できる。

8.5 ビッグバン元素合成

1946 年、ガモフは、宇宙がかつて高温高密度の熱い火の玉のような状態の
ときに全ての元素が作られたとする理論を発表した。しかしその後の研究で、
宇宙初期に合成されるのは軽元素のみであることがわかった。ここでは、この
宇宙初期における元素合成過程を少し詳しく見てみよう。

8.5.1 軽元素の合成

ビッグバンから 10^{-36} 秒後（10^{28} K）には、電子、光子、クォーク、グルー
オン、ニュートリノなどの素粒子が誕生した。その後、宇宙は膨張を続けなが
ら冷えていき、10^{-4} 秒後（10^{12} K）にはクォークどうしが結びついて陽子と中
性子が誕生した。さらに、1 秒後（10^{10} K）にはそれまで熱平衡状態にあった
陽子・中性子とニュートリノの相互作用が切れ、以降、中性子は β 崩壊によっ
て次々に陽子に変わっていく。

ビッグバンから 3 分後、温度が 10^9K にまで下がると、高温時は壊れやすかっ
た重水素（D）が陽子（p）と中性子（n）から合成されるようになる（図 8.5）。
さらに D 同士が合体して三重水素（T）と p になり、T と D が合体してヘリ
ウム（^{4}He）と n になる。T、^{3}He、^{4}He が合成されると、これらをもとにし
て ^{7}Li や ^{7}Be が合成されるが、T と ^{4}He、^{3}He と ^{4}He の核融合反応はクーロン
障壁が大きいため、少ししか合成されない。また、質量数 5 と 8 に安定な核種
が存在しないので、元素合成は質量数 7 で止まってしまう。

この時点で、p に β 崩壊せずに残っていた n は、上記の反応によってほとん
どすべて ^{4}He 中に取り込まれる。従って、ビッグバン元素合成の結果残って
いる核種は p、D、^{3}He、^{4}He、^{7}Li である（^{7}Be、T は不安定核種で、それぞ
れ半減期 53 日と 12.3 年で ^{7}Li、^{3}He に β 崩壊する）。

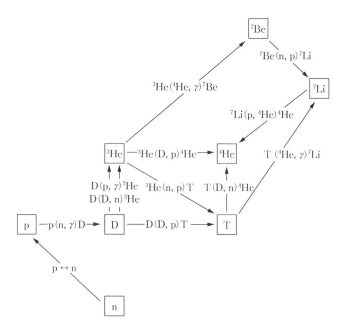

図 8.5　ビッグバン元素合成における反応ネットワーク。「p(n, γ)D」は、陽子 p と中性子 n が合体して重水素 D ができて γ 線が放出されることを表す。

8.5.2　質量数 8 の壁

　前章で示したように、ビッグバン元素合成時の宇宙は恒星内部に比べて密度が小さい。そのため、クーロン障壁の大きな反応は起こらず、1 つの核子を付加する反応、および 2 つの陽子の融合で生成される重陽子（重水素の原子核）同士の反応が中心となる。1 つの核子を付加する反応では、質量数を 1 つずつしか増やすことができない。したがって、質量数 5 と 8 に安定な同位体が存在しないことが、質量数がさらに大きい元素を生成する大きな妨げとなっている。質量数 8 の壁は、恒星内部で初めて越えられることになる（第 10 章参照）。

─── Teatime ───

新星爆発：リチウムの合成工場

リチウムは水素・ヘリウムに次いで3番目に軽い元素であり、パソコンやスマートフォンなどのバッテリーにもよく使われるおなじみの元素である。このリチウムは、ビッグバン時に少量生成される以外にも、恒星の中や超新星爆発など、様々な場所で作られると考えられているが、その直接的な証拠はこれまで得られていなかった。

最近のすばる8.2m望遠鏡（ハワイ州マウナケア山）を用いた観測で、「新星爆発」の際に大量のリチウムが生成され、宇宙空間に放出されていることが明らかになった。新星爆発は、白色矮星と伴星からなる連星系において、伴星表面にあるガスが白色矮星に流れ込んで表面に降り積もり、白色矮星表面で核融合が爆発的に起きることによって突然明るく輝く現象である。

2013年8月に発見された V339 Del と呼ばれる新星の、爆発から38日後のスペクトルを詳しく調べたところ、爆発で放出されたガスの中に ^{7}Be が見つかった。この ^{7}Be は、伴星から流れ込んできた ^{3}He と、白色矮星表面に豊富に存在する ^{4}He が反応して生成されたものと考えられる。^{7}Be は53日の半減期で ^{7}Li に崩壊してしまうため、この観測は爆発後の限られた時期だけに存在する、貴重なリチウムの「もと」をとらえたことになる。

宇宙では、至るところでこのような新たな元素合成が絶えず起こっているのである。

───────────── Exercise ─────────────

8.1 不安定核種である $^{238}_{92}$U の半減期は 44.7 億年である。20 億年経つと、同核種の数は何分の1になるか。

8.2 ビッグバンから1秒後、陽子と中性子の平衡が崩れた時点において

存在した陽子と中性子の比で $^4\mathrm{He}$ の合成量はほぼ決まる。全核子に対するヘリウムの質量比を 25 ％（観測値）とし、陽子に崩壊せず残っている中性子は全て $^4\mathrm{He}$ に取り込まれるとすると、ビッグバンから 1 秒後における陽子数と中性子数の比はいくらであったか。

第 9 章 恒星の内部構造

恒星の性質を知ることは、宇宙の進化を理解する上で重要である。恒星は巨大な質量をもったガス球であり、比較的簡単な物理法則に従って、その大まかな性質を理解できる。本章では、特に恒星の内部構造についてみてみよう。

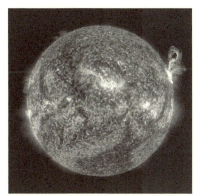

（画像出典：NASA／SDO）

9.1 星はなぜ輝くのか

太陽は明るく光り輝いている。なぜ輝くのだろうか。内部で核融合反応が起きているからだろうか。

太陽は、主に固体でできている地球とは異なり、気体でできている。質量は約 2×10^{30} kg ととてつもなく重いため、自分自身の重力でつぶれようとするだろう。しかし、見ている限り太陽の大きさは変わっていない。これは、気体の圧力が重力に対抗して自分自身を支えているからである。中心にいくほど圧力は高く、気体は圧力が高いと温度も高いため、中心部は温度、圧力とも非常に高いと考えらえる。太陽の大きさと質量から見積もると、中心温度はざっと1千万度程度と予想される。一方、太陽の表面温度は約6千度である。エネルギーは温度の高い方から低い方へ流れるので、太陽の内部を伝わって自然に中心から表面へとエネルギーが流れ、最後は放射となって宇宙空間へと放たれる。つまり、太陽は自重で潰れないように内部を高温高圧にせざるを得ず、そのために必然的に光ってしまうのである。

しかし、宇宙空間にエネルギーを捨ててばかりではやがて太陽は冷えてしま

う。太陽は約 46 億年間大きく光度を変えていないと考えられるため、長期間安定して輝き続けるためにはエネルギーを自ら生み出す必要がある。そのエネルギー源が核融合反応というわけである。

9.2　恒星内部を記述する方程式

　前節で述べたことを、方程式として書き表してみよう。恒星は球対称とし、中心を原点とした極座標をとる。球対称なので、恒星内部の物理量は半径 r のみの関数である（図 9.1）。また、恒星は定常状態にあるとし、時間変化は考えない。

9.2.1　質量

　まず、半径 r、厚み dr の薄い球殻を考え、この球殻に含まれる質量を考える。密度を $\rho(r)$、球殻の質量を dM_r とすると、厚み dr が無限に小さい極限では $dM_r = 4\pi r^2 \rho(r) dr$ と表せる。よって、

$$\frac{dM_r}{dr} = 4\pi r^2 \rho \tag{9.1}$$

と書ける。この式を星の中心から半径 r まで積分して得られる量 $M_r(r)$ は、半径 r より内側に存在するガスの質量を表す（図 9.1）。

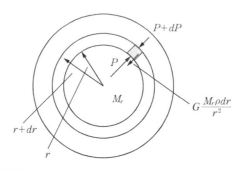

図 9.1　恒星内部の模式図

9.2.2　静水圧平衡

　次に、球殻における力の釣り合いを考える。球殻には、中心から半径 r 以内に含まれる質量 M_r から中心に向かって万有引力が働き、さらに内側から外側に向かってガスの圧力 P、外側からは内側に向かって圧力 $P+dP$ が働き、これらの力が釣り合っている（静水圧平衡）。球殻中の底面積 1 の体積要素について考えると、力の釣り合いは

$$P-(P+dP)=G\frac{M_r\rho dr}{r^2}$$

$$\frac{dP}{dr}=-G\frac{M_r\rho}{r^2} \tag{9.2}$$

と書き表される。これは静水圧平衡の式と呼ばれるものである。

9.2.3　エネルギー輸送

　さて、上の 2 本の方程式 (9.1) (9.2) には従属変数が 3 つ（M_r、P、ρ）出てきており、これだけでは方程式は解けない。気体の圧力と密度は状態方程式によって関係づけられるが、圧力は通常、温度の関数でもあるため、温度に関する式が必要となる。

　エネルギーが温度の高い方から低い方に流れるという性質を考えよう。とくに、エネルギーが主に放射（光子）で運ばれている場所では、単位時間・単位面積当たりのエネルギー流量（フラックス）は温度勾配に比例する。これは、熱伝導でいうところのフーリエの法則（単位時間・単位面積当たりの熱の移動量は温度勾配に比例する）である（図9.2）。このことは次式で表される。

$$\frac{L_r}{4\pi r^2}=-\lambda\frac{dT}{dr}$$

$$\frac{dT}{dr}=-\frac{1}{\lambda}\frac{L_r}{4\pi r^2} \tag{9.3}$$

ここで、L_r は半径 r の球面を通過する単位時間あたりの総エネルギー（すなわち光度）、λ はエネルギーの流れやすさを表す熱伝導率である。熱伝導率が大きいと、同じエネルギーを流すための温度勾配が小さくて済み、言い換えると、同じ温度勾配のもとで流れるエネルギーの流量は大きくなる。熱伝導率

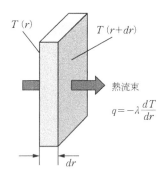

図 9.2 フーリエの法則。

は、その場所での物質の温度、密度、組成に依存する。

　恒星内部におけるエネルギーの伝達には、ガスが流動することによってエネルギーが運ばれる「対流」もある。放射の熱伝導率が小さい（ガスの不透明度が大きい）場合や、運ばれるエネルギーが非常に大きい場合には、対流でエネルギーを運ぶ方が効率的である。最もエネルギーが流れやすい方法（温度勾配がより小さい方法）によって、エネルギーは運ばれることになる。

9.2.4 エネルギー保存

　前節のエネルギー輸送の式 (9.3) には、新たに光度 L_r が従属変数として現れたので、方程式を解くには L_r に関する式がさらに必要である。

　再び半径 r、厚さ dr の薄い球殻を考える。この球殻に入ってくるエネルギーを L_r、出ていくエネルギーを L_r+dL_r とすると、dL_r は球殻内で発生、あるいは球殻から持ち去られたエネルギーであることから、

$$\frac{dL_r}{dr}=4\pi r^2\rho\varepsilon \tag{9.4}$$

と書ける。これはエネルギー保存の式と呼ばれる。ここで、ε は単位質量当たりのエネルギー生成率であり、核融合反応によるエネルギー生成と、ニュートリノによって持ち去られるエネルギー損失を含む。

　以上で、恒星の内部構造を記述する 4 本の基本方程式が出揃った。これらに加えて、補助的な関係式として状態方程式、熱伝導係数、エネルギー生成率

（いずれも温度、密度、化学組成の関数）を与えれば、ある化学組成分布と適当な境界条件のもとに方程式を解くことができる。境界条件は、例えば中心（$r=0$）で質量 M_r と光度 L_r がゼロ、表面（$r=R$）で温度 T と圧力 P がゼロとする。

　状態方程式は、完全電離理想気体を仮定すれば

$$P=\frac{\rho}{\mu m_H}kT \tag{9.5}$$

と書ける。k はボルツマン定数、m_H は原子質量単位（すなわち ^{12}C の質量の 1/12。これはほぼ水素原子の質量に等しい。）である。μ は平均分子量と呼ばれるもので、電子も含めた粒子 1 個あたりの質量を m_H で割ったものである。水素、ヘリウム、それ以外の元素の存在比（質量比）をそれぞれ X, Y, Z とすると（$X+Y+Z=1$）、μ は

$$\mu^{-1}=2X+\frac{3}{4}Y+\frac{1}{2}Z \tag{9.6}$$

と書ける（Exercise 9.2）。太陽における値は $X=0.74$、$Y=0.24$、$Z=0.02$ である。

9.2.5　太陽の内部構造

　現在の太陽の内部構造を求めるには、46 億年の進化を辿る必要がある。恒星の進化は、第一義的には核融合反応による内部の組成とその空間分布の変化であり、それに伴う内部構造の変化である。進化を追う場合には、通常、まずある元素組成比をもったゼロ歳の主系列星について、一様な組成分布を仮定して内部構造を決定する。次に、時間を少し進めて、核融合反応による組成の変化を考慮して空間分布を決め、その時点での内部構造を決める。これを現在の太陽の年齢になるまで繰り返す。このような計算を異なる初期化学組成と対流のパラメータについて行い、現在の太陽の姿（半径、光度）に合致するような初期化学組成と対流パラメータを選ぶ。

　こうして求められた太陽の内部構造を**図 9.3** に示す。密度、圧力とも中心部で急激に大きくなっている。温度は中心に向かって徐々に上昇し、中心温度は約 1,600 万度に達している。表面から 0.3 太陽半径のところで温度勾配に折れ

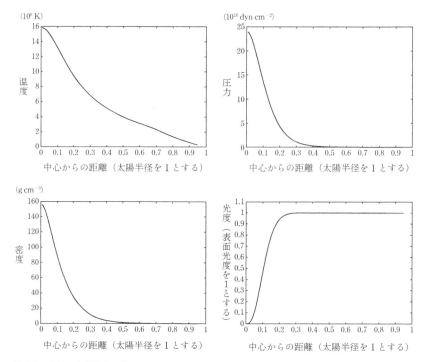

図 9.3　太陽の内部構造。(Bahcall and Pinsonneault 1995, Rev. Mod. Phys., 67, 781 のデータをもとに作成)

曲がりがあるが、ここは対流層の底に相当する。これより内側は輻射、外側は対流によってエネルギーが運ばれている。実際に外側に対流層があることは、太陽表面に粒状斑が見られることから明らかである（12.2 節参照）。また、光度は中心から約 0.3 太陽半径のところで表面光度に達しており、太陽のエネルギーが生み出されているのはごく中心部のみであることがわかる。

9.3　恒星のエネルギー源

　太陽が長期間安定して輝き続けるためには、エネルギー源が必要であることは先に述べた。太陽は現在、毎秒 3.85×10^{26} J のエネルギーを放出しているが、過去 46 億年間これが不変だったとすると、誕生以来約 5.5×10^{43} J のエネル

ギーを放出してきたことになる。化学エネルギーや重力エネルギーではこれだけのエネルギーを賄うことはできず、可能なのは原子力エネルギーのみである。

太陽の中心部では、正味4つの水素から1つのヘリウムが合成される核融合反応が起こっている（ヘリウムと同時に陽電子 e^+ と電子ニュートリノ ν も生成される）。

$$4\,{}^1\mathrm{H} \quad \rightarrow \quad {}^4\mathrm{He} + 2e^+ + 2\nu \tag{9.7}$$

前章で述べたように、核反応では、反応前後の質量の差がエネルギーとして放出される。上記反応の場合、4つの ${}^1\mathrm{H}$ と ${}^4\mathrm{He}$ の質量の差は

$$\Delta m = 4m\,({}^1\mathrm{H}) - m\,({}^4\mathrm{He}) = 4 \times 1.007825 - 4.00260 \text{ amu}$$

$$= 0.0287 \text{ amu（原子質量単位）} \tag{9.8}$$

である。つまり、反応前の質量の 0.7 %、単位質量当たりにすると

$$E = \frac{\Delta m c^2}{4m\,({}^1\mathrm{H})} = 6.4 \times 10^{14} \text{ J kg}^{-1} \tag{9.9}$$

のエネルギーが解放されることになる。

仮に太陽が全て水素からできていて、それを全て核融合に使えたとすると、太陽からは

$$E = 6.4 \times 10^{14} \text{ J kg}^{-1} \times 2.0 \times 10^{30} \text{ kg} = 1.3 \times 10^{45} \text{ J} \tag{9.10}$$

のエネルギーが取り出せることになる。実際に核融合反応が起こるのは中心部のみであり、質量にすると高々10 %程度であるが、それでも 1.3×10^{44} J という 46 億年間輝き続けるのに十分なエネルギーを生み出せることがわかる。仮に現在の光度で光り続けるとすると、太陽の寿命 τ は

$$\tau = \frac{1.3 \times 10^{44} \text{ J}}{3.85 \times 10^{26} \text{ W}} = 3.4 \times 10^{17} \text{ s} = 1.1 \times 10^{10} \text{ yr} \tag{9.11}$$

となる。

ところで、太陽内部での核融合反応は陽子と陽子の反応から始まる。陽子と陽子が反応するには、お互い陽子の大きさくらいの距離まで近づかなければならない。しかし、クーロン力による反発（クーロン障壁）があるため、太陽中心程度の温度における運動エネルギーではこれを越えられない。しかしこれは古典力学の範囲での話であって、実際は量子力学的な効果（トンネル効果）によってある確率でこの壁を越えることができ、無事に核融合が起こる。

9.4　主系列星の性質

　太陽の内部構造は先に述べた通りだが、質量がほんの少し大きくなると、がらりと内部構造が変わる。図 9.4 は、太陽のような小質量星と大中質量星の内部構造の違いを示している。小質量星は中心部に放射層、外側に対流層があるが、大中質量星は中心部に対流核、外側に放射層をもつ。

　中心部の構造の違いは、中心における核融合反応の経路に起因している（図 9.5）。中心温度がさほど高くない小質量星では、核融合を起こすのは主に、陽子と陽子の反応からスタートする陽子-陽子連鎖反応（proton–proton chain；p-p chain）である。この反応のエネルギー発生率はさほど高くなく、温度の 4 乗に比例する。一方、中心温度の高い大中質量星では、CNO サイクルと呼ばれる経路によって主に核融合が進む。この反応は温度依存性が非常に高く、エネルギー発生率は温度の 16 乗に比例する。そのため、少し温度が上がると、あっという間に CNO サイクルが優勢になり、莫大なエネルギーが生成される。この莫大なエネルギーは放射では運べないため対流が起こり、中心に対流核が形成されることになる。

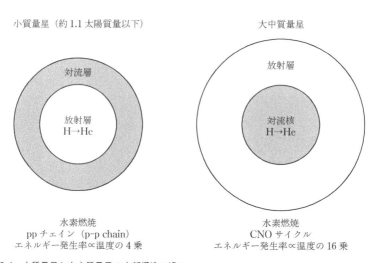

図 9.4　小質量星と大中質量星の内部構造の違い。

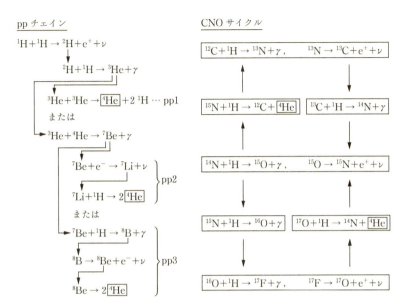

図 9.5　水素核融合の反応経路。

一方、小質量星で外側に対流層があるのは別の理由による。これらの星は表面温度が比較的低く、水素やヘリウムが表面では中性原子で、内部では電離状態になっている。その間の水素やヘリウムが部分的に電離した領域では、水素の負イオンなど不透明度の大きなイオンが多く存在するなどの原因によって、放射よりも対流によってエネルギーが効率的に運ばれるため対流層となっている。

　主系列星の半径は質量にほぼ比例する。平均密度は $\rho \propto M/R^3$ なので、質量の小さな星ほど密度が高いことになる。また、静水圧平衡の式と状態方程式から $T \propto P/\rho \propto M/R$ の関係があり、中心温度はほぼ一定であることがわかる（正確には、太陽より重い星の半径は質量の約 0.7 乗に比例するため、重い星ほどわずかに中心温度が高い）。また、光度は質量の約 4 乗に比例する。恒星の寿命 τ はもっている燃料の量（M）と消費の割合（L）で決まるため、$\tau \propto M/L \propto M^{-3}$ であり、重い星ほど寿命が短い。例えば太陽の 2 倍の質量をもつ星の寿命は 10 億年程度であり、逆に太陽より軽い星は宇宙年齢より長い寿命をもつ。

———————————— Teatime ————————————

太陽ニュートリノ問題

　超高密度の太陽内部は，光にとって不透明である。太陽中心部の核融合反応で発生した光子は，不透明な太陽の中をプラズマによる吸収・再放射を繰り返しながら，約1千万年かけてようやく表面に到達する。つまり，我々が今見ている太陽の光は，約1千万年前に太陽内部で発生した光である。

　一方，核融合反応で同時に発生するニュートリノは，他の素粒子・物質とほとんど相互作用しないため，太陽内部を素通りして地球に到達する。つまり，ニュートリノを観測すれば，太陽内部をリアルタイムで「見る」ことができる。

　1960年代後半から太陽ニュートリノの観測が始まると，観測されるニュートリノの強度が太陽の理論モデルから予想される値の半分から3分の1程度であることが明らかになった。太陽内部では，理論から予測される核融合反応は起こっていないのだろうか。これは「太陽ニュートリノ」問題として長らく未解決であった。

　2000年代初頭，日本のニュートリノ観測施設「スーパーカミオカンデ」による測定結果などから，太陽ニュートリノ問題は，ニュートリノに質量があることによる「ニュートリノ振動」と呼ばれる現象によって説明できることがわかった。素粒子物理学によると，ニュートリノには三種類（電子ニュートリノ，ミューニュートリノ，タウニュートリノ）あり，ニュートリノに質量があると互いに別のニュートリノに変化する。複数の観測施設では，それぞれ異なる種類のニュートリノを観測していたため，ニュートリノが少ないように思われていたが，全ての種類を合わせると太陽の理論モデルから予想されるニュートリノ強度と一致することが明らかになった。

> ━━━━━▷ **Exercise** ◁━━━━━

9.1 式 (9.1)、(9.2)、および (9.5) を用いて、太陽の中心温度を推定せよ。(ヒント：微分方程式の微分は中心と表面の差分に、物理量は中心と表面の平均を用いて近似する)

9.2 式 (9.6) を導け。ただし、水素、ヘリウム以外の元素については原子核中の陽子数と中性子数がほぼ等しく、原子番号は 1 より十分大きいと仮定してよい。

第10章 恒星の進化と元素合成

恒星は中心の水素を燃やし尽くすと、その最期に向けて歩み出す。この間、内部では次々と重い元素が作られ、それらはいずれ宇宙空間に放出される。放出された元素は次の世代の恒星に取り込まれ、次の進化のサイクルが始まる。

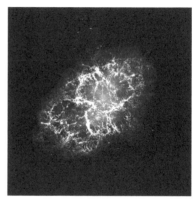

(画像出典：STScI)

10.1 主系列後の進化

中心での水素の核融合反応を終えた恒星がどのような最期を迎えるかは、もって生まれた質量次第である。軽い恒星は静かに、重い恒星は華々しく劇的な最期を迎える（図10.1）。

10.1.1 主系列星から巨星へ

主系列星の中心部の水素が核融合反応によって全てヘリウムに変わると、それ以上反応は進まずエネルギー供給が止まってしまう。すると、恒星の表面から失われるエネルギーを補うことができなくなるので、中心温度、圧力が低下し、自分の重みを支えられず収縮する。

収縮して温度が上昇すると、中心のヘリウム核の周りの水素が残っている場所で、核融合反応が起こるようになる（水素殻燃焼）。このとき、燃焼殻の半径はほぼ一定に保たれる（仮に燃焼殻が収縮し圧縮されると、温度、密度が上昇し核反応のエネルギーが出すぎるため、膨張して元に戻る）。一方、燃焼殻より内側の中心核は重力エネルギーを解放し温度を上昇させながら収縮を続け

■中小質量星（太陽質量の数倍以下）の進化

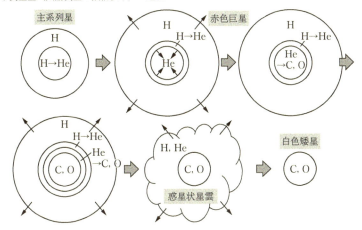

■大質量星（8〜10太陽質量程度以上）の進化

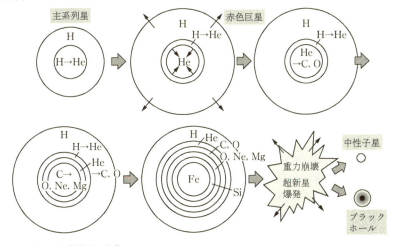

図10.1 中小・大質量星の進化。

る。すると、燃焼殻のすぐ内側の密度が低下し、圧力が低下するため、これと
バランスするように燃焼殻より外側の外層が膨張する。

　この段階の恒星の内部は、核融合反応が起こっている水素燃焼殻を境に、収
縮する中心核と膨張する外層という二極化した構造となり、恒星は主系列星か

ら巨星へと進化していく。

10.1.2　赤色巨星：ヘリウム燃焼

　主系列を離れた星は、はじめは光度をほぼ一定に保ちつつ表面温度を下げながら膨張する。表面温度が 5,000 K 程度にまで下がると、ガスの不透明度が増し、表面対流層が恒星内部の高温領域にまで深く侵入してくる。対流は放射に比べて効率的にエネルギーを運ぶことができるので、対流が起こるとエネルギーの流れが増え、光度が上昇する。これを補うために水素殻燃焼のエネルギー発生率は増加し、外層はますます膨張する（対流の効率的なエネルギー輸送のため、表面温度はあまり下がらない）。

　一方、中心のヘリウム核は周囲の水素殻燃焼によって質量を増やしつつ、温度を上げながら収縮を続ける。ヘリウム核の質量が約 0.5 太陽質量にまで増加すると、中心温度が約 1 億度に達する。すると、^{4}He から ^{12}C が合成される核融合反応が始まり、発生したエネルギーによってヘリウム核と水素殻が膨張し、水素殻の温度が低下することによって外層は収縮する。こうして、ヘリウム燃焼が起こっている中心核、水素燃焼が起こっている殻、そして水素の外層という構造で、主系列星のようにしばらく安定して輝くようになる。

　約 2 太陽質量以下の星では、ヘリウムの核融合反応が始まる直前のヘリウム中心核の密度は非常に高く、電子が「縮退」と呼ばれる状態になっている。縮退していると圧力（縮退圧）は温度によらないという性質があるので、核融合反応で生み出されたエネルギーによって核の温度が上昇しても、核は膨張せず温度が低下しない。そのため核反応は暴走的に進み（ヘリウムフラッシュ）、温度がある程度上昇したところでガス圧が縮退圧に勝り縮退が解け、核融合が安定的に起こるようになる。なお、約 0.5 太陽質量よりも軽い星では、中心が十分高温にならないため、ヘリウム燃焼は起こらない。

10.1.3　中小質量星の最期

　ヘリウム燃焼段階後の進化は恒星の質量によって異なる。太陽質量の数倍程度以下の質量の星では、中心核のヘリウムは、核融合反応によって徐々に炭素、酸素に変わっていく。すると、自重を支えるために、中心核は収縮して圧

力を増す。それにつれて中心核周囲のヘリウム燃焼殻や水素燃焼殻の温度が上昇し、エネルギー生成率が増加、徐々に光度を上げながら再び膨張する（漸近巨星分枝星）。完全に中心のヘリウムが消費されると、残された炭素・酸素の中心核は重力によって収縮するが、いずれ縮退圧によって支えられ、それ以上の核融合反応は起こらない。一方、膨張した水素・ヘリウムの外層は、重力による束縛が弱くなり、徐々に星から失われていく（惑星状星雲）。そして中心にはむき出しになった高温の炭素・酸素コアが残り、その後は徐々に冷えていく。この段階の天体は小さくて（地球サイズ程度）高温なので、白色矮星と呼ばれる。

電子の縮退圧で支えられる質量の限界は約 1.4 太陽質量であり、チャンドラセカール質量と呼ばれる。中心核がチャンドラセカール質量より小さい場合は、核燃焼の途中で電子の縮退が始まり、それ以上重力収縮によって温度を上げることができず、核融合反応は止まってしまう。

10.1.4 大質量星の最期

太陽より 8―10 倍程度以上重い星では、炭素・酸素コアの形成後もコアは縮退せず、重力収縮による温度上昇によって次々に核融合反応が起こる。元素合成が鉄まで進むと、鉄は最も安定な元素であるため、それ以上核融合によってエネルギーを取り出すことができなくなる（第 8 章参照）。支えを失ったコアは重力収縮を続ける。最終的には元素はバラバラに分解され、中心には中性子の縮退圧で重力を支える中性子星か、質量が大きい場合にはブラックホールが残る。外層は落下の衝撃波によって逆に爆発に転化して、超新星爆発に至る。

10.2 星団にみる恒星の進化

前節では、理論的に考えられている恒星の進化について説明した。しかし、恒星の寿命は人間のそれよりはるかに長いので、1 つの恒星の進化を追いかけることはできない。また、単独で存在する恒星の質量や年齢を観測的に決定するのは、一般に不可能である。

このような場合は、星団がよい実験場となる。恒星は一般に、単独ではなく

集団で誕生すると考えられており、生まれて間もない若い恒星の集団は散開星団と呼ばれている。**図 10.2 左**は、代表的な 3 つの散開星団の色-等級図を表している。3 つともきれいに主系列が見えているが、プレアデス星団では質量の大きな恒星まで主系列が伸びているのに対し、他の 2 つでは主系列が少し短く、代わりに図の右上、つまり巨星がいくつか存在する。

　基本的に星団内の恒星は、ほぼ同時期に誕生したと考えられる。そこで、質量の大きな恒星ほど主系列の寿命が短く、主系列を離れると巨星へと進化する、という知識をもとにすると、3 つの散開星団の色-等級図の違いは、それぞれの星団の年齢の違いに相当する。質量の大きな星が主系列に残っているプレアデス星団は、他の 2 つの星団に比べて若い。実際、恒星進化の理論的な等時曲線（様々な質量の恒星を一斉にゼロ歳主系列星から進化させたときの、ある年齢における色-等級図のスナップショット）を当てはめてみると、プレアデス星団は約 1 億歳、他の 2 つの星団は 4 億歳から 5 億歳となる。ちょうど主系列を離れようとしている点（転向点）にある恒星の寿命が、星団の年齢に相当する。

　若い散開星団に対し、球状星団は年老いた恒星の集団である。**図 10.2 右**は、代表的な球状星団 47 Tuc の色等級図を表している。散開星団とは対照的に主

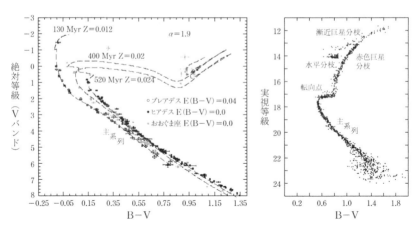

図 10.2　星団の色-等級図。左は散開星団（Tordiglione et al. 2003, Mem. S.A.It., 74, 520）、右は球状星団（Hesser et al. 1987, PASP, 99, 739）。

系列が短く、代わりに進化の進んだ巨星が多く見られる。水平分枝と呼ばれる位置に見られる恒星は、中心でヘリウム燃焼が起こっている星である。太陽質量よりやや軽い星が転向点にあり、星団の年齢はおよそ135億年と推定される。

10.3 主系列後の恒星内部での元素合成

先に述べたように、約0.5太陽質量よりも重い恒星では、巨星段階でヘリウムの核融合反応（ヘリウム燃焼）が起こる。さらに重い星では、ヘリウムよりも重い元素を合成する様々な反応が順に起こり、一気に鉄までが作られる。核融合反応はそこで止まり、恒星は最期を迎える。これらの過程をみていこう。

10.3.1 ヘリウム燃焼（トリプル α 反応）

中心温度が約1億度を超えると、3つの ^{4}He がほぼ同時に衝突して ^{12}C が生成される（トリプル α 反応）。2つの ^{4}He が融合してできる ^{8}Be は半減期 7×10^{-17} 秒の不安定核種だが、恒星のような高密度下では一定の割合で存在する。これがさらに ^{4}He を捕獲して ^{12}C になる反応は、恒星内部の高密度環境でないと起こらない。ビックバンのときに越えられなかった質量数5と8の壁は、恒星内部で初めて越えられるのである。

$$^4\text{He} + {}^4\text{He} \leftrightarrows {}^8\text{Be}$$
$$^8\text{Be} + {}^4\text{He} \rightarrow {}^{12}\text{C} + \gamma$$
$$(^{12}\text{C} + {}^4\text{He} \rightarrow {}^{16}\text{O} + \gamma)$$
$$(^{16}\text{O} + {}^4\text{He} \rightarrow {}^{20}\text{Ne} + \gamma)$$

10.3.2 タマネギ構造の恒星

約8太陽質量よりも重い星では、中心核温度が約6億度に達すると炭素燃焼が始まる。

$$^{12}\text{C} + {}^{12}\text{C} \rightarrow {}^{20}\text{Ne} + \alpha, \quad {}^{12}\text{C} + {}^{12}\text{C} \rightarrow {}^{23}\text{Na} + \text{p}, \quad {}^{12}\text{C} + {}^{12}\text{C} \rightarrow {}^{24}\text{Mg} + \gamma$$

さらに、約10太陽質量よりも重い星では、中心核温度約10億度でネオン燃焼が始まり、

$$^{20}\text{Ne}+\gamma \ \rightarrow \ ^{16}\text{O}+\alpha, \ ^{20}\text{Ne}+\alpha \ \rightarrow \ ^{24}\text{Mg}+\gamma, \ ^{24}\text{Mg}+^{4}\text{He} \ \rightarrow \ ^{28}\text{Si}+\gamma$$

さらに中心核温度約 30 億度で酸素燃焼が始まる。

$$^{16}\text{O}+^{16}\text{O} \ \rightarrow \ ^{28}\text{Si}+\alpha, \ ^{16}\text{O}+^{16}\text{O} \ \rightarrow \ ^{31}\text{P}+\text{p}$$

$$^{16}\text{O}+^{16}\text{O} \ \rightarrow \ ^{31}\text{S}+\text{n}, \ ^{16}\text{O}+^{16}\text{O} \ \rightarrow \ ^{32}\text{S}+\gamma$$

そして中心核温度が 30〜40 億度に達すると、^{28}Si が光分解して α 粒子（^{4}He）を放出する（ケイ素燃焼）。この α 粒子が他の原子核と反応することによって、重い原子核を作っていく（α プロセス）。こうして ^{56}Fe まで合成される。

$$^{28}\text{Si}+\alpha \ \rightarrow \ ^{32}\text{S}+\gamma, \ ^{32}\text{S}+\alpha \ \rightarrow \ ^{36}\text{Ar}+\gamma, \ ^{36}\text{Ar}+\alpha \ \rightarrow \ ^{40}\text{Ca}+\gamma$$

$$^{40}\text{Ca}+\alpha \ \rightarrow \ ^{44}\text{Ti}+\gamma, \ ^{44}\text{Ti} \ （放射壊変） \ \rightarrow \ ^{44}\text{Ca}$$

$$^{44}\text{Ti}+\alpha \ \rightarrow \ ^{48}\text{Cr}+\gamma, \ ^{48}\text{Cr} \ （放射壊変） \ \rightarrow \ ^{48}\text{Ti}$$

$$^{48}\text{Cr}+\alpha \ \rightarrow \ ^{52}\text{Fe}+\gamma, \ ^{52}\text{Fe} \ （放射壊変） \ \rightarrow \ ^{52}\text{Cr}$$

$$^{52}\text{Fe}+\alpha \ \rightarrow \ ^{56}\text{Ni}+\gamma, \ ^{56}\text{Ni} \ （放射壊変） \ \rightarrow \ ^{56}\text{Fe}$$

この段階の恒星の内部は、鉄を中心核として、合成された原子核が順に層をなすタマネギ構造をとるようになる（図 10.1）。

10.3.3　超新星爆発

^{56}Ni の合成までは発熱反応であり、核融合を起こすことによってエネルギーを取り出すことができるが、それより重い核種の合成は吸熱反応となるので起こらない。しかし、中心核は自己重力によって収縮し続け、中心核温度が 50 億度を超えると高エネルギーのガンマ線が Fe 核に衝突し、原子核を破壊する。

$$^{56}\text{Fe}+\gamma \ \rightarrow \ 13^{4}\text{He}+4\text{n}$$

これは吸熱反応であり、圧力による支えを失った中心核は一気に落下する（重力崩壊）。中心核は重力に負け、陽子が軌道電子を捕獲し中性子に富むようになる。すると電子の縮退圧が低下し、星はさらに急激に重力崩壊を起こし、中心には中性子の縮退圧で支える芯（中性子星）ができる。急激に落下してきた外層は中性子星の表面に衝突して衝撃波を発生し、それが逆に外側に伝わり爆発する。これが「重力崩壊型超新星爆発」である。約 20 太陽質量より重い恒星は中心核の圧縮が激しく、圧縮された芯も重力崩壊を続け、無限につぶれてブラックホールとなる。

　以上が、現在考えられている恒星の進化と元素合成過程であるが、特に大質

量星の末期の進化についてはわかっていないことも多い。

　ところで、超新星爆発には「炭素爆燃型（Ia 型）超新星爆発」というものもある。これは、白色矮星と赤色巨星からなる連星系において、赤色巨星のガスが白色矮星の表面に降り積もり、温度が急激に上昇することによって爆発的に核融合反応が起こることに起因している。

10.4　鉄より重い元素の合成

　恒星内部の熱核反応によって鉄まで合成されることは先に述べた。しかし、宇宙には鉄より重い元素も、割合としては少ないながら確かに存在している。これらはどのようにして合成されたのだろうか。

10.4.1　中性子捕獲反応

　鉄より重い元素は、中性子が大量に存在する環境下で中性子捕獲反応と呼ばれる反応によって合成される。過程は次の通りである。原子番号 Z、質量数 A の原子核が中性子を1つ取り込むと、質量数が1つ増え重くなる。

$$(Z, A) + \mathrm{n} \rightarrow (Z, A+1)$$

原子核（$Z, A+1$）が安定核の場合、次の中性子捕獲が起こる。原子核（$Z, A+1$）が不安定核（放射性）の場合、β^- 崩壊を起こして原子番号が1つ大きくなる。

$$(Z, A+1) \rightarrow (Z+1, A+1)$$

この繰り返しで重元素が次々と作られる。重要なのは、中性子捕獲の時間スケールと不安定核の半減期の兼ね合いであり、この大小関係で以下の2通りの合成過程がある（図10.3）。

10.4.2　s 過程（slow process）

　中性子捕獲速度（10^2-10^5 年に1回程度）が不安定核の半減期より長い場合に生じる。このため、安定核を辿りながら相対的にゆっくりと合成が進むため、slow process（s 過程）と呼ばれる。定常的に自由中性子が供給される必要があり、生成場所としては、巨星になった中質量星（漸近巨星分枝星）の

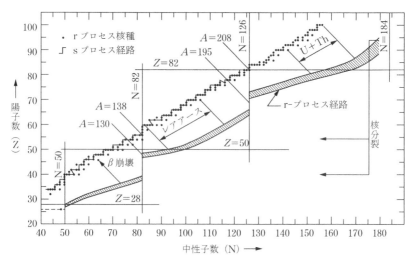

図10.3 鉄より重い元素の合成経路。原子核の魔法数（第8章参照）の位置もあわせて示してある。(Seeger et al. 1965, ApJS, 11, 121)

He 燃焼殻が有力視されている。

$$^{13}C+{}^{4}He \rightarrow {}^{16}O+n$$

このs過程では、^{209}Bi（ビスマス）までしか合成することができない。^{206}Pb から ^{208}Pb までは安定核であるが、^{209}Pb は半減期 3.2 時間の放射性核種であり、中性子を捕獲する前に β^- 崩壊して安定核種である ^{209}Bi になる。これが中性子を1つ捕獲した ^{210}Bi は半減期5日の不安定核種であり、β^- 崩壊によって ^{210}Po（ポロニウム）になる。しかし、^{210}Po も半減期 138 日の不安定核種であり、α 崩壊によって ^{206}Pb に戻ってしまう。

10.4.3 r過程（rapid process）

中性子捕獲速度（10^{-2}–10 秒に 1 回程度）が不安定核の半減期よりも短い場合は、

$$(Z,A+1) \rightarrow (Z,A+2) \rightarrow (Z,A+3)$$

のように中性子過剰核が連続的に作られ、その後一気に β^- 崩壊が起きる。そのため、s過程では作れない元素も合成することができ、例えば最も重い元素であるウラン（^{238}U, ^{235}U）やトリウム（^{232}Th）はr過程でのみ合成される。

r 過程が起こるためには、非常に高い中性子密度が必要であり、重力崩壊型超新星爆発あるいは連星中性子星の合体が発生源として有力視されているが、まだ不明な点が多い。

この他、鉄より重い元素で s、r 過程のどちらでも説明できない陽子過剰核も存在する。これは、以下の陽子捕獲によって合成されると考えられている。

$$(Z, A) + p \rightarrow (Z+1, A+1)$$

この過程は「p 過程（proton capture process）」と呼ばれている。

Teatime

ブラックホールの合体：重力波の直接検出

　2015 年 9 月、アメリカの重力波検出器「LIGO」が、2 つのブラックホールの合体から発生した重力波を検出した。一般相対性理論によると、質量をもつ物体の周囲の時空はゆがみ、物体が運動することによってそのゆがみが光速で広がっていく。この時空のゆがみの伝播は「重力波」と呼ばれ、1916 年、アインシュタインによって予言された。人類は、100 年の時を経て、重力波を初めて直接捉えることに成功したのである。

　重力波は、時空の伸び縮みを測ることによって検出するが、その伸び縮みは極めて小さい。例えばブラックホールの合体が銀河系外の他の遠い銀河で発生した場合、その重力波が地球に届いたときの信号の大きさは、太陽・地球間の距離をわずか水素原子 1 個分動かす程度にすぎない。

　LIGO が検出した事象は、地球から 13 億光年の彼方で起こった、太陽の 36 倍の質量をもつブラックホールと、29 倍の質量をもつブラックホールの合体であると考えられている。この 2 つのブラックホールは、お互いの周りを回りながら次第に接近し、ついには合体して太陽の 60 倍以上の質量をもつ 1 つのブラックホールとなった。そ

の際，太陽 3 個分の質量がエネルギーに変換され，重力波として放出
された。太陽の 30 倍程度の質量をもつブラックホール（の連星）が
どのようにして形成されたのかについてはまだわかっていない。

　LIGO は、2015 年 12 月にも 2 例目のブラックホール合体の検出に
成功している。また、日本の重力波検出器「KAGRA」の建設も進
んでいる。これらの装置によって、未知の宇宙の姿が明らかになるだ
ろう。

Exercise

10.1　ヘリウム燃焼で取り出せるエネルギーは、水素燃焼で取り出せるエ
　　　ネルギーに比べてどれだけか。

10.2　水素燃焼以降、鉄（^{56}Fe）の合成までに取り出せるエネルギーは水
　　　素燃焼で取り出せるエネルギーに比べてどれだけか。

第11章　星形成

恒星は、宇宙空間を漂うガスと塵の雲が集まって誕生する。また、恒星ができるとき副産物として星周円盤が形成され、それは惑星系の母胎となる。本章では、太陽質量程度の星の形成過程と、その基本的な時間尺度について概説する。

（画像出典：NASA, ESA, and the Hubble Heritage Team（STScI/AURA））

11.1　星形成過程の概略

恒星は、水素とヘリウムを主体としたガスが自らの重力で束縛されている天体であり、もとをたどれば宇宙空間を漂うガスの雲であったと考えられている。ガス雲（分子雲）の中でなんらかのゆらぎが生じ、周囲に比べて密度の高い領域ができると、その領域の重力が強くなり、どんどん周りから質量が集まってくる。このような領域は分子雲コアと呼ばれ、この中で恒星が作られると考えられている（図11.1）。

分子雲コアの中では、密度の高い中心に向かってどんどん質量が降り積もる。この段階の星は質量の降着によって重力エネルギーを解放し、これをもとにして光り輝く。周囲はまだガスや塵に厚く覆われているため、可視光では観測することができない。この段階の天体を原始星と呼ぶ。

分子雲コアが収縮する際、一般的には回転しながら収縮すると考えられる。収縮にともなって回転速度は増大するので、回転軸と垂直な方向には遠心力が働くようになる。すると、回転軸と平行な方向には収縮を続けられるが、回転軸と垂直な方向では、どこかで重力と遠心力が釣り合い、それ以上収縮できなくなる。そして、結果的に原始星を取り巻く回転円盤ができることになる。こ

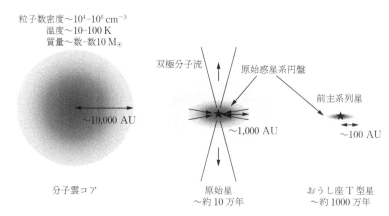

粒子数密度〜10^4-10^6 cm^{-3}
温度〜10-100 K
質量〜数-数10 M$_\odot$

双極分子流

原始惑星系円盤

前主系列星

〜10,000 AU

〜1,000 AU

〜100 AU

分子雲コア

原始星
〜約 10 万年

おうし座 T 型星
〜約 1000 万年

図 11.1　星形成過程の概略。

れが原始惑星系円盤と呼ばれるものである。原始星周囲の物質は、直接原始星ではなく円盤を通して降着するようになる。原始星に取り込まれなかった物質は円盤に垂直な方向にジェットとなって放出される。

　原始星は収縮を続けながら温度を上げていき、あるとき周りのガスが吹き払われて、中心天体が見えるようになる。この段階に至って大規模な質量降着は終了し、多くは原始惑星系円盤を伴った前主系列星と呼ばれる段階になる。太陽の約 2 倍より軽い小質量星の前主系列星をおうし座 T 型星と呼び、これより重い星のそれを Herbig Ae/Be 星と呼ぶ。この後は、静水圧平衡を保ちながら徐々に収縮を続け、やがて中心部の温度が約 1 千万度に達すると、中心で水素の核融合反応が始まり主系列星となる。

11.2　星形成の現場

　ある 1 つの天体の進化を観測的に追い続けることは、もちろん不可能である。したがって、前節で述べた星形成過程も、様々な特徴を示す天体を理論的につじつまが合うようにつないだものと言える。

　星形成の舞台となっているのは、暗黒星雲と呼ばれる天体である。図 11.2上は天の川を可視光で見た写真であるが、この中で黒く見えている部分が暗黒

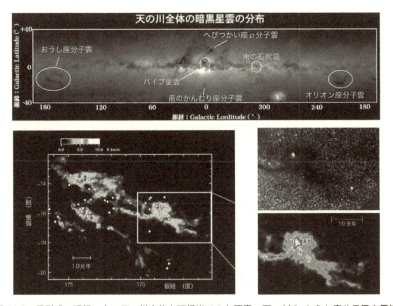

図 11.2　星形成の現場。上：天の川全体を可視光でみた写真。下：（左）おうし座分子雲を電波でみた写真。色の明るい部分は電波強度が強く、分子の密度が高い領域。灰色の丸は原始星、白丸はおうし座 T 型星の位置を表す。（右）おうし座分子雲の一部を拡大した電波強度図（下）と、同じ領域を可視光でみた図（上）。（理科年表オフィシャルサイトより転載）

星雲である。この領域を電波でみると、逆に明るく見える（**図 11.2 下**）。電波の観測からは多数の分子による輝線が観測されるので、暗黒星雲が分子のガスからなっていることがわかる。観測から、分子雲の温度は約 10 K、密度は $10^2\,\mathrm{cm^{-3}}$ から $10^3\,\mathrm{cm^{-3}}$ であり、分子雲全体での質量は数万太陽質量と推定されている。このような領域は分子雲と呼ばれ、その中で特に密度が高い（〜10^4-$10^6\,\mathrm{cm^{-3}}$）部分は分子雲コアと呼ばれる（密度が高いと言っても、地球大気（〜$10^{19}\,\mathrm{cm^{-3}}$）や太陽内部（〜$10^{24}\,\mathrm{cm^{-3}}$）と比べたら圧倒的に低い）。**図 11.2 下**の分子雲中に示してある点は、原始星とおうし座 T 型星の位置を示しており、分子雲コアの位置と一致している。このことから、分子雲コアが原始星、おうし座 T 型星へと進化していく描像が得られる。

　1980 年代以降、赤外線や電波の観測から、多数のおうし座 T 型星に円盤が付随する証拠が見つかった。**図 11.3** はその一例であり、中心星の周りに空間

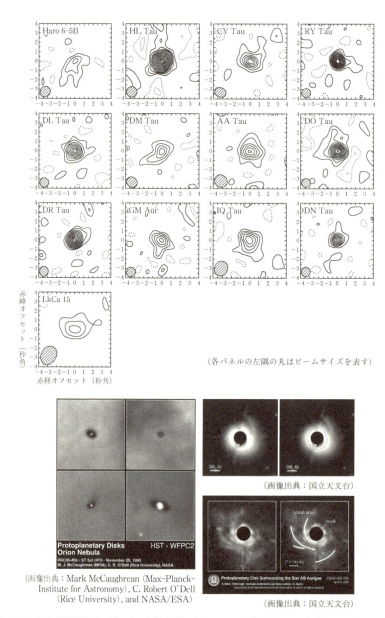

（各パネルの左隅の丸はビームサイズを表す）

（画像出典：Mark McCaughrean (Max-Planck-Institute for Astronomy), C. Robert O'Dell (Rice University), and NASA/ESA）

（画像出典：国立天文台）

（画像出典：国立天文台）

図 11.3　原始惑星系円盤の例。上：電波観測でとらえられた様々な星の原始惑星系円盤。等高線は電波強度を表す（Kitamura et al. 2002, ApJ, 581, 357）。左下：オリオン大星雲中の若い星と原始惑星系円盤（可視光）。円盤が背景の光を遮って影として見えている。右下：赤外線でみた若い星の周りの原始惑星系円盤。中心の星からの光はコロナグラフ装置でマスクをして遮っている。

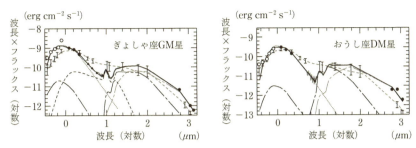

図 11.4 おうし座 T 型星の放射エネルギー分布。波長 1 μm 付近にみえるピークは中心星からの放射、10 μm より長波長側のピークは周囲の円盤からの放射。(Calvet et al. 2005, ApJ, 630, 185)

的に広がった構造をもつことがわかる。また、中心星の可視光での明るさから予想される黒体放射の強度よりも大きな放射強度が、赤外線で観測される（図11.4)。このことからも、中心星の周りに赤外線で明るい、つまり低温のガス・ダストが存在することがわかる。これらの観測から、原始惑星系円盤の半径は約 50～1,000 天文単位、質量は太陽質量の 1,000 分の 1 から 10 分の 1 程度であると推定されている。近年は、観測技術のめざましい進展のおかげで、多様な原始惑星系円盤の様子が細かい構造まで観測できるようになってきている（Teatime)。

11.3 重力収縮の時間尺度

さて、星形成過程の概要を説明したところで、星形成の理解に必要ないくつかの基本的な時間尺度ついて説明しよう。

11.3.1 ジーンズ不安定

分子雲の中で周囲に比べて密度が高いところが重力収縮を始める、と先に述べたが、収縮を始めるにはどのくらいの密度が必要なのだろうか。

質量 M を含む半径 r の領域を考えよう（図 11.5)。簡単のため、密度と温度は領域内で一定とする。また、非相対論的な理想気体とする。この領域の重力エネルギーは

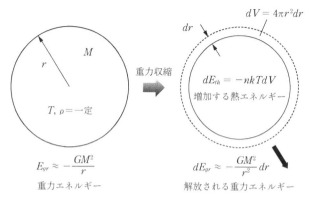

図 11.5　重力収縮過程（模式図）。

$$E_{\mathrm{gr}} \approx -\frac{GM^2}{r} \tag{11.1}$$

である。この領域が動径方向に収縮したときに解放されるエネルギーは

$$dE_{\mathrm{gr}} \approx -\frac{GM^2}{r^2}dr \tag{11.2}$$

である。また、収縮によって減少する体積は

$$dV = 4\pi r^2 dr \tag{11.3}$$

であり、外部と熱のやりとりがないとすると、増加する熱エネルギーは熱力学の第一法則より

$$dE_{\mathrm{th}} = -pdV = -nkT \cdot 4\pi r^2 dr = -3\frac{M}{m}kT\frac{dr}{r} \tag{11.4}$$

と書ける。ここで、n は粒子数密度、m は粒子の平均質量である。$dE_{\mathrm{gr}} > dE_{\mathrm{th}}$ のとき、つまり、解放されるエネルギーの方が大きければ、内部の温度が下がり重力収縮を食い止めるだけの圧力を生み出せないため、さらに収縮する。このとき、ガス雲は重力崩壊に対して不安定である。このときの条件は

$$M > \frac{3kT}{Gm}r = M_{\mathrm{J}} \tag{11.5}$$

と書ける。M_{J} はジーンズ質量（Jeans mass）と呼ばれる。また、これを半径、密度の式に書き直すと以下のようになる。

$$r < \frac{Gm}{3kT} M = r_J : ジーンズ半径 (Jeans radius) \tag{11.6}$$

$$\rho > \frac{M}{\frac{4}{3}\pi r_J^3} = \frac{3}{4\pi M^2}\left(\frac{3kT}{Gm}\right)^3 = \rho_J : ジーンズ密度 (Jeans density) \tag{11.7}$$

例えば、典型的な分子雲として $M \sim 1,000$ 太陽質量、$T \sim 10$ K、サイズ〜数 100 pc、粒子数密度〜10^2-10^4 cm^{-3} の場合を考えよう。分子雲は主として水素分子からなるので、$m \sim 2m_H$ としよう。このときジーンズ密度を計算すると $\rho_J = 4 \times 10^{-25}$ g cm^{-3} であり、数密度にすると $n_J \sim 0.1$ cm^{-3} となる。分子雲の典型的な数密度はこれより大きいので、この分子雲は重力的に不安定で今すぐにでも収縮を始めるということになる。しかし実際は、このような分子雲は長く存在しているので、ガス圧以外の力（乱流や磁場など）が存在して収縮を妨げていることを意味している。

では、1 太陽質量くらいのガス雲はどうだろう。この場合は $n_J \sim 10^5$ cm^{-3} となり、分子雲の数密度はこれより小さいので、このガス雲は重力的に安定である。つまり、最初は大きな質量が重力崩壊しやすく、やがて密度が上がっていくと小さい質量で重力崩壊を起こすようになり、これが原始星へとつながっていく。1 太陽質量のジーンズ半径は約 6,000 天文単位であり、星形成とは、これを約 1 太陽半径（＝0.005 天文単位）にまで縮める過程なのである。

11.3.2 自由落下時間 (free-fall time)

ガス雲が重力収縮を始めると、内部の熱エネルギー（運動エネルギー）が増加し、温度、圧力が上昇する。すると、ジーンズ質量が増加し、式（11.5）の条件を満たさなくなるので、収縮がストップしてしまう。これでは困るのだが、実際は放射によってエネルギーを外に逃がしており、熱エネルギーが増加しないので温度は上昇せず、余分な圧力を生まないので、そのまま重力収縮を続けることができる。このときの収縮は、圧力の支えがないので自由落下となる。収縮が進み中心部の密度が十分高くなると、放射による冷却の効率が圧縮による加熱の効率を下回り、その結果温度が上昇し、自由落下は停止する。

ここで、自由落下時間を見積もってみよう。質量 M_0 を含む半径 r_0 の領域が

収縮するとする。最初は静止していたとすると、エネルギー保存より

$$\frac{1}{2}\left(\frac{dr}{dt}\right)^2 - \frac{GM(r_0)}{r} = -\frac{GM(r_0)}{r_0} \tag{11.8}$$

が成り立つ。ここで、半径が 0 になるのにかかる時間を t_{ff} とすると

$$t_{\mathrm{ff}} = \int_0^{t_{\mathrm{ff}}} dt = -\int_{r_0}^0 \left[2GM(r_0)\left(\frac{1}{r} - \frac{1}{r_0}\right)\right]^{-1/2} dr = \left(\frac{3\pi}{32G\bar{\rho}}\right)^{1/2} \tag{11.9}$$

と書ける。例えば太陽の場合は $t_{\mathrm{ff}} \sim 1,800\,\mathrm{s}$ であり、圧力の支えがなければ太陽はわずか 30 分でつぶれてしまうことになる。1 太陽質量の分子雲コアの場合は、前節にならうと、密度が $\rho_{\mathrm{J}} \sim 4 \times 10^{-19}\,\mathrm{g\,cm^{-3}}$ になると崩壊するので、$t_{\mathrm{ff}} \sim 1 \times 10^5$ 年である。つまり、原始星の段階は約 10 万年続くというわけである。

密度が大きい中心からどんどん崩壊が進み、周りが自由落下で中心に降り積もり、そのときの重力エネルギーの解放で原始星は光っている。これによる光度 (L) は、質量 M、半径 R、質量降着率 $\dot{M}$ $(=dM/dt)$ とすると

$$L \sim \frac{GM\dot{M}}{R} \tag{11.10}$$

であり、質量降着率として $\dot{M} \sim 10^{-5}\text{-}10^{-6} M_\odot\,\mathrm{yr^{-1}}$ を採用すると、1 太陽質量の原始星の明るさは最大約 10 太陽光度となる。しかし、原始星は分子雲の奥深くに埋もれており、可視光での検出は不可能である。原始星からの放射は周囲の星間微粒子に吸収され、赤外線として再放射されたものを我々は観測することになる。

11.4 前主系列星の進化経路

原始星の大規模な質量降着がなんらかの仕組みで停止し、周りのガスが吹き払われて中心天体が見えるようになると、前主系列星となる。以降は、静水圧平衡を保ちながらゆっくりと収縮し、いずれ中心の温度が十分高くなると、水素の核融合反応が始まって主系列星となる。このタイムスケールは、ガス球の自己重力エネルギーと光度の比で与えられ（次式）、ケルビン-ヘルムホルツの時間尺度と呼ばれる。

$$t_{\mathrm{KH}} = GM^2/RL \tag{11.11}$$

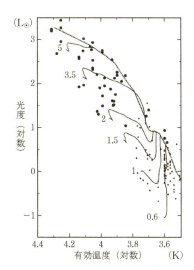

図 11.6 前主系列星の進化経路。図中の数字は前主系列星の質量（太陽質量単位）。点は観測デー
タ、実線は理論曲線（Palla and Stahler 1993, ApJ, 418, 414）

太陽質量星の場合は約 1 千万年であり、すなわちこれが前主系列星の年齢に相
当する。

　図 11.6 は前主系列星の理論的な進化経路を表している。主系列星から巨星
へ膨張する経路と似ているが、収縮過程なので進む向きは逆である。

━━━━━━━━━━ Teatime ━━━━━━━━━━

アタカマ大型ミリ波サブミリ波干渉計（ALMA）

　南米チリ北部、アタカマ砂漠の標高 5,000 m の高原に、日本を含む
22 の国と地域が協力して運用するアルマ（ALMA）望遠鏡がある。
2011 年に運用を開始した同望遠鏡は、口径 12 m と 7 m の合計 66 台
のパラボラアンテナ（電波望遠鏡）から構成される。これらは最大で
直径 16 km の範囲内に配置することができ、連動させると 1 つの巨
大な望遠鏡として機能する。口径 16 km の望遠鏡の解像度は人間の

視力に例えると「視力 6,000」、大阪に落ちている 1 円玉が東京から見分けられる能力に相当する。

　アルマ望遠鏡が観測するのは、ミリ波（波長 1 cm〜1 mm）、サブミリ波（波長 1 mm〜100 μm）と呼ばれる波長帯の電波である。この波長帯では、宇宙に漂う低温（数十 K 以下）の塵やガス、高赤方偏移の遠方銀河など、可視光では見えない天体を見ることができる。ミリ波・サブミリ波は地球の大気中の水蒸気によって吸収されるため、高度の低い地上では観測できないが、アルマ望遠鏡のあるアタカマ砂漠は年間降水量が 100 mm 以下、世界で最も乾燥した場所の一つと言われ、同波長帯の観測に適している。

　下図は、アルマ望遠鏡が捉えた原始惑星系円盤の最新詳細画像である（左：おうし座 HL 星、右：うみへび座 TW 星）。中心星を取り巻く円盤内に複数の間隙が見られ、まさに惑星が形成されている現場ではないかと考えられている。

（画像出典：ALMA
(ESO／NAOJ／NRAO))

（画像出典：ALMA
(ESO／NAOJ／NRAO),
Tsukagoshi et al.)

Exercise

11.1　回転しながら収縮する分子雲コアでは、遠心力と重力の釣り合いで星周にできる円盤の大きさが決まる。分子雲コアの物理量が以下の通りであるとするとき、誕生する円盤の半径はどの程度になると考えられるか。

半径　　$r_0 = 1 \times 10^4\ \mathrm{au} = 1.5 \times 10^{15}\ \mathrm{m}$

質量　　$M = 1M_\odot$（太陽質量）$= 2.0 \times 10^{30}\ \mathrm{kg}$

回転角速度　　$\omega_0 = 1 \times 10^{-14}\ \mathrm{s}^{-1}$

11.2　原始星に向かって落ち込むガスからの放射スペクトルを観測すると、どのような形状が見られるか。（ヒント：温度の高い中心部が温度の低いエンベロープに取り囲まれて収縮している。）

第12章 わが太陽系の概観

太陽系内の天体が他の天体と
決定的に違うのは、地球から
近いということである。その
ため、探査機で間近に観測で
きるし、物質を持ち帰ること
もできる。本章では、太陽系
の構造と、太陽系を構成する
主な天体について概観する。

（画像出典：NASA/JPL）

12.1 太陽系の構成要素

太陽系は、主に以下のようなものから構成されている。

- 恒星：太陽
- 惑星：水星、金星、地球、火星、木星、土星、天王星、海王星
- 準惑星：冥王星、ケレス、など
- 太陽系小天体：小惑星、彗星、太陽系外縁天体、惑星間空間塵
- プラズマ：太陽風

太陽は水素とヘリウムを主成分とする、赤道半径 696,000 km、質量 1.989×10^{30} kg の巨大なガスのかたまりであり、太陽系の全質量の 99.87 ％を担っている。この太陽を周回する比較的な大きな天体が惑星である。惑星には明確な定義があり、以下のような天体のことを惑星と呼ぶ（2006 年国際天文学連合で策定）。

(1) 太陽を周回し、

(2) 十分な質量があって重力が強いために、固体に働く種々の力を上回って平衡形状（ほとんど球形）となり、

(3) 自分の軌道の周囲から、衝突合体や重力散乱によって、他の天体をきれいになくしてしまったもの

（1）（2）は満たすが（3）は満たさない天体のうち、衛星ではない天体を準惑星と呼ぶ。実は、衛星にはきちんとした定義はない。一般には、惑星や小天体の周りを回る軌道にあり、その母天体に対して小さく、かつその重力圏を離れるだけのエネルギーがないものである。

　太陽を周回する、惑星、準惑星、衛星以外の他の全ての天体を太陽系小天体と総称する。これには、小惑星と太陽系外縁天体の大部分、彗星、惑星間空間塵が含まれる。惑星間空間塵は、彗星が撒き散らした塵や、小惑星同士の衝突でできた塵が主な起源となっている。

12.2　太陽

　太陽は地球から最も近い距離にある恒星であり、表面を空間的に分解して詳細に観測できる貴重な恒星である。そのため、太陽の研究は恒星の研究の基盤となっている。

12.2.1　太陽の構造

　太陽はスペクトル型 G2 に分類される主系列星であり、宇宙においては比較的ありふれた恒星である。太陽の中心温度は約 1,600 万度で、水素からヘリウムが合成される核融合反応が起こっている。太陽では、この核融合反応が開始してから約 46 億年が経過したと推定されている。太陽中心から約 0.7 太陽半径内の領域とその外側の領域では、エネルギーの運ばれ方が大きく異なる。内側の「放射層」では放射によってエネルギーが運ばれ、外側の「対流層」では対流がそれを担う。対流層の存在は、太陽表面に粒状斑が見られることからもわかる（図 12.1 左）。粒状斑は、光球直下の対流層上部が光球（3.1 節参照）に顔を出したもので、粒の典型的な大きさは約 1,000 km である。

　太陽内部の温度は中心から外側に向かって低下し、可視光で観測できる光球で約 5,780 K になっている。光球から約 500 km より外側では、逆に中心から離れるほど温度が上昇する。彩層と呼ばれる光球上空の薄い層の温度は、彩層で形成される輝線の電離状態、励起状態から約 7,000-10,000 K と推定されている。彩層については最近まであまりよくわかっていなかったが、太陽観測衛

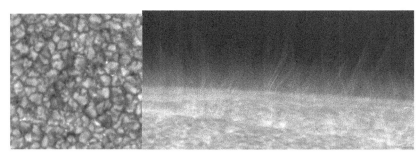

（画像出典：国立天文台/JAXA）

図 12.1　左：粒状斑、右：スピキュール（真ん中の線が太陽の縁で、そこから無数に生えている
ヒゲのような構造）。

星「ひので」によって、ジェット（スピキュール）などが噴き出す非常に活動
的な層であることが明らかになった（**図 12.1 右**）。彩層のさらに外側には、
コロナと呼ばれる高温（100 万度以上）の希薄なプラズマの大気が広がってい
る。彩層やコロナがなぜこんなに高温なのかは未だ解明されていない。

12.2.2　太陽の磁場

　光球では、可視光で黒く見える「黒点」と呼ばれる領域が現れたり消滅した
りしている。黒点は周りの光球面に比べて温度が低く、約 4,000 度である。黒
点では磁場が強く、磁力線の根元に相当することがわかる。太陽磁場の源は、
自転により引き起こされる太陽内部のダイナモ作用であると考えられている
（第 II 部第 7 章）。**図 12.2** は、異なる波長で撮影した太陽の写真である。光球
（可視光）では黒く見える黒点付近が、彩層（Hα 線）やコロナ（X 線）では
明るく見えている。この様子から、黒点の磁場のエネルギーが彩層やコロナに
伝わって、非常に活動的な領域を形成していることがわかる。巨大な磁場のエ
ネルギーは、時折「フレア」と呼ばれる爆発現象を伴って解放されることもあ
る。黒点の数は太陽の活動性に密接に関係しており、約 11 年周期で増減を繰
り返す。黒点数が多いときほど太陽活動は活発で、太陽放射も大きくなる。太
陽の活動性は、地球の気候にも大きな影響を与える。太陽と同様の活動性は、
太陽に似た他の恒星でも観測されている。

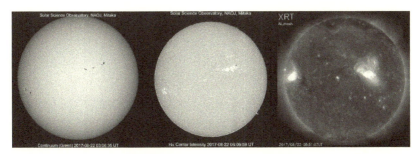

図12.2　異なる波長でみた太陽（左から白色光、Hα、X線）。（画像出典：〔左・中〕国立天文台、〔右〕MSU、SAO、NASA、JAXA、NAOJ）

12.3　惑星

12.3.1　太陽系惑星の軌道

　太陽系天体は一義的には太陽の重力の支配下にあり、太陽（共通重心）の周りを公転している。万有引力の法則とニュートンの運動方程式に従って運動し、その軌道長半径と公転周期の関係はケプラーの第3法則で規定されている（第2章参照）。惑星の軌道の特徴を知ることは、太陽系の形成過程を考える上で非常に重要である（第13章）。

　図12.3は太陽系惑星の軌道の模式図である。地球の軌道面のことを黄道面

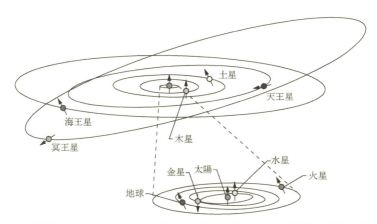

図12.3　太陽系の惑星と冥王星の軌道の模式図。図中の矢印は各天体の自転軸の方向を示す。（図出典：NASA）

と呼び、これはほぼ太陽の赤道面に一致している。他の惑星を含め、各惑星軌道面の黄道面からのずれは 10 度未満であり、よく揃っている。また、惑星軌道の形はほぼ円である。数値計算によると、惑星の軌道は太陽系の年齢のオーダーで極めて安定である。

　一方、惑星以外の天体の軌道は、必ずしもこれほど長期間安定とは限らない。例えば、小惑星同士の衝突や大きな天体による重力散乱によって小天体の軌道は容易に乱され、塵は太陽の放射圧などの影響も受ける。

12.3.2　太陽系惑星の大分類

　太陽系の惑星は、その特徴から 3 種類に分類される。太陽に近い水星から火星までが岩石主体の地球型惑星（岩石惑星）、その外側の木星と土星は水素・ヘリウムが主体の木星型惑星（巨大ガス惑星）、さらに外側の天王星と海王星は氷が主体の海王星型惑星（巨大氷惑星）と呼ばれ、太陽からの距離に応じて特徴がきれいに分かれている。地球型惑星の中心には金属のコアがあり、そのまわりを岩石のマントルと地殻が取り巻いている。木星型惑星の中心には氷と岩石からなるコアがあり、そのまわりを金属水素、液体水素の層、そして水素・ヘリウムの大気が取り巻いていると考えられている。海王星型惑星の中心にもコアがあるが、そのまわりは氷のマントルが取り巻いていると考えられている（第 II 部第 7 章）。惑星のこのような特徴は、惑星の形成過程と深い関係がある。

12.3.3　太陽系惑星の組成

　惑星の質量と平均密度、そして第 8 章で述べた太陽系組成から、惑星の組成が大まかに推定できる。太陽系組成では、O が C の 2 倍多く存在する（C/O ~ 0.5）。

　C は O と結合しやすいが、O が C より多いので O が余る。太陽系組成を保ちながら高温のガスが凝縮すると、最初に凝縮するのは難揮発性元素の Al や Ca を主成分とする鉱物（Al_2O_3、$CaAl_{12}O_{19}$、$Ca_2Al_2SiO_7$ など）である。さらに冷却が進むと、ケイ酸塩鉱物（Mg_2SiO_4 など）や鉄ニッケル合金が凝縮する（C/O>1 の場合は、Si、Al、Ca なども炭化物、合金、硫化物、窒化物と

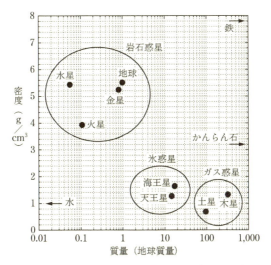

図12.4　太陽系惑星の密度と質量（図中の物質の密度は室温、常圧のもの）。

して凝縮する）。Mg、Si、Fe は主として固体を作るものとしては、C、O に次いで存在量が多い。

　地球のマントルの主成分はかんらん岩であるが、かんらん岩を構成するかんらん石は Mg_2SiO_4 である。地球の内核、外核は鉄ニッケル合金からなると考えられている。

　また、原始惑星系円盤のような低圧力下において、氷は 150-170 K 以下で凝結する。これは太陽系では大体 2.7 天文単位以遠に相当する。したがって、これより遠方では H_2O が大量に凝縮し、氷を含む惑星になる。

　図12.4 は、太陽系惑星の質量と密度の分布を示している。惑星の組成によって 3 つのグループに分かれていることがわかる。ただし、惑星の内部は高圧であり、物質の密度は常圧下より大きくなっていることに注意が必要である。例えば、木星と土星の平均密度は $1\,\mathrm{g\,cm^{-3}}$ 程度であるが、これは主成分が水であるということではなく、水素・ヘリウムが圧縮されてこの密度になっている。

12.4 小惑星

　小惑星とは、太陽系小天体のうち、主に火星軌道と木星軌道の間の小惑星帯に多数存在する小天体のことである。現在までに数十万個以上見つかっているが、全部合わせても質量は地球の約 3,000 分の 1 程度にしかならない。小惑星帯にある小惑星は「メインベルト小惑星」と呼ばれ、軌道の特徴が似通ったグループがいくつかある。これらのグループは「族」と呼ばれ、もとは 1 つの天体であったと考えられている。また、太陽から 1.3 天文単位以内に近づく小惑星は「近地球型小惑星」、木星軌道上にある小惑星は「トロヤ群小惑星」と呼ばれる。

　図 12.5 は小惑星の軌道分布を表している。これをみると、木星の公転周期とちょうど整数比の関係にある軌道上には、一部を除いてほとんど小惑星が存在していないことがわかる。このような軌道上にある小惑星は、いつも決まった場所で木星の重力を受けるために軌道が乱され、軌道上から取り除かれてしまうのである。このような関係を「共鳴」と呼ぶ。

　一方、ヒルダ群と呼ばれる小惑星群は、木星との公転周期の比が 3：2 になっている小惑星群である。こちらは安定に存在している。ヒルダ群は、木星が太

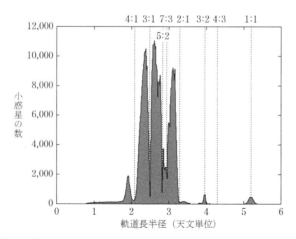

図 12.5　小惑星の軌道。IAU Minor Planet Center のデータをもとに作成。

陽の周りを2周する間に3周するが、木星を追い越すときは必ずヒルダ群の近日点、つまり木星からは一番遠いところで追い越すため、木星の重力の影響を回避できるのである。同様の関係は海王星と冥王星にもあてはまり、両者は軌道が交差しているにも関わらず、安定に存在し続けている。小惑星の軌道分布は木星の形成・進化とも深く関わるが、未だ謎も多い。

12.5 彗星

　たなびく尾が印象的な彗星（ほうき星）は、水を主成分とする氷と塵からなる、汚れた"雪玉"のような天体である。太陽系外縁天体（12.6 節参照）の軌道が他の天体の影響を受けて乱され、太陽に接近するような極端な楕円軌道をとるようになったものが、我々に観測される彗星となる。中には放物線や双曲線軌道をもつものもり、これらは二度と戻ってこない。また、途中で惑星の引力に捉えられて、太陽を周回するようになるものもある。

　小惑星と彗星は似かよった天体であり、その境目はあいまいである。質量放出があるものが彗星、そうでないものが小惑星と呼ばれているが、彗星のような軌道をもつ小惑星や、明らかに小惑星帯にありながら彗星のようなものもある。

12.6 太陽系外縁天体

　海王星以遠には、エッジワース・カイパーベルト（あるいは単にカイパーベルト）と呼ばれる、円盤状に広がった小天体群があり、これまでに 1,000 個以上発見されている。かつて惑星として分類されていた冥王星もこの領域にある。カイパーベルト天体は、公転周期 200 年以下の彗星（短周期彗星）の起源と考えられている。

　エッジワース・カイパーベルトのさらに外側には、太陽系全体を半径数万天単位で球殻状に取り囲む小天体群があると考えられており、この仮想的な小天体群は「オールトの雲」と呼ばれている。オールトの雲は公転周期 200 年以上の彗星（長周期彗星）の起源と考えられている。短周期彗星は軌道面が揃っ

ているのに対し、長周期彗星は軌道面がランダムである。そのため、オールト
の雲のようなものがあるのではないかと考えられている。海王星以遠の天体
は、総称して太陽系外縁天体と呼ばれている。太陽の重力圏という意味では、
オールトの雲が太陽系の果てと考えられる。

　図 12.6 はカイパーベルト天体の軌道分布である。軌道の特徴によって 3 つ
のグループに分類されており、海王星との共鳴関係にあって軌道が安定な天体
を共鳴天体、海王星によって散乱された一群を散乱天体、海王星による散乱を
受けず共鳴軌道にもない天体を古典的天体と呼ぶ。このようなカイパーベルト
天体の分布から、海王星は現在よりも内側で形成され、その後外側に移動した
と考えられている。このように、小天体の分布には惑星の形成と進化の痕跡が
残っており、太陽系の歴史を知る上で重要な役割を担っている。

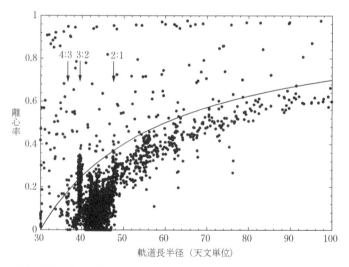

図 12.6　太陽系外縁天体の軌道分布。海王星との平均運動の比が整数である天体を共鳴天体と呼
ぶ。曲線は近日点が 30 天文単位（海王星の軌道長半径）となるライン。このラインに沿って分布
する天体を散乱天体と呼ぶ。軌道長半径 40–50 天文単位辺りに分布する天体は古典的天体と呼ば
れる。IAU Minor Planet Center のデータをもとに作成。

Teatime

冥王星

　冥王星は、2006年までは太陽系第9惑星と呼ばれていたが、2006年以降は準惑星に分類されている天体である。太陽からの平均距離は約40天文単位、直径は2,370 kmで、地球の衛星である月（直径3,475 km）よりも小さい。その遠さと小ささのため謎の多い天体であったが、2015年から2016年にかけて、アメリカNASAの打ち上げた惑星探査機「ニュー・ホライズンズ」が冥王星から約14,000 kmの距離にまで初めて接近し、冥王星の詳細な姿を撮影した。

　下図（左）は、冥王星全球の1％にあたる領域の画像である。水の氷でできた3,500 m級の山々が存在しており、これらは氷の火山とみられている。下図（右）は、クレーターのない広大な氷原である。幅20 kmほどの不規則な形が連なり、溝のような地形に囲まれ区切られている。これらの地形は、表面物質の収縮か表面層内の対流によってできたとみられ、現在も作られ続けている可能性がある。

　氷火山も氷原も、1億年前よりも最近にできた地形だと考えられる。月よりも小さく、そばに潮汐加熱を引き起こす巨大惑星も存在しない冥王星で、どのようにして火山活動が維持されてきたのか、今後の解明が待たれる。

（画像出典：NASA/JHUAPL/SWRI）

Exercise

12.1　太陽系の角運動量について考える。

(1)　太陽と各惑星の自転、公転の角運動量をそれぞれ求めよ。天体内部の密度は一様としてよい。太陽系の角運動量を主に担うのは何か。

(2)　もし太陽と惑星系との間で質量比に応じて角運動量が分配されたとすると、太陽の自転周期は何日になるか。

(3)　太陽表面から延びる磁力線に沿ってコロナから太陽風（プラズマ）が吹き出し、質量が失われる。太陽半径の 10 倍程度の領域では、磁力線は太陽と同じ角速度で自転しているとする。(2) において、今の太陽の自転周期（26 日）になるためには質量の何％を失えばよいか。

12.2　火星軌道と木星軌道の間に小惑星 30 万個が一様に分布しているとする。小惑星間の平均的な距離を推定せよ。

第13章　太陽系の起源

太陽系は今から約46億年前に誕生した。太陽系の成り立ちを解明することは、地球の歴史、そして生命の歴史の解明につながる。本章では、太陽系はどのようにして誕生したと考えられているか、その理論的な枠組みを概説する。

（画像出典：NASA/SOFIA/Lynette Cook）

13.1　太陽系の形成シナリオ

太陽系の起源に関する議論の始まりは1700年代にさかのぼる。カントやラプラスは、惑星は太陽と同じ起源をもち、太陽を中心とする回転円盤（星雲）から惑星が生まれたと提唱した。これは星雲説と呼ばれる。他にも、原始太陽が他の恒星と遭遇した際に、潮汐力を受けて太陽のガスの一部が剥ぎ取られ、その中から惑星ができたとする遭遇説なども提唱された。

現代の太陽系形成モデルは、原始星や前主系列星の観測に基づき（第11章）、原始太陽を取り巻く原始太陽系星雲から惑星が生まれたという考え方が基本となっている。1980年代、京都大学の林忠四郎やサフロノフ（旧ソ連）らが中心となって構築した理論的な枠組みである。系外惑星の発見を受け、色々な点で修正を必要としているが、現在の標準的な太陽系形成モデルとされており、通称「京都モデル」とも呼ばれている（**図13.1**）。

標準的な太陽系形成モデルの基本概念は、「円盤仮説」と「微惑星仮説」である。「円盤仮説」とは、太陽形成の副産物として太陽の周りに形成された、小質量（〜0.01太陽質量）のガスと塵（<1μm）からなる回転円盤（原始惑星系円盤）から太陽系が形成された、という仮説である。円盤仮説は、太陽系の質量が太陽に集中していることと、角運動量が惑星に集中していること、加

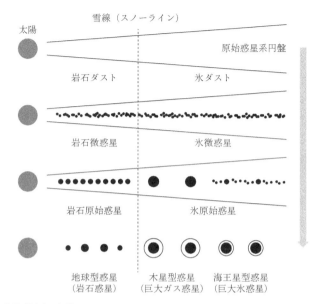

図 13.1　太陽系形成の標準シナリオ。

えて惑星軌道がほぼ同一平面内にあるという事実から自然に推測される。円盤
内で塵の集積によって微惑星（1—10 km）が形成され、微惑星どうしの衝突・
合体によって原始惑星ができる。およそ地球軌道より内側では、原始惑星同士
の衝突によって地球サイズの固体惑星ができる。また、木星軌道付近では、大
きく成長した固体惑星に円盤ガスが降り積もることによってガス惑星が形成さ
れる。さらに遠方では、ガスをまといきれなかった原始惑星が海王星型惑星と
なる。こうして、太陽系の惑星の並びと特徴を自然に説明できる。このよう
に、惑星は固体成分が濃縮した微惑星がビルディングブロックとなって形成さ
れたとするのが「微惑星仮説」である。

　同時期に提唱された別の太陽系形成モデルに、キャメロンが提唱したものが
ある。キャメロンのモデルは、大質量（〜1 太陽質量）の円盤が重力的に不安
定を起こすことによって分裂し、ガス惑星が形成されるというものである。さ
らに、ガス惑星のガスが剥ぎ取られて、地球型惑星や海王星型惑星ができる。
しかし、キャメロンが仮定した大質量の円盤があまり観測されないことや、ガ
スの剥ぎ取りが困難と考えられるなどの理由から、現在は標準とみなされて

いない。

13.2　太陽系を作るための最小質量円盤

　太陽系を作るために最小限必要な円盤質量はどれくらいだろうか。太陽組成では水素とヘリウムが質量比にして約98％を占め、おそらく原始太陽系星雲でもそうであっただろうと考えられる。しかし、形成された惑星を見れば、そうなっていないのは明らかである。つまり、惑星形成の過程で水素・ヘリウム以外の元素（まとめて重元素と呼ばれることがある）が惑星に濃集したと考えられる。

13.2.1　原始太陽系星雲の復元

　ここでは、現在の惑星に含まれる鉄の量をヒントに、原始太陽系星雲を復元してみる。太陽組成における鉄の割合は質量比にして約0.12％であるが、水星に含まれる鉄の割合は水星の全質量の約62％、金星、地球、火星ではそれぞれ約35％、38％、30％と推定されている。このことから、例えば地球（質量を M_E とする）を作るために必要な（太陽組成の）原始太陽系星雲の質量 $M_{E,i}$ は、固体物質が形成過程で失われないとすると

$$M_{E,i} = \frac{0.38 M_E}{0.0012} = 320 M_E \tag{13.1}$$

と見積もることができる。

　次に、惑星は現在の位置の周辺の物質を集めて形成されたとする。物質を集める範囲は、隣の惑星との中間の距離までとする。すると、例えば地球は軌道半径 $a_{in} = 1.0 - (1.0 - 0.72)/2 = 0.86$ 天文単位から $a_{out} = 1.0 + (1.52 - 1.0)/2 = 1.26$ 天文単位に広がる円環領域の物質を集めてできたことになる。先の $M_{E,i}$ をこの円環領域に一様にばらまいたとすると、この領域の平均面密度 $\sigma_{E,i}$ は

$$\sigma_{E,i} = \frac{M_{E,i}}{\pi(a_{out}^2 - a_{in}^2)} = 3{,}200 \text{ g cm}^{-2} \tag{13.2}$$

となる。

　木星から海王星までの巨大惑星については、どのくらい重元素が濃集されて

表 13.1　原始太陽系星雲の復元モデル。(Weidenschilling 1977, Ap&SS, 51, 153)

	質量 (地球質量)	鉄の質量比	太陽組成の 場合の質量 (地球質量)	領域の境界 (天文単位)	面密度 (g/cm²)
水星	0.053	0.62	27	0.22	880
金星	0.815	0.35	235	0.56	4750
地球	1	0.38	320	0.86	3200
火星	0.107	0.30	27	1.26	95
小惑星					
現在	0.0005	0.25	0.1	2.0	0.13
形成時	0.15？		30		40
				3.3	
木星	318	—	600–12000	7.4	120–2400
土星	95	—	1000–6000	14.4	55–330
天王星	14.6	—	700–2000	24.7	15–40
海王星	17.2	—	800–2000	35.5	10–25

いるかを正確に知るのは難しいが、太陽組成の数倍から数十倍程度と考えられている。このようにして、現在の惑星に含まれる固体物質の量から復元した、原始太陽系星雲のモデルが**表 13.1**、**図 13.2** である。円盤の面密度 σ は、軌道半径を a とすると小惑星帯を除いて概ね連続的に

$$\sigma \propto a^{-3/2} \tag{13.3}$$

の傾向に沿っていることがわかる。また、この星雲の総質量は太陽質量の約 1 ％程度であり、これが太陽系を作るために必要な最小の質量の円盤ということになる。これは、若い低質量星の観測結果とも合っている。

13.2.2　最小質量円盤モデル

　前節のような考察を基にして、現在の標準的な最小質量円盤モデルでは、塵とガスの分布を以下の式で与えている。

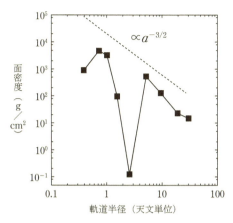

図 13.2 原始太陽系星雲の復元モデル。(表 13.1 をもとに作成)

$$
\Sigma_{\mathrm{dust}} =
\begin{cases}
7.1\left(\dfrac{a}{1\ \mathrm{au}}\right)^{-3/2} \mathrm{g\ cm}^{-2} \quad [a < a_{\mathrm{snow}}] & (13.4) \\[3mm]
2.7\left(\dfrac{a}{5\ \mathrm{au}}\right)^{-3/2} \mathrm{g\ cm}^{-2} \quad [a > a_{\mathrm{snow}}] & (13.5)
\end{cases}
$$

$$
\Sigma_{\mathrm{gas}} = 1.7 \times 10^3 \left(\frac{a}{1\ \mathrm{au}}\right)^{-3/2} \mathrm{g\ cm}^{-2} \tag{13.6}
$$

a_{snow} は雪線、スノーラインなどと呼ばれる境界であり、原始太陽系星雲中で水が凝結し氷となる境界線である。スノーラインより内側では水は水蒸気に、外側では氷になり、そのため内側では岩石惑星が、外側では氷を含んだ惑星ができる。氷ができると固体物質の面密度が跳ね上がるため、大きな固体惑星が形成され、それがガスをまとうとガス惑星となる。原始太陽系星雲の圧力下では水の凝結温度はおよそ 170 K であり、太陽から約 2.7 天文単位の距離がスノーラインとなる。円盤のサイズは、水星と海王星が物質を集積する領域を考えて 0.35—36 天文単位としてある。

13.3 微惑星から惑星へ

太陽系形成モデルが拠って立つもう 1 つの仮説、「微惑星仮説」における微

惑星とは、太陽系形成初期に存在していたと考えられている 1–10 km サイズ
の小天体のことである。円盤内の塵（<1 μm）が集まって、何らかのプロセ
スによって微惑星が形成されたと考えられている。実は、この塵から微惑星が
できるプロセスには色々と問題が多く、盛んに研究が行われているが、未解明
な部分が多い（Teatime）。本節では、微惑星形成後の惑星形成までのプロセ
スを順に考えよう。

13.3.1   微惑星から原始惑星へ

　微惑星形成以降のプロセスは重力によって支配される。微惑星は互いの引力
で引き合い衝突合体を繰り返して次第に成長するが、その結果、周囲の微惑星
より質量の大きなものは重力によって周囲の微惑星をかき集め、ますます大き
くなっていく（暴走成長段階）。

　十分に大きく成長すると、今度は周りの小さな微惑星を散乱し、それ以上成
長しなくなる。その間に追いつくようにして成長してきた微惑星も、同様に成
長が鈍化する。こうして、同じくらいのサイズの天体が複数並んで出来上がる
ことになる（寡占成長段階）。

　これらの天体はお互いに押しのけ合い、ある程度の軌道間隔で並ぶことにな
る。コンピューターを用いた数値シミュレーションの結果によると、この間隔
はヒル半径（第Ⅱ部第 2 章）の 10 倍程度である。こうなると、微惑星の成長
は一旦止まる。この段階で出来上がる天体を「原始惑星」と呼ぶ。

13.3.2   原始惑星と原始惑星の生き残り

　原始惑星の質量は太陽から遠いほど大きくなる。これは、太陽から遠いほど
太陽重力の影響が弱く、広い領域から材料を集めることが可能なためである。
また、雪線の外側だと水が氷になっている分、固体成分が多いことも一因と
なっている。原始惑星の質量は地球軌道付近で約 0.1 地球質量（〜火星質量）、
木星–海王星軌道で約 10–15 地球質量と見積もられている（**図 13.3**）。火星と
水星の質量は、現在の軌道上にできた原始惑星の質量の理論的推測値に近く、
天王星と海王星も同様である。一方、金星・地球・木星・土星は、同じ軌道上
にできたと考えられる原始惑星よりも大きな質量をもつ。よって、火星と水星

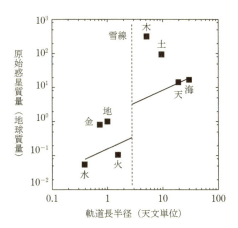

図 13.3　原始惑星の質量。(Kokubo and Ida 2000, Icarus, 143, 15 をもとに作成)

は岩石の原始惑星、海王星と天王星は氷の原始惑星の生き残り、地球と金星は
いくつかの原始惑星の巨大衝突（ジャイアントインパクト）でできたもの、木
星と土星は氷の原始惑星に円盤ガスを降着したもの、という推定ができる。た
だし、水星は他の岩石惑星に比べて相対的に大きな金属核をもっていると考え
られており、その起源には謎も多い。

13.3.3　原始惑星からガス惑星へ

　原始惑星の質量が 5-10 地球質量に達すると、周囲の円盤ガスが原始惑星に
向かって落ち込み、ガス惑星が形成される。ただし、原始惑星がガスを獲得す
るには、条件がある。

　太陽から遠く離れるほど大きな原始惑星ができるが、一方で、軌道が遠いほ
ど原始惑星の形成時間が長くなる。これは、太陽から遠いほど公転周期が長
く、微惑星の空間密度が小さいためである。原始惑星の形成に時間がかかりす
ぎると、形成される前に円盤のガスが散逸してしまい、ガスをまとうことがで
きない。観測からは、円盤ガスは約 1 千万年程度で散逸してしまうとされてお
り、木星と土星はぎりぎり間に合ったと考えられている。円盤ガスがなぜ散逸
するのかははっきりしていないが、内側では惑星によって中心星に落とされ、
外側では恒星風や紫外線によって吹き飛ばされると考えられている。

13.4 汎惑星系形成モデルへ

太陽系形成の標準モデルは、まだ多くの問題を抱えてはいるものの、大枠で現在の太陽系の基本的な特徴を説明できている。しかし、系外惑星が発見され、中心星の至近距離を周回するガス惑星（ホット・ジュピター）や、楕円軌道をとる惑星など、太陽系とは大きく様相の異なる多様な惑星系が、宇宙には普遍的に存在することが明らかになった（第15章）。

系外惑星系の多様性の起源は色々考えられる。例えば、原始惑星系円盤の大きさ・質量・組成といった円盤の性質、中心星の質量・進化段階のような環境要因、あるいは円盤中での惑星の移動や惑星同士の重力散乱などの形成プロセス等が挙げられる。

原始惑星系円盤に関しては、質量に多様性があることがすでに観測から示唆されており、中心星質量の 0.1 ％から 10 ％くらいの幅があることが知られている。重い円盤では大きな原始惑星が短時間で形成され、結果的にガス惑星が多数形成される可能性がある。このような惑星系はいずれ惑星同士の重力散乱によって軌道が大きく変化し、ホット・ジュピターや楕円軌道の惑星となるかもしれない。反対に、軽い円盤ではガス惑星は全く形成されず、岩石惑星と氷惑星だけの世界になるかもしれない。我が太陽系を作った円盤は、ちょうどガス惑星が 2 個できるくらいの質量だったというわけである。

また、観測からは中心星の水素・ヘリウム以外の重元素量や中心星の質量と巨大惑星の頻度に正の相関があることが示唆されており、これも原始惑星系円盤の多様性に由来するものと考えられる。このように、太陽系形成モデルを拡張し、より一般的な惑星系形成モデルへ進化させるべく、研究が行われている。

――――――――――――― Teatime ―――――――――――――

ダスト落下問題

微惑星の形成は惑星形成の第一歩である。微惑星は、中心星の周りを回る原始惑星系円盤中の固体微粒子（ダスト）が合体成長してでき

ると考えられているが、実は、ダストがあるサイズにまで成長すると、円盤ガスとの摩擦抵抗によって効率的に角運動量を失い、中心星に向かって短期間で落下することが理論的にわかっている。

ダストが十分小さければ、円盤ガスの抵抗が大きすぎるためにダストとガス円盤は一体となって公転し、逆にダストが十分大きければ、ガス抵抗をほとんど受けない。太陽系最小質量円盤を仮定すると、ちょうどこの中間の粒子サイズは地球軌道で 1 m くらいであり、ダストがこのサイズにまで成長すると、約 100 年で中心星に落下してしまう。つまり、1-10 km サイズの微惑星にはなれないということになる。

しかし、そうは言っても惑星は存在しているので、実際の惑星形成では何らかのメカニズムでこの問題が回避されているはずである。これは「ダスト落下問題」と呼ばれ、惑星形成論における長年の最重要未解決問題の 1 つとなっている。

Exercise

13.1 中心星の周囲の真空中にある 1 個の固体微粒子を考える。

(1) 粒子の平衡温度を中心星光度と中心星からの距離の関数として表せ。ただし、粒子は黒体としてよい。

(2) 粒子は水の氷であるとし、低圧下では約 170 K 以下の温度領域で凝結するとする。凝結領域の内縁の半径を中心星光度の関数として表せ。

13.2 式 (13.4)-(13.6) を積分し、最小質量円盤モデルの円盤質量を求めよ。

第14章 隕石の年代学

隕石は、地球にいながらにして手にすることができる地球外物質であり、太陽系形成初期の情報をとどめている貴重な試料である。本章では、隕石から何十億年も前の情報を取り出す年代学の手法について概説する。

（画像出典：USGS）

14.1 隕石

隕石は、地球に落下した地球以外の天体のかけら（＞1 mm）のことであり、微惑星、小惑星、火星、月を由来とする。母天体の衝突や破壊によって生じた破片が地球引力圏につかまり、地球大気中で燃え尽きずに地上に落下したものである。その構成物質は母天体の特徴や歴史を反映する。そこでまずは、構成成分による隕石の分類方法から始めよう。

14.1.1 隕石の種類

隕石は、その特徴によって以下の3種類に大別され、それぞれ異なる母天体、あるいは母天体の異なる部分に由来すると考えられている。放射性同位体を用いた年代測定によって、隕石の多くは約45億年前にできたものであることがわかっている。つまりそれらは、太陽系形成初期の痕跡をとどめる始原的な物質であると考えられる。

・石質隕石

主にケイ酸塩鉱物からなる。球粒状のコンドリュール（詳しくは次項参照）を含むコンドライトと、含まないエイコンドライトに分けられる。コンドライト

図14.1　様々な隕石。左上：炭素質コンドライト（隕石名 Allende）、右上：普通コンドライト（隕石名 Bovedy）、左下：石鉄隕石（隕石名 Imilac）、右下：鉄隕石（Bristol）。（画像出典：東京大学総合研究博物館）

は未分化の天体、エイコンドライトは分化した天体のマントル、地殻に由来すると考えられている。ここで、「分化」とは一度融けて化学的な分別（材料物質の融点の違いから層状に分かれること）を受けることをいう。コンドライトはさらに、化学的組成によって、普通コンドライトや炭素質コンドライト等に分けられる。最も多く見つかっているのが普通コンドライトであり、発見された隕石の約90％を占める。月隕石や火星隕石はエイコンドライトに含まれる。

・石鉄隕石
ケイ酸塩鉱物と鉄・ニッケルの合金がほぼ同量含まれている。分化した天体のコア・マントル境界に由来するか、あるいは天体衝突により形成したと考えられている。

・鉄隕石
主に鉄・ニッケルの合金からなる。分化した天体の金属核に由来すると考えられている。

14.1.2 コンドライトの構成

　コンドライトは、熱による分化を受けていない母天体に由来する。そのため、特に始原的な隕石であると考えられ、惑星形成以前の太陽系の様子を知る手がかりとなる。ここでは、このコンドライトについて、詳しく見ていこう。

　コンドライトは、コンドリュール、難揮発性包有物（CAI、AOA）、Fe-Ni などの金属相、マトリックスから構成される（**図 14.2**）。

　コンドリュールは大きさ 1 mm 程度の球状のケイ酸塩で、普通コンドライト中に多く存在する（体積の 60-80 ％を占める）。コンドリュールの主成分はかんらん石 $(Mg, Fe)_2SiO_4$ と斜方輝石 $(Mg, Fe)SiO_3$ であり、これは高温で溶融したものが急冷した岩石学的組織である。到達温度は 1,400-1,850 ℃で、揮発性成分が残っていることから持続時間は長くても数分と考えられる。コンドリュールの成因としては衝撃波によるガス摩擦熱説を含めいくつかの説があるが、確かなことはまだわかっていない。

　CAI（Ca, Al-rich Inclusion）は、Ca、Al に富む白色物質で、多くのコンドライトに存在する。サイズは 10 μm-2 cm 程度で、Na などの揮発性元素や Fe、Ni などに乏しい。太陽系物質の中で最も古い年代をもち、高温のガスが冷却するときに凝縮したと考えられる。

　マトリックスは、コンドリュール、CAI、その他の構成要素が埋め込まれているコンドライトの基質である。粒径 10 nm-5 μm 程度のケイ酸塩、酸化物、硫化物、Fe-Ni 合金などからなり、太陽系前駆物質（プレソーラー粒子）や原始太陽系星雲での凝縮物など、様々な履歴をもつ鉱物の混合体である。コン

 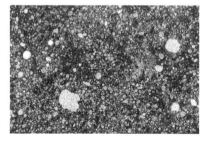

図 14.2　コンドライト（左：アエンデ隕石）とその断面の拡大図（右）。右図の白っぽい粒が CAI、その他の球状の粒がコンドリュール。（画像出典：Smithsonian National Museum of Natural History）

ドリュールや CAI と比較すると、低温で凝縮する成分が多い。

14.2 放射性同位体を用いた年代測定

隕石の年代は、隕石物質に含まれる放射性同位体を用いて測定できる。これは、隕石に限らず、様々な分野で利用されている方法である。ここでは、隕石の絶対年代を測定する方法について説明する。

放射性核種の放射壊変速度は以下の式で表される。

$$\frac{dN}{dt} = -\lambda N \tag{14.1}$$

ここで、N は放射性核種である親核種のある時刻における存在量を表し、λ は壊変定数である。

今、放射性核種である親核種 P の初生値（$t=0$ における量）を P_0 とすると、ある時刻 t における存在量 P は、

$$P = P_0 e^{-\lambda t} \tag{14.2}$$

と表される。また、P が壊変してできる娘核種 D の存在量は

$$
\begin{aligned}
D &= D_0 + (P_0 - P) \\
&= D_0 + P(e^{\lambda t} - 1)
\end{aligned} \tag{14.3}
$$

となる。D_0 は娘核種の初生値である。これと D の安定同位体である D_s（＝一定）との比を取ったものが、年代測定の基本式である。

$$\frac{D}{D_s} = \frac{D_0}{D_s} + \frac{P}{D_s}(e^{\lambda t} - 1) = \left(\frac{D}{D_s}\right)_0 + \frac{P}{D_s}(e^{\lambda t} - 1) \tag{14.4}$$

上の式で、D/D_s を P/D_s の一次式と見ると、切片に相当する $(D/D_s)_0$ と、傾きに相当する $e^{\lambda t} - 1$ が未知数である。$(D/D_s)_0$ は娘核種の $t=0$ における同位体比（初生値）であり、傾き（a とおく）が年代を与える（**図 14.3**）。

$$t = \frac{1}{\lambda} \ln(a+1) \tag{14.5}$$

同時にできた 1 つの隕石試料の中では $(D/D_s)_0$ は鉱物によらず一定であり、P/D_s は鉱物によって異なる。異なる鉱物について P/D_s と D/D_s を測定することによって $(D/D_s)_0$ と a が得られ、その隕石の形成年代（現在から何年前

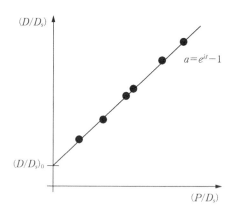

図 14.3　アイソクロン法を用いた隕石の年代測定の原理。

か）がわかるのである。このようにして年代を求める方法はアイソクロン（等
時線）法と呼ばれる。

　隕石の年代測定には、^{87}Rb–^{87}Sr 法（半減期 480 億年）や ^{238}U–^{206}Pb 法（半減
期 44.7 億年）などがよく用いられる。このような測定から、CAI は 45.67 億年
前に形成され、コンドリュールはそこから約 200 万年の間に形成されたこと
がわかっている。このことは、太陽系初期の原始太陽系星雲がどのような環境
にあり、どのようなプロセスが進行していたのかを知る貴重な手がかりとなる。

14.3　隕石から探る天体の形成年代

　隕石は、その母天体の形成年代と深く関わっており、その年代を知ることに
よって太陽系の形成と進化の過程を明らかにすることができる。また、放射性
同位体を用いた年代学は、隕石だけでなく地球や月の岩石にも適用できる。こ
こでは、地球、月、火星、小惑星について、隕石や岩石の分析からわかること
をいくつか挙げてみよう。

14.3.1　地球

　地球上で年代が測られた最古の物質は西オーストラリア・ジャックヒルズ
（Jack Hills）の堆積岩中のジルコン（ZrSiO$_4$）粒子である（図 14.4 左）。そ

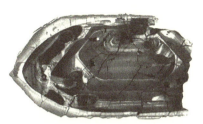
（画像出典：John Valley, University of Wisconsin-Madison）

（画像出典：NASA photo S82-35869）

図 14.4　ジャックヒルズの堆積岩中で発見されたジルコンの結晶（左）。月隕石アランヒルズ81005（右）。

の結晶内の鉛同位体を使った測定で、44.04±0.04 億年という年代が得られている。このジルコンの結晶は、マグマが冷え固まってできた地球最初期の地殻に由来していると考えられ、44 億年前（冥王代）には既に大陸地殻が存在していたことを示唆している。また、最古の岩石はカナダ・ヌブアギトゥク（Nuvvuagittuq）の変成岩（第 II 部第 13 章）であり、42.8±0.5 億年という年代が得られている。

14.3.2　月

　月については、アポロ計画で持ち帰った月の石や月隕石の年代が測定されている（図 14.4 右）。月の高地（白く見えるところ）は斜長岩やはんれい岩でできており、年代は 45-41 億年前、月の海（黒く見えるところ）は玄武岩（火山噴出物）で形成年代は 39-30 億年前、盆地やクレーターに見られる溶融岩は 39 億年前という値が得られている。このことから、月は 45 億年前には既に形成されていたことがわかる。また、クレーターの形成年代が約 39 億年前の短い期間に集中することから、この時期に集中的に天体衝突が起こった可能性が示唆されている（後期重爆撃期）。

14.3.3　火星

　火星隕石には、シャーゴッタイト、ナクライト、シャシナイトという化学的特徴の似た 3 つの隕石グループ（SNC 隕石）がある。シャーゴッタイトに分

（画像出典：NASA/JSC/Stanford University）　（画像出典：D. Mckay（NASA/JSC），K. Thomas-Keprta（Lockheed-Martin），R. Zare（Stanford），NASA）

図 14.5　ALH84001 隕石（左）とその拡大図（右）。

類される EETA79001 隕石に含まれる希ガス等の同位体組成が、1976 年に火星に着陸して火星大気成分を分析したバイキング探査機のデータと一致したため、これらは火星起源であることが決定的となった。

　これらの隕石は火成岩（マグマが冷えて固まったもの；第Ⅱ部第 12 章）であり、約 1 億 8,000 万年〜13 億年前という若い形成年代をもつ。また、水質変成の証拠をもつものもあることから、その当時火星には液体の水が存在し、火山活動があったことがわかる。

　有名な火星隕石に「ALH 84001」がある（図 14.5）。1984 年に南極で発見されたこの隕石から、バクテリアのようなものの化石らしきものが発見され、地球外生命の痕跡ではないかと言われたが、結論は出ていない。

14.3.4　小惑星

　現在見つかっている隕石の大部分は、小惑星を起源とするものである。中でも、エイコンドライトの約 60 ％を占めるのが HED（ホワルダイト-ユークライト-ダイオジェナイト）隕石と呼ばれる、小惑星ベスタ（図 14.6 左）を起源とするものである。ベスタは小惑星帯では 3 番目に大きな小惑星であり、内部が分化している、つまり、核、マントル、地殻という層構造をもつ。HED 隕石の反射スペクトルの特徴が、天文学観測によって得られたベスタの反射スペクトルと似ていることから、HED 隕石はベスタから飛来したものだと考え

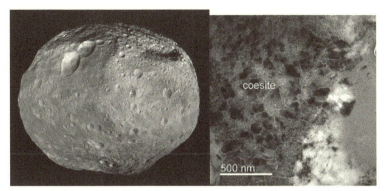

(画像出典：NASA/JPL-Caltech/UCAL/　　　　（画像出典：国立極地研究所）
MPS/DLR/IDA)

図 14.6　HED 隕石の母天体とされる小惑星ベスタ（左）。HED 隕石の 1 つ、ベレバ隕石（右）。

られている。

　HED 隕石の 1 つであるベレバ隕石（**図 14.6 右**）では、天体衝突時に発生したとみられる超高圧・高温によって生じた SiO_2 の高圧相が見つかっている。放射年代を考慮すると、この天体衝突は約 41 億年前に起こったと考えられる。この時期は、月に多数の天体が集中的に衝突したと考えられる後期重爆撃期と一致しており、同様の天体衝突が月だけでなく様々な天体で起こっていたことを示唆している。

───────────── Teatime ─────────────

プレソーラー粒子

　地球の石や隕石などの太陽系物質に含まれる多くの元素は、物質によらずほぼ同じ同位体比をもつことが知られている。しかし、始原的な隕石中には、太陽系の平均とは著しく異なる同位体比をもつ物質がわずかに存在する。これらは「プレソーラー粒子」と呼ばれ、太陽系ができる前に存在していた物質の生き残りである。

　太陽系は 46 億年前にガスと塵からなる雲から形成された（第 13

章)。その雲に含まれていた物質は太陽より前の世代の天体で作られ、
宇宙空間に放出されたものである。それぞれの天体で作られた物質は
その天体特有の同位体比をもつため、プレソーラー粒子がどのような
天体で合成されたかを知ることができる。太陽系の場合は、超新星爆
発や赤色巨星、漸近巨星分枝星、新星爆発（主系列星と連星系をなす
白色矮星の表面に伴星の物質が降着して起こる爆発的な核融合反応)
に起源をもつ物質が素になった。

　これらの物質が原始太陽系星雲の中で一度高温を経験し、蒸発して
ガスになってかきまぜられた結果、太陽系物質の同位体比はほぼ一定
となったと考えられる。

Exercise

14.1　放射壊変 ^{87}Rb → ^{87}Sr を用いた Rb–Sr 年代測定法を考える。この壊
変の壊変定数は $\lambda = 1.4 \times 10^{-11}$ 年$^{-1}$ である。ある隕石に含まれる鉱
物 A、B を調べたところ、鉱物 A は $P/D_s = 0.970$、$D/D_s = 0.765$
をもっており、鉱物 B は $P/D_s = 5.249$、$D/D_s = 1.048$ をもっていた。
この隕石の形成年代を求めよ。ただし、P、D、D_s はそれぞれ親核
種、娘核種、娘核種の安定同位体の存在量である。

14.2　2 つの壊変系列を組み合わせると年代測定の信頼性と精度が向上す
る。

^{235}U → ^{207}Pb（壊変定数）$\lambda_{235} = 9.85 \times 10^{-10}$ 年$^{-1}$

^{238}U → ^{206}Pb（壊変定数）$\lambda_{238} = 1.55 \times 10^{-10}$ 年$^{-1}$

という 2 つの壊変系列（Pb–Pb 法）を考え、以下の式が成り立つ
ことを示せ。

$(^{207}\mathrm{Pb}/^{206}\mathrm{Pb}) = A + (^{204}\mathrm{Pb}/^{206}\mathrm{Pb})\{(^{207}\mathrm{Pb}/^{204}\mathrm{Pb})_0 - A(^{206}\mathrm{Pb}/^{204}\mathrm{Pb})_0\}$

$A = (^{235}\mathrm{U}/^{238}\mathrm{U})(\exp(\lambda_{235}t) - 1)/(\exp(\lambda_{238}t) - 1)$

ここで、^{204}Pb は安定核種である。また、$(^{235}\mathrm{U}/^{238}\mathrm{U})$ は一定値とみ
なせるため、定数 A が形成年代 t の関数になっている。

第15章　系外惑星系

1995 年、太陽以外の恒星の
周りを回る惑星（系外惑星）
が初めて発見された。その後、
現在までに 3000 個を超える
系外惑星が見つかっている。
系外惑星はどのようにして発
見され、どのような性質を
もっているのだろうか。

（画像出典：国立天文台）

15.1　系外惑星は直接見えるか

　自ら光り輝かない惑星は、恒星に比べると非常に暗い。**図 15.1 左**は、太陽
系を 10 pc の距離から見たときの太陽と木星、地球の放射エネルギー分布を表
している（放射は黒体放射を仮定している）。惑星のフラックスは、可視光で
は太陽の反射光、赤外線では惑星の熱放射が支配的である。太陽のフラックス
と比較すると、可視光では約 9 桁、赤外線では多少差は小さくなるが約 6 桁も
の開きがある。

　図 15.1 右は、10 pc の距離においた太陽を口径 2.4 m の望遠鏡（例えばハッ
ブル宇宙望遠鏡）で観測したときの、理論的な光の強度分布を中心からの角度
の関数として表したものである。有限の大きさの鏡で光を集めると、本来点光
源であっても、光はある広がりをもつ。光の波長を λ、鏡の直径を D とすると、
この広がりの程度（回折限界）は

$$\Delta \approx 1.22 \frac{\lambda}{D} \tag{15.1}$$

となる（Δ の単位はラジアン）。口径を 2.4 m、観測波長を 0.6 μm とすると、
Δ は約 0.05 秒角である。

　太陽と木星の距離は約 5 天文単位であるから、これを 10 pc の距離から見る

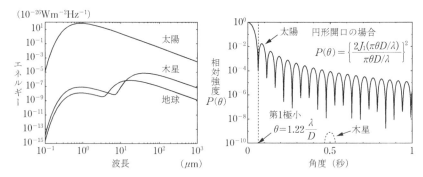

図 15.1　左：10 pc から見た太陽と木星、地球の放射エネルギー分布。右：10 pc においた太陽を口径 2.4 m の望遠鏡（円形開口）で観測したときの理論的な光の強度分布（図中の J_1 は第 1 種ベッセル関数）。

と 0.5 秒角である。つまり、10 pc から見た木星は、太陽の光の広がり（0.05秒角）の 10 倍程度離れており、角度だけで言えば 2 天体は十分に分離できる。しかし、太陽は木星に比べてとても明るいので、広がりの裾野の明るさでさえ木星の約 10 万倍に相当する。そのため、木星は太陽の光に隠されて見えないのである。

15.2　系外惑星の観測：アストロメトリ法、視線速度法

　では、見えない系外惑星をどのようにして見つけるのだろうか。第 2 章の話を思い出してみよう。恒星の周りを惑星が公転するとき、恒星と惑星はお互いに共通重心の周りを回る（図 15.2）。この恒星の運動をもとに惑星の存在を検出する方法を 2 つ紹介しよう。

15.2.1　アストロメトリ法

　恒星の質量を M、惑星の質量を m、恒星と惑星の間の距離を a とすると、共通重心周りの恒星の軌道半径 a_* は、次式で表される。

$$a_* = a \frac{m}{M+m} \tag{15.2}$$

恒星の質量は惑星に比べて非常に大きい（$M \gg m$）とし、さらにケプラーの第

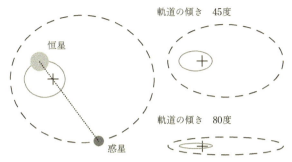

図 15.2　惑星をもつ恒星の軌道の見え方。

3 法則を使うと，

$$a_* = a\,\frac{m}{M} = \left(\frac{GMP^2}{4\pi^2}\right)^{1/3}\frac{m}{M} = \left(\frac{GP^2}{4\pi^2}\right)^{1/3}\frac{m}{M^{2/3}} \tag{15.3}$$

と書ける。ここで，P は公転周期である。この関係を用いれば，直接は見えない惑星を間接的に見つけることができる。

　具体的には，恒星の位置の変化を観測し，その軌道の大きさ a_* を測ることによって，惑星の質量 m を知ることができるのである。ただし，恒星までの距離と恒星の質量 M は別途推定しておく必要がある。また，天体の軌道は一般に天球面に対して傾いているので，見かけの軌道の大きさが必ずしも真の軌道の大きさではないことに注意が必要である（**図 15.2**）。このようにして惑星を見つける方法を「アストロメトリ法」と呼ぶ。アストロメトリとは，天体の位置を精密に測定する「位置天文学」のことである。

15.2.2　視線速度法

　同じ恒星の運動を，今度は速度という視点で見てみよう。惑星との共通重心を周回する恒星の運動の速度 v は

$$M\frac{v^2}{a_*} = G\frac{Mm}{a^2} \tag{15.4}$$

$M \gg m$ とし，さらにケプラーの第 3 法則を用いることによって

$$v = \left(\frac{2\pi G}{P}\right)^{1/3}\frac{m}{M^{2/3}} \tag{15.5}$$

と書ける。一般に天球面に対して軌道は傾いているので、天球面に対する軌道面の傾きの角度（軌道傾斜角）を I とすると、我々の視線方向の速度、つまり視線速度 K として以下の式が得られる。

$$K = v \sin I = \left(\frac{2\pi G}{P}\right)^{1/3} \frac{m \sin I}{M^{2/3}} \tag{15.6}$$

　惑星をもつ恒星は、公転に伴って K を振幅とする視線速度変化を示すため（図 15.3）、これを測定することによって惑星を見つけることができる。ただし、軌道の傾き I は一般にはわからないため、惑星の質量は $m \sin I$ の形でしか得られないことに注意が必要である。軌道が円の場合は図 15.3 右のように正弦波的な変化になるが、楕円の場合は図 15.4 右のように歪んだ形になる。この歪み具合から軌道の離心率を知ることができる。このようにして惑星を見つける方法は「視線速度法」、または、運動する恒星からの光のドップラー効

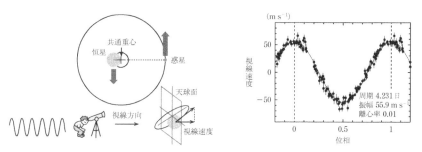

図 15.3　左：視線速度法の原理。右：ペガスス座 51 番星の視線速度変化。

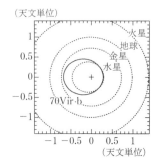
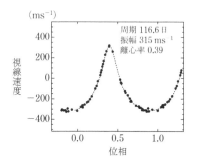

図 15.4　楕円軌道をもつ惑星の例（おとめ座 70 番星 b；70 Vir b）。左：惑星軌道の形（比較のために太陽系惑星の軌道を図示）。右：中心星（おとめ座 70 番星）の視線速度変化。

果を利用して視線速度を測定するため「ドップラー法」とも呼ばれる。**図15.3右**は、初めて系外惑星が発見されたペガスス座51番星の視線速度変化である。この星の視線速度は周期約4.2日、振幅約 $60\,\mathrm{m\,s^{-1}}$ で変化している（Exercise）。

15.3 系外惑星の観測：トランジット法

ある恒星の周りを回る惑星の軌道面が、我々から見て偶然視線方向に平行だったとしよう。すると、惑星が恒星の前を横切る様子（トランジット）が周期的に観測されるだろう。惑星が恒星の前にあるときは、惑星によって恒星からの光が一部遮られるため、恒星は一時的に暗くなる。本節では、トランジットによる恒星の光度変化を利用して惑星を検出する方法を紹介する。

15.3.1 トランジット

トランジットのときの減光率は、恒星と惑星の断面積の比によって決まっている。トランジット外での恒星のフラックスを F、トランジットによるフラックスの減少を ΔF、恒星と惑星の半径をそれぞれ R_*、R_p とすると、減光率 $\Delta F/F$ は

$$\frac{\Delta F}{F} = \left(\frac{R_p}{R_*}\right)^2 \tag{15.7}$$

で表される。別の方法で恒星の半径がわかっていれば、この式から惑星の半径を知ることができる。このようにして惑星を見つける方法が「トランジット法」である。**図15.5右**は、初めてトランジットが検出された系外惑星系 HD209458 の光度変化である。トランジットによって、約1.5％減光している。この惑星は先に視線速度法で発見され、その後トランジットが観測されたため、惑星の真の質量を決定することができる（Exercise）。

トランジット中の恒星の光度変化を詳細に調べることによって、惑星の大きさ以外にもいろいろなことがわかる。例えば、惑星が恒星の前にかかり始めてから完全にかかるまでの時間（**図15.5左**の $t_{\mathrm{II}}-t_{\mathrm{I}}$、あるいは $t_{\mathrm{IV}}-t_{\mathrm{III}}$）は、ちょうど惑星が自分自身の大きさの分だけ動く時間に相当する。したがって、時間

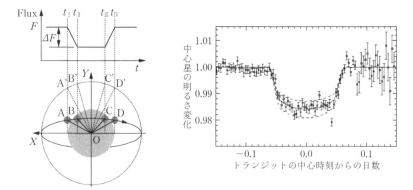

図 15.5　左：トランジットと光度曲線の模式図。右：惑星のトランジットが観測された恒星 HD209458 の光度曲線（Charbonneau et al. 2000, ApJ, 529, L45）。

$t_{IV}-t_{II}$ をもとに、横切った距離が惑星何個分に相当するかがわかる。また、惑星と恒星の大きさの比はトランジットの深さ（図 15.5 の $\Delta F/F$）からわかる。これらの情報を組み合わせることで、惑星が恒星のどこを通過したのか（軌道が平行から何度ずれているか）がわかる。また、公転周期（トランジットが起こる周期）とトランジット継続時間の比からは、軌道半径がわかる。

15.3.2　系外惑星の大気と温度

さらに、様々な波長で $\Delta F/F$ を測定することにより、惑星の大気に関する情報を得られる。惑星に大気があると、大気中の分子によって特定の波長の光が吸収されるので、その波長ではトランジットが深くなることを利用するのである。これを透過光分光と呼ぶ。

また、惑星が恒星の前を通過するのとは逆に、惑星が恒星の背後に隠れる（二次食）場合がある（図 15.6）。惑星が恒星に隠されているときは、惑星からの光は我々に届かない。したがって、二次食前後の系全体からのフラックスを測定することで、惑星のみからの放射を取り出すことができる。

今、恒星のフラックス、表面温度をそれぞれ F_*、T_*、惑星の昼面のフラックス、温度をそれぞれ F_p、T_p とする。放射は黒体放射を仮定すると、波長 λ で観測したときの惑星と恒星のフラックスの比はおおよそ以下のように書ける。B はプランク関数である。

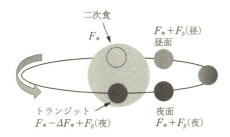

二次食
F_*

$F_* + F_p$（昼）
昼面

トランジット
$F_* - \Delta F_* + F_p$（夜）

夜面
$F_* + F_p$（夜）

図 15.6　トランジットと二次食。

$$\frac{F_{p,\lambda}}{F_{*,\lambda}} \approx \frac{B_\lambda(T_p)}{B_\lambda(T_*)}\left(\frac{R_p}{R_*}\right)^2 \tag{15.8}$$

左辺は二次食から、右辺の半径比はトランジットから測定できるため、中心星の温度を何らかの方法で推定すれば、上式から惑星の温度を推定することができる。これを、さらに色々な波長で観測することによって、波長ごとの惑星のフラックスから惑星大気の情報を得ることができる（惑星大気に含まれる分子によって惑星自身の放射が吸収される）。

15.3.3　系外惑星の公転の向き

　トランジット中の恒星の視線速度変化を調べることによっても、面白いことがわかる。惑星が恒星の前を通過するとき、惑星が隠す恒星の領域は時々刻々変化する。これを利用すれば、惑星の公転の向きや公転軸の傾きを得られる。

　恒星は通常自転しているので、例えば恒星の自転と惑星の公転が同じ向きだった場合、惑星は恒星面の我々に近づく側を先に隠し、続いて遠ざかる側を隠すことになる。恒星面の近づく側はドップラー効果によって青方偏移しているので、こちら側を隠すと恒星の光としてはトータルで赤方偏移、つまり視線速度がプラスになる。遠ざかる側を隠すときはその逆で、視線速度はマイナスになる（図 15.7）（この現象を「ロシター–マクローリン効果」と呼ぶ）。仮に恒星の自転軸に対して公転軸が傾いていたり、逆向きに公転していたりすると、トランジット中の見かけの視線速度変化は異なり、その様子から逆に惑星系の公転軸の傾きがわかるのである。

　太陽系の惑星の軌道面（公転軸）は太陽の赤道面（自転軸）にほぼ揃ってい

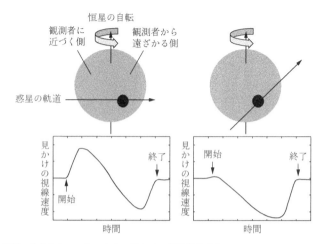

図 15.7　公転の向きとトランジット中の見かけの視線速度変化。

るが（第 12 章）、系外惑星系では両者が揃っていない系もたくさん存在する。なぜこのような軌道になっているのかはまだよくわかっていない。

15.4　系外惑星の性質

　上に述べた方法を中心として、現在までに 3,000 個を超える系外惑星が発見されてきた。その大まかな性質を簡単にまとめる（図 15.8）。

　質量は、地球質量程度から木星の 10 倍以上のものまで見つかっている（地球質量より軽い惑星は現在の観測精度の限界以下のため、見つけられない）。質量でみると、大きくは木星のような巨大惑星と、海王星質量程度以下の惑星に分けられる。地球の数倍から 10 倍程度以下の質量をもつ惑星（通称「スーパーアース」）も多数見つかっており、軽い惑星ほど存在頻度が高い。スーパーアースは太陽系には存在しないが、宇宙には豊富に存在する。

　発見された惑星は、軌道長半径 0.01—7 天文単位の範囲に分布している。これより遠方の惑星は、観測期間の限界のため現時点では見つけることができない（直接撮像では、10 天文単位以遠にもいくつか見つかっている）。木星質量以上の巨大惑星は非常に短い公転周期をもつものと、1 天文単位以遠に分布す

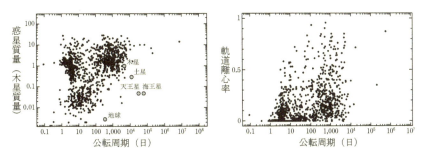

図 15.8 これまでに見つかっている系外惑星の性質。（NASA Exoplanet Archive のデータをもとに作成）

るものとに分かれている。海王星質量以下の惑星は公転周期 30 日くらいに多く分布する。惑星の軌道は、短周期惑星を除いて楕円軌道が一般的であるが、低質量の惑星は巨大惑星に比べて離心率が低い傾向がある。また、1 つの恒星が複数の惑星をもつ場合も多く、巨大惑星は 30-50 ％が複数惑星系、低質量の惑星はそれ以上の割合で複数惑星系をなすと言われている。

中心星との関係についても、いくつかの傾向がみえてきた。たとえば、水素・ヘリウム以外の重元素量の多い恒星ほど巨大惑星をもつ確率が高く、また、2 太陽質量以下の恒星では質量の大きな恒星ほど巨大惑星をもつ確率が高いと言われている。さらに、進化の進んだ巨星を周回する惑星も発見されている。

このように、系外惑星系は非常に多様性に富んでいる。太陽系を含め、これらの惑星系がどのようにして形成され、進化してきたのかを統一的に説明することが、天文学における大きな課題の 1 つとなっている。

―――――― *Teatime* ――――――

生命居住可能領域（ハビタブルゾーン）

もし地球のような惑星が水をもっていた場合、地表に水が液体として存在できる軌道範囲をハビタブルゾーンと呼ぶ。中心星からほどよい距離にあり、水が全て蒸発してしまうほど暑くなく、かつ、二酸化

炭素が凍って温室効果が効かなくなってしまうほどには寒くない領域である。現在の太陽系の場合は、大体 0.97 天文単位から 1.4 天文単位の距離がハビタブルゾーンであるが、ここに入るのは地球だけである。

　中心星が変わると、その星の周りのハビタブルゾーンは当然変わる。高温の星の周りではハビタブルゾーンは遠方にあり、逆に低温の星の周りでは中心星の近くにある。また、太陽が巨星へと進化すれば、現在の地球軌道はハビタブルゾーンではなくなる。さらに、実際の惑星の表面温度は惑星の大気の性質によって異なるため、地球と異なる大気をもつ惑星の場合は、ハビタブルゾーンに入っていてもハビタブルとは限らない。

　これまでに見つかった系外惑星の中にも、その中心星の周りのハビタブルゾーンに入っていると言われるものが存在する。これらが本当にハビタブルかどうか、今後の観測の進展に期待したい。

Exercise

15.1　ペガスス座 51 番星の質量を 1 太陽質量とし、文中の数値を用いて、周回する惑星の質量を求めよ。

15.2　HD209458 を周回する惑星は、視線速度法によって最小質量が 0.69 木星質量、トランジット法によって軌道傾斜角が 86.1 度、半径が 1.4 木星半径と定まった。惑星の真の質量と平均密度を求めよ。HD209458 の半径は 1.2 太陽半径とする。

第 **II** 部

地球・太陽系編

(画像出典：NASA/JPL)

第 1 章　惑星の形状

宇宙船からの映像により、地球はほぼ球形であることがわかる。望遠鏡で見れば木星・土星もほぼ球形である。しかし、よく見ると楕円形になっている。地球や惑星の形状を、基本的な物理法則から考えてみよう。

（画像出典：NASA）

1.1　球形の惑星

1.1.1　球対称の万有引力

　惑星はほぼ球形であり、何らかの物理的な法則、過程を反映していると考えられる。原始太陽系星雲の中で、ガス、ダスト（塵）が集まって微惑星ができ、さらに微惑星が集積して原始惑星が形成された（第Ⅰ部第13章参照）。集積過程が方向に依存しなければ、惑星は形成初期から球形になるだろう。

　成長過程の原始惑星が周囲の物質に作用する主な力は万有引力である。原始惑星の質量を M、集積する物質の質量を m、距離を r、万有引力定数を G（$= 6.67 \times 10^{-11} \mathrm{m^3 kg^{-1} s^{-2}}$）とすると、集積する物質に作用する引力 F は原始惑星に向かい、大きさ F は万有引力の法則で表される。

$$F = G\frac{Mm}{r^2}$$

　原始惑星から見た角度など、方向に関するパラメータが、上式には含まれていないことに着目しよう。物理法則から、集積する物質に作用する力は、原始惑星を中心とする球対称になっている。もし、集積物質が、原始惑星から見て均等な方位に分布しており、初速度分布に偏りがなければ、ほぼ球形に集まっ

てきたであろう。

1.1.2　惑星内部の圧力と流動性

　惑星内部では、上部物質による圧力が作用する。圧力は惑星自体の質量による引力であり、物質の密度が水平方向に一様であれば、球状の惑星では惑星中心に向かう球対称な力となる。このようなことから、球形惑星の内部構造は、第1次近似として、球対称の密度分布になっていると考えてよいだろう。

　仮に、惑星表面に凹凸があったとしよう。凸部の下側の圧力は、凹部と比べて相対的に大きい。水中のように静水圧の圧力が作用するならば、凹凸によって水平方向に圧力差が生じる。この圧力差は物質を水平に動かす力となる。物質に流動性があれば移動し、凹凸を緩和して球面に近づく（**図1.1**）。

図1.1　惑星表面で凹凸がある場合に作用する圧力。水平方向に圧力差が生じる。

　物質の流動性は粘性で表される。どのような物質にも粘性はあり、固体物質の粘性は大きく流動性が低く、液体・気体の粘性は小さく高い流動性をもつ。現在の地球を見ると、表面積の約7割を占める海水面は流動性が高く滑らかである。木星・土星などのガス惑星は同様である。海のない月、火星でも凹凸は高々±1％である。これらの観測事実からすると、固体物質からなる惑星・衛星の内部も流動性をもっていると推測できる。

　粘性の大小は、構成物質だけでなく、温度・圧力にも依存する。特に、温度が高いと粘性は急激に小さくなり、流動性が増大する。地球内部の温度は深さ100 km で約1,000 ℃、中心部では約6,000 ℃と推定されており、内部の物質は球形になるために十分な流動性をもっている。一方、表面付近の岩石は温度が低く粘性が大きいため、ある程度の凹凸は保持される。地球の凹凸は半径の±0.2 ％程度である。

　小惑星など、サイズの小さな天体ではいびつな形状のものが多い。内部の温度が、流動性を十分に生み出すまで高くないためと考えられる（Teatime）。

1.1.3　自転による扁平

　惑星には、自転による遠心力も作用する。遠心力は、回転軸からの距離のもっとも大きい赤道で最大となり、両極でゼロとなる。遠心力の差から、惑星は球から少しずれた扁平な形をしている。扁平の度合いを表す指標として、扁平率 f を用いる。惑星の赤道半径を a、極半径を b とすると、

$$f=\frac{a-b}{a}$$

観測結果から、地球の扁平率は $f\approx 0.0033$、自転の遅い金星では $f\approx 0$（自転周期は約 243 日）、自転の速い土星では $f\approx 0.011$（自転周期は約 0.44 日）である。木星・土星を望遠鏡で観察すると、遠心力は、惑星の形状に影響を及ぼしていることがわかる（**図 1.2**）。

図 1.2　ハッブル宇宙望遠鏡による惑星画像（左：木星、右：土星）。惑星の極半径による円を描くと白い線になる。（画像出典：NASA/HST にもとづく）

1.2　惑星形状のモデル

1.2.1　等引力ポテンシャル面

　水平方向に圧力差のない惑星を考え、その形状をモデル化してみよう。引力は、ポテンシャルという物理量を使って表される。力学的平衡にあるならば、惑星の形はポテンシャルの等しい面（等ポテンシャル面）になっている。

　惑星（質量 M、半径 R）の内部物質の密度分布を球対称とし、距離 r（$r \geq R$）にある物質（質量 m）に作用する引力 F_G（$+r$ 方向を正）を考える。F_G は、惑星中心に総質量 M があるとした場合の引力に等しい（第 I 部第 2 章）。

$$F_G = -G \frac{Mm}{r^2}$$

引力 F_G は、引力ポテンシャル U_G と微分演算子 ∇（ナブラ）を用いて表せる。

$$\nabla = \left(\frac{\partial}{\partial x}, \ \frac{\partial}{\partial y}, \ \frac{\partial}{\partial z} \right)$$

位置 $r(x, y, z)$ における引力を $F_G(r)$、引力のポテンシャルを $U(r)$ とすると、

$$U_G(r) = -\frac{GM}{r}$$

∇U_G（gradient U_G と読む）を使うと、

$$F_G(r) = -m \nabla U_G(r)$$

引力 F_G に逆らって、質点 m を変位 $dr(dx, dy, dz)$ だけ移動したときの仕事 dW は、

$$dW = -F_G \cdot dr = -F_{G,x} dx - F_{G,y} dy - F_{G,z} dz$$

$$= m \frac{\partial U_G}{\partial x} dx + m \frac{\partial U_G}{\partial y} dy + m \frac{\partial U_G}{\partial z} dz = m dU$$

このとき、引力ポテンシャルは dW だけ増加し、引力による位置エネルギーに相当することがわかる。

引力を球座標系の3成分（$F_{G,r}$, $F_{G,\theta}$, $F_{G,\varphi}$）で表そう（図1.3）。

$$\nabla = \left(\frac{\partial}{\partial r}, \ \frac{\partial}{r \partial \theta}, \ \frac{\partial}{r \sin\theta \partial \varphi} \right)$$

となり、

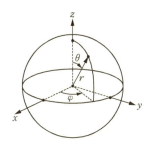

図1.3　x–y–z 直交座標系と r–θ–φ 球座標系。$x = r\sin\theta\cos\varphi$、$y = r\sin\theta\sin\varphi$、$z = r\cos\theta$ である。

$$F_{G,r}(\boldsymbol{r}) = -m\,\frac{\partial U_G(\boldsymbol{r})}{\partial r}$$

$$F_{G,\theta}(\boldsymbol{r}) = -m\,\frac{1}{r}\,\frac{\partial U_G(\boldsymbol{r})}{\partial \theta}$$

$$F_{G,\varphi}(\boldsymbol{r}) = -m\,\frac{1}{r\sin\theta}\,\frac{\partial U_G(\boldsymbol{r})}{\partial \varphi}$$

したがって、半径 R の球形の惑星表面における引力は、

$$F_{G,r}(\boldsymbol{r})\,|_{r=R} = -G\,\frac{Mm}{R^2}$$

$$F_{G,\theta}(\boldsymbol{r})\,|_{r=R} = F_{G,\varphi}(\boldsymbol{r})\,|_{r=R} = 0$$

また、引力ポテンシャルは、

$$U_G(\boldsymbol{r})\,|_{r=R} = -\frac{GM}{R}$$

上式から、球形の惑星表面の引力は場所によらず等しく、水平方向の引力成分はゼロであり、等引力ポテンシャル面になっている。

1.2.2 遠心力ポテンシャル

　惑星は自転しているため、自転による遠心力も作用する。惑星の引力と遠心力の合力が、惑星の重力である。遠心力は赤道で最も大きく、北極・南極ではゼロとなる。このことから、重力の大きさは惑星表面で異なる。また、重力の方向は両極と赤道以外の地点を除き、わずかに惑星中心からずれる（図1.4）。

　自転角速度 ω の惑星における遠心力を考える。惑星中心から r（$\leq R$）の距

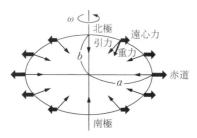

図1.4　自転する惑星に作用する重力。惑星の重力は、引力と遠心力との合力である。

離、緯度 λ、経度 φ の位置にある惑星内部の質点 m に作用する遠心力を F_ω、遠心力のポテンシャルを U_ω とすると、

$$F_\omega = -m \nabla U_\omega$$

一方、質点は半径 $r \cos \lambda$ で回転するので、

$$F_\omega = m \omega^2 r \cos \lambda$$

遠心力は自転軸と直交し外向きになる。自転軸方向を z 軸とする球座標系では、$\lambda = \dfrac{\pi}{2} - \theta$ なので、

$$\nabla = \left(\frac{\partial}{\partial r}, \quad -\frac{\partial}{r \partial \lambda}, \quad \frac{\partial}{r \cos \lambda \partial \varphi} \right)$$

球座標における 3 成分は、

$$F_{\omega, r} = m \omega^2 r \cos^2 \lambda$$

$$F_{\omega, \theta} = m \omega^2 r \cos \lambda \sin \lambda$$

$$F_{\omega, \varphi} = 0$$

これら 3 成分を与える遠心力ポテンシャルとして、次式を考えればよい。

$$U_\omega = -\frac{1}{2} \omega^2 r^2 \cos^2 \lambda$$

1.2.3 等重力ポテンシャル面

惑星の引力と遠心力の合力が、惑星の重力である。重力ポテンシャル U は、引力ポテンシャル U_G と遠心力ポテンシャル U_ω の和となる。

$$U = U_G + U_\omega$$

第 2 次近似としての惑星形状は、等重力ポテンシャル面となる。$U = U_0$ （一定）の等重力ポテンシャル面は次式で表される。

$$U_G + U_\omega = U_0$$

上式に基づき、等重力ポテンシャル面の形状を考えよう。ここでは、簡単化して近似解を求めてみる。

遠心力による完全球からのずれは小さいので、U_ω として半径 R の球面上の遠心力ポテンシャルで近似する。

$$U_\omega \cong -\frac{1}{2}\omega^2 R^2 \cos^2\lambda$$

この仮定のもとでは、

$$-\frac{GM}{r}-\frac{1}{2}\omega^2 R^2\cos^2\lambda = U_0$$

等重力ポテンシャル面の形状として、r を緯度 λ の関数として表せばよい。

$$r=\frac{GM}{-U_0-\frac{1}{2}\omega^2 R^2\cos^2\lambda}$$

U_0 として、遠心力がゼロとなる両極における値を考え、両極の中心からの距離を R とすると $\left(U_0=-\dfrac{GM}{R}\right)$、

$$r=R\frac{1}{1-\dfrac{\omega^2 R^3}{2GM}\cos^2\lambda} \approx R\left(1+\frac{\omega^2 R^3}{2GM}\cos^2\lambda\right)$$

右辺の括弧内にある第 2 項が、等重力ポテンシャル面の球からのずれに対応している。仮に惑星が自転していない（$\omega=0$）とすると、$r=R$ の球となる。また、自転が速いほど第 2 項は大きくなり、等重力ポテンシャル面の形状は球からずれる。そのずれは赤道（$\lambda=0$）で最大となり、自転する惑星は扁平していることがわかる。

1.2.4 回転楕円体による近似

　前節で求めた等重力ポテンシャル面の形状は、緯度のみに依存し経度にはよらないため、自転軸の周りに対称であり、さらに赤道面についても南北対称となっている。遠心力が、自転軸対称および赤道面対称に分布しているためである。幾何学的には、自転軸を含む断面を楕円形と考えてよく、回転楕円体とよばれる。この節では、楕円形の離心率と惑星の扁平率との関係を見てみよう。

　x-z 平面において、x 方向に長軸 a、z 方向に短軸 b の楕円形は次式で表される（図 1.5）。

$$\left(\frac{x}{a}\right)^2 + \left(\frac{z}{b}\right)^2 = 1$$

$x = r\cos\lambda$, $z = r\sin\lambda$ を代入すると、

$$r^2\left\{\left(\frac{\cos\lambda}{a}\right)^2 + \left(\frac{\sin\lambda}{b}\right)^2\right\} = 1$$

楕円形の離心率 $e = \dfrac{\sqrt{a^2-b^2}}{a^2}$ を使うと、

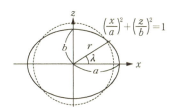

図 1.5 x 方向に長軸 a、z 方向に短軸 b をもつ楕円形。

$$r = b(1 - e^2\cos^2\lambda)^{-\frac{1}{2}}$$

$e \ll 1$ のとき

$$r \cong b\left(1 + \frac{e^2}{2}\cos^2\lambda\right)$$

よって、等重力ポテンシャル面は、$b = R$、$e^2 = \dfrac{\omega^2 R^3}{GM}$ とした楕円形の断面をもつ回転体である（回転楕円体）。このとき、扁平率 f は次式で表される。

$$f = \frac{a-b}{a} \approx \frac{e^2}{2} = \frac{\omega^2 R^3}{2GM}$$

1.3 回転楕円体モデルの検証

1.3.1 モデル値と観測値との比較

地球を例にとると、観測値から赤道半径は 6,378 km、極半径は 6,357 km であり、$f = 0.0033$ となる。一方、自転角速度は $\omega \cong 2\pi$ rad day^{-1} = 7.27×10^{-5} rad s^{-1} であり、地表面における自転速度（$v\omega = \omega R\cos\lambda$）は赤道上で $v\omega \approx 1{,}600$ km h^{-1} に達する。回転楕円体モデルを地球に適用し、扁平率を計算すると、

$$f = \frac{\omega^2 R^3}{2GM} = \frac{(7.27\times10^{-5}\text{s}^{-1})^2 \times (6.357\times10^6\text{m})^3}{2 \times (6.67\times10^{-11}\text{m}^3\text{kg}^{-1}\text{s}^{-2}) \times (6.0\times10^{24}\text{kg})} \approx 0.0017$$

モデル値は観測値と桁は合っているが、半分程度の扁平率である。回転楕円体モデルを他の惑星に適用すると、系統的に観測値よりも小さいものの、観測値

表 1.1　惑星の扁平率

惑星	赤道半径 [km]	質量 [M_E]	自転周期 [日]	f（観測値）	f（モデル値）
水星	2,440	0.0055	58.65	～0	～0
金星	6,052	0.815	243.02	～0	～0
地球	6,378	1	0.9973	0.0033	0.0017
火星	3,397	0.107	1.026	0.0052	0.0023
木星	71,492	317.83	0.414	0.065	0.036
土星	60,268	95.16	0.444	0.108	0.055
天王星	25,559	14.54	0.718	0.023	0.014
海王星	24,764	17.15	0.671	0.017	0.012

＊ M_E（地球質量）＝6.0×10^{24}kg。

が大きい惑星ほどモデル値も大きくなり、惑星形状と自転との関係を説明している（**表 1.1**）。

1.3.2　剛体と流体との中間的形状

　回転楕円体モデルで計算した扁平率は、上述したように、観測値よりも系統的に小さい。モデルでは、遠心力ポテンシャルおよび等重力ポテンシャルを半径 R の球面上の値として近似解を求めた。この近似の物理的意味として、半径 R の変形しない剛体球の上に薄い流体層があり、惑星質量のほぼ全部を剛体球が占めている場合と考えられる。

　実際の惑星内部物質には流動的性質があるので、赤道面はモデルよりも張り出すであろう。仮に地球全体が均質な流体でできているとすると、$f=0.004$ とニュートンにより計算されており、観測値よりも大きくなってしまう。これらのことから、地球内部は流体と剛体の中間の変形をしており、その主な要因は内部物質の密度成層構造や粘性と考えられている。なお、地球の場合、より厳

密な等重力ポテンシャルのモデルが立てられており、地球楕円体とよばれる。

Teatime

でこぼこの彗星

　最近の宇宙探査の高分解能画像から、彗星の詳細な形状が明らかになりつつある。探査機「ロゼッタ」はチュリュモフ–ゲラシメンコ彗星に接近し、小型探査機を分離、着陸させた。チュリュモフ–ゲラシメンコ彗星の軌道は木星引力などの影響で不安定である。現在は、地球付近（1.3 AU）から木星付近（5.7 AU）の楕円軌道をとり、6.6年周期で太陽を周回している。

　チュリュモフ–ゲラシメンコ彗星は球形でなく、2つの塊をつないだ形になっている。それぞれの塊の大きさは約2 km、約4 kmである。総質量は10^{13} kg、平均密度は0.4×10^3 kg/m³であり、不純物を含む氷からできている。太陽に近づいた2014年夏に探査機「ロゼッタ」が、内部から噴出するガス・ダストを鮮明にとらえた。また、詳細な画像から彗星表面に多数の穴があることがわかり、内部に空隙があるとも考えられている。このことから、チュリュモフ–ゲラシメンコ彗星は小破片が集積してできたという説がある。

探査機「ロゼッタ」の撮影したチュリュモフ–ゲラシメンコ彗星。左図において、左側の大きな塊部分は直径約4 km、右側の小さな塊は直径約2 kmである。太陽に近づいた2015年7月には、彗星本体から噴き出すガス・ダストが撮影された（右図、放射状に広がる白い部分）。（画像出典：ESA/Rosetta）

Exercise

1.1　図 1.2 の観測画像から木星と土星の扁平率を計算し、表 1.1 の観測
　　　値と比較せよ。また、自転速度の遅い土星の扁平率が木星よりも大
　　　きい理由を、回転楕円体モデルに基づき考察せよ。

1.2　地球表面における重力は、遠心力により地球中心からわずかにずれ
　　　る。北緯 35° における重力方向は、地球中心から何度ずれるか。

1.3　地球の形成直後、自転速度は現在の 2 倍以上速かった可能性がある。
　　　本章で解説したモデルに基づき、当時の扁平率を推定せよ。

第 2 章　惑星の重力圏

人工衛星や月は、地球の引力により周回し、地球から遠ざかることはない。一方で、地球は太陽の引力により公転し、人工衛星・月も地球とともに公転している。太陽系の空間で惑星の重力はどこまで及ぶのだろうか。

（画像出典：NASA）

2.1　静的な重力圏

2.1.1　太陽−惑星間の引力のつりあい

　太陽と惑星の2つの天体だけを考え、惑星からの引力の方が大きい範囲を検討しよう。太陽の質量を M_S、惑星の質量を M_P、太陽と惑星の距離を r とする。惑星と太陽を結ぶ線を考え、惑星から太陽側に Δr（$\ll r$）の距離のところに質点 m があるとする（図 2.1）。

　このとき、太陽による引力 F_S、惑星による引力 F_P は、それぞれ次式で表される。

$$F_S = G \frac{M_S m}{(r - \Delta r)^2}$$

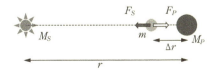

図 2.1　太陽と惑星の引力のつりあい。

$$F_P = G\frac{M_P m}{(\Delta r)^2}$$

G は万有引力定数である。地球の引力の方が大きい範囲では、$F_S \leq F_E$ なので、

$$\frac{M_S}{(r-\Delta r)^2} \leq \frac{M_P}{(\Delta r)^2}$$

両辺に r^2 を掛けると、

$$\frac{M_S}{\left(1-\dfrac{\Delta r}{r}\right)^2} \leq \frac{M_P}{\left(\dfrac{\Delta r}{r}\right)^2}$$

$\left(\dfrac{\Delta r}{r}\right) \ll 1$ なので、

$$\left(\frac{\Delta r}{r}\right)^2 \lesssim \frac{M_P}{M_S}$$

よって、

$$\Delta r \lesssim r\left(\frac{M_P}{M_S}\right)^{1/2}$$

2.1.2　つりあいの外にある月

　惑星は、太陽の引力のもとに公転している。一方、月は地球に落ちることなく、約 38 万 km の平均半径で地球の引力のもとに公転している。月は、太陽-地球の引力のつりあう距離よりも内側にあるのだろうか。

　太陽-地球の場合、$M_S = 2.0 \times 10^{30}$kg, $M_P = 6.0 \times 10^{24}$kg, $r = 1.5 \times 10^8$km なので、$\Delta r \approx 26$ 万 km となる。地球-月間の平均距離は約 38 万 km であり、月の楕円軌道の離心率（$e = 0.055$；第 1 章を参照）を考慮しても、26 万 km よりもはるかに大きい。しかし、月は地球の周りをまわっている。

2.1.3　太陽の周りを回る月

　地球は太陽の周りをケプラー運動をしており（地球の公転）、月は地球の回りを公転する。太陽系としてみた場合、月にも太陽からの引力が作用して太陽を回っており、地球の公転に沿うように運動している。地球の位置を $\boldsymbol{r}_{E-S}$、

図 2.2　太陽から見た月重心の運動（太線）。細線は地球重心の公転軌道にあたり、図では月の地球周りの公転半径を 10 倍に強調してある。

月の地球から見た月の位置を r_{L-E} とすると、太陽から見た月の位置 r_{L-S} は、両方の合ベクトルになる。

$$r_{L-S} = r_{E-S} + r_{L-E}$$

太陽から見た月の軌道を、地球と月の公転を円軌道と仮定し、公転周期をもとに計算してみよう。厳密な軌道ではないが、月軌道の地球公転軌道からのずれは約±0.25 ％にすぎない。地球とほぼ同じ軌道になっていることがわかる（図2.2）。

2.2　動的な重力圏

2.2.1　公転運動の角速度

　月は、地球と太陽の引力を受け、地球につかず離れず太陽の周りを公転している。太陽系として見た月軌道の公転角速度は、地球の公転角速度とほぼ等しくなっている。このように地球とともに太陽を公転できる範囲が、実質的な地球の重力圏になる。この重力圏は太陽周回のケプラー運動を考えた動的な重力圏であり、2.1.1 節で検討した静的な重力圏とはことなってくる。

　太陽（質量 M_S）から距離 r にある質点 m（$\ll M_S$）が円軌道の公転（周期 T、角速度 ω）をしている場合を考えてみよう。公転周期の 2 乗は公転半径の 3 乗に比例するから（ケプラーの第 3 法則）、

$$T^2 = \frac{4\pi^2 r^3}{G(M_S + m)} \cong \frac{4\pi^2}{GM_S} r^3$$

上式は、太陽引力による向心力と、円運動による遠心力とのつり合いから導かれる（第Ⅰ部第 2 章を参照）。$T = \dfrac{2\pi}{\omega}$だから、

$$\omega = \sqrt{GM_S}\, r^{-\frac{3}{2}}$$

したがって、公転運動の角速度は、太陽に近いほど大きく、遠いほど小さい。例えば、ある時点で金星（$T \approx 0.62$ 年）、地球（$T \approx 1$ 年）、火星（$T \approx 1.9$ 年）が太陽との直線上に位置していたとしよう。時間とともに公転が進むと、地球から見て金星は先に進み、火星は遅れていく。

　月のように、地球から少し離れた位置にあり、地球の引力が有効に作用する天体を考えよう。ここで簡単化し、太陽–地球を結ぶ線上に質点 m の天体があるとする。質点 m が地球よりも内側にある場合、地球の引力は太陽の引力と反対向きなので、向心力は小さくなる。もし質点 m の角速度が小さくなれば遠心力も小さくなり、減少した向心力とつりあう太陽周囲の円運動をする。

　地球公転軌道の外側にある質点を考えると、地球の引力は太陽の引力と同じ向きになり、向心力は大きくなる。このため、大きな角速度の円運動をとりうる。結果として、ある範囲にある質点の公転角速度は地球公転の角速度に近く、地球とともに太陽を回ることができるだろう。

2.2.2　動的な重力圏：ヒル圏

　地球から $\pm\Delta r$ の距離（複号の＋は外側、－は内側を表す）にある質点 m が、太陽と地球（質量 M_E）の引力により地球と等しい角速度 ω_E で公転していると仮定しよう（図 2.3）。質点の向心力は、

$$G\frac{M_S m}{(r \pm \Delta r)^2} \pm G\frac{M_E m}{(\Delta r)^2} \approx GM_S m\frac{1}{r^2}\left(1 \mp 2\frac{\Delta r}{r}\right) \pm G\frac{M_E m}{(\Delta r)^2}$$

質点の公転角速度は ω_E であり、先に示したとおり $\omega_E^2 \approx \dfrac{GM_S}{r^3}$ である。よって質点の遠心力は、

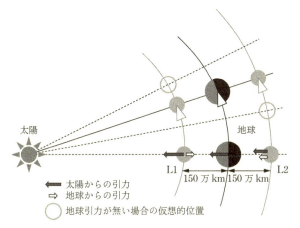

太陽

地球

L1 ← 150万km → 150万km → L2

← 太陽からの引力
⇨ 地球からの引力
○ 地球引力が無い場合の仮想的位置

図 2.3　太陽と地球を結ぶ線上にある天体に作用する力とラグランジュ点 L1、L2。

$$m(r \pm \Delta r)\omega_E^2 = m(r \pm \Delta r)\frac{GM_S}{r^3}$$

向心力と遠心力がつりあっているとすると、

$$GM_S m \frac{1}{r^2}\left(1 \mp 2\frac{\Delta r}{r}\right) \pm G\frac{M_E m}{(\Delta r)^2} = m(r \pm \Delta r)\frac{GM_S}{r^3}$$

上式を整理すると、

$$\Delta r = r\left(\frac{M_E}{3M_S}\right)^{1/3}$$

　したがって、$\pm \Delta r$ の距離にある天体は地球とともに太陽の周囲を公転しうる。太陽‐地球を結ぶ直線上で、$-\Delta r$ にあり太陽側の点をラグランジュ点 L1、Δr にあり太陽と反対側の点をラグランジュ点 L2 とよぶ。L1、L2 よりも遠い位置にある天体は、地球とともに公転することはできない。Δr は惑星重力圏の実質的な指標であり、ヒル半径という。ヒル半径よりも内側の部分はいわば動的な重力圏であり、ヒル圏という。

2.2.3　作用圏

　ヒル半径よりも惑星に近い天体は、惑星の回りを運動することが可能である。地球の場合、$M_S = 2.0 \times 10^{30}$kg、$M_E = 6.0 \times 10^{24}$kg、$r = 1.5 \times 10^8$km を代入

表 2.1　惑星のヒル圏・作用圏の半径。

	水星	金星	地球	火星	木星	土星	天王星	海王星
ヒル圏	90	166	233	317	739	1,076	2,718	4,656
作用圏	46	102	145	170	675	907	2,019	3,498

＊各惑星の半径で規格化してある。

すると、$\Delta r = 1.5 \times 10^6$ km（150 万 km）となる。地球-月間の距離は約 38 万 km なので、月は地球のヒル圏内にあり、地球とともに太陽の周りを公転する。

　ヒル圏内の天体全てが、安定した周回軌道になるとは限らない。月のように安定した周回軌道をとる範囲を作用圏という。惑星周回の向心力、遠心力を考えると、作用圏のサイズ Δr は次の近似解になることが知られている。

$$\Delta r = r \left(\frac{M_E}{M_S} \right)^{2/5}$$

作用圏のサイズは、ヒル半径よりも小さい。地球の作用圏のサイズは約 93 万 km であり、月は十分に作用圏の中にある。

　太陽系の惑星についても、対応した質量・公転半径の値を用いて、それぞれのヒル圏、作用圏のサイズを計算できる（表 2.1）。

2.3　惑星軌道上の力学的平衡点：ラグランジュ点

2.3.1　太陽系の巨大正三角形

　ラグランジュ点は L1、L2 を含め 5 つある。太陽に対し惑星とほぼ反対側にある点が L3 である。L4、L5 は惑星軌道上にあり、太陽-惑星を結ぶ線を底辺とする正三角形の頂点に位置する。これまでに木星、地球、火星、海王星の L4、L5 にダスト（塵）あるいは小惑星が見つかっている。

　木星の L4（木星公転方向の前方）、L5（木星公転方向の後方）には、小惑星が多数あることが知られている。この小惑星群をトロヤ群といい、L4 付近に 2,000 個以上、L5 付近に 1,000 個以上の小惑星が発見されている（図 2.4）。

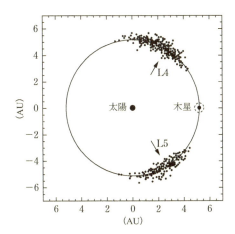

図 2.4　木星のトロヤ群小惑星。黒色の小点が、L4、L5 付近にある小惑星を示す（2002 年 1 月 1 日の時点；Jewitt et al., 2004）。木星周囲の破線円は、木星のヒル半径を示す。

太陽-木星-トロヤ群は、辺の長さが約 8 億 km の巨大正三角形になっている。

　木星の質量は他惑星よりも大きいため、トロヤ群小惑星に作用する引力は太陽および木星からの引力を考えればよい。木星の L4、L5 の位置は力学的に安定した地点であることから（2.3.2 節で解説）、トロヤ群小惑星の起源は太陽系形成の初期と考えられている。有力な説として、木星と同じ軌道上で形成され、木星の成長後にラグランジュ点に落ち着いたというモデルがある。別のモデルでは、太陽系惑星の形成後に木星など惑星の大移動があり、そのときに捕獲された小惑星と考えている。

2.3.2　ラグランジュ点 L4、L5

　トロヤ群のように、太陽（点 S、質量 M_S）と惑星（点 A、質量 M_P）を底辺とする正三角形 SAP の頂点 P に位置する小天体（質量 m）を考え、太陽-惑星の引力のもとに運動するとしよう（図 2.5）。小天体 P が惑星に対して常に同じ位置にいるためには、惑星の軌道中心点・角速度（ω_A）と同じ円運動をすればよい。ここで、$m \ll M_P$ の場合を考え、太陽-惑星の運動において小天体の引力は無視できるとする。

　惑星軌道の中心は太陽と惑星の共通重心 O なので、$\overline{SO}=a$ とすると、

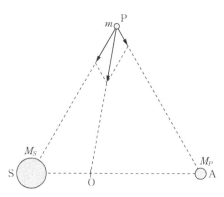

図 2.5　太陽（点 S）、惑星（点 A）のラグランジュ点 L4（点 P）。△ SAP は正三角形であり、点 O は太陽と惑星の共通重心である。

$$\overline{\mathrm{SO}}=\frac{M_P}{M_P+M_S}\,a,\quad \overline{\mathrm{OA}}=\frac{M_S}{M_P+M_S}\,a$$

　小天体に作用する力として、太陽および惑星からの引力と、円運動による遠心力がある。底辺を x 軸とする x-y 座標系をとり、$\angle\mathrm{PSA}=\pi/3$ とすると、引力の x 成分、y 成分は、

$$F_x:\quad \frac{GM_Pm}{a^2}\cos\frac{\pi}{3}-\frac{GM_Sm}{a^2}\cos\frac{\pi}{3}=\frac{G}{a^2}(M_P-M_S)\,m\cos\frac{\pi}{3}$$

$$F_y:\quad -\frac{GM_Pm}{a^2}\sin\frac{\pi}{3}-\frac{GM_Sm}{a^2}\sin\frac{\pi}{3}=-\frac{G}{a^2}(M_P+M_S)\,m\sin\frac{\pi}{3}$$

$$\frac{F_y}{F_x}=-\frac{M_P+M_S}{M_P-M_S}\tan\frac{\pi}{3}$$

よって、$\mathrm{P}\!\left(a\cos\dfrac{\pi}{3},\ a\sin\dfrac{\pi}{3}\right)$ を通り引力と平行な直線の方程式は、

$$y=\left(-\frac{M_P+M_S}{M_P-M_S}\tan\frac{\pi}{3}\right)\!\left(x-a\cos\frac{\pi}{3}\right)+a\sin\frac{\pi}{3}$$

上式で $y=0$ として、SA との交点の x 座標を求めると、

$$x=\frac{2M_P}{M_P+M_S}\,a\cos\frac{\pi}{3}=\frac{M_P}{M_P+M_S}\,a=\overline{\mathrm{SO}}$$

したがって、P に作用する引力の合力は、太陽と惑星の共通重心 O に向かう。

次に角速度を検討しよう。惑星の角速度は、遠心力と向心力のつり合いから、

$$M_P\overline{\mathrm{OA}}\omega_A^2 = \frac{GM_SM_P}{a^2}$$

$$\omega_A^2 = \frac{GM_S}{a^2\overline{\mathrm{OA}}} = \frac{G(M_P+M_S)}{a^3}$$

これは、ケプラーの第3法則にあたる。

小天体に作用する向心力は、

$$\sqrt{F_x^2+F_y^2} = \frac{G}{a^2}\, m\sqrt{M_P^2+M_PM_S+M_S^2}$$

小天体の角速度を ω_P とすると、遠心力と向心力のつり合いから、

$$m\overline{\mathrm{OP}}\omega_P^2 = \frac{G}{a^2}\, m\sqrt{M_P^2+M_PM_S+M_S^2}$$

$$\omega_P^2 = \frac{G}{a^2}\,\frac{1}{\overline{\mathrm{OP}}}\sqrt{M_P^2+M_PM_S+M_S^2}$$

余弦定理から、小天体と共通重心の距離 $\overline{\mathrm{OP}}$ を求めると、

$$\overline{\mathrm{OP}}^2 = \overline{\mathrm{SO}}^2 + \overline{\mathrm{SP}}^2 - 2\overline{\mathrm{SO}}\cdot\overline{\mathrm{SP}}\cos\frac{\pi}{3} = \frac{M^2+M_PM_S+M_S^2}{(M_P+M_S)^2}\,a^2$$

したがって、

$$\omega_P^2 = \frac{G(M_P+M_S)}{a^3} = \omega_A^2$$

以上から、L4、L5 にある小天体は、O を中心として角速度 $\omega_P=\omega_A$ の円運動を行うことができ、正三角形の位置関係が保持される。

2.3.3 ラグランジュ点の安定性・不安定性

ラグランジュ点にある小天体が何らかの原因で、わずかに位置がずれることや、角速度に変化が起きることがあろう。その場合、ラグランジュ点から離れてしまうケースがある。L1、L2、L3 が該当し、力学的に不安定なラグランジュ点である。

L4、L5 は、惑星質量が太陽質量の数十分の1以下であれば、少々ずれてもラグランジュ点を回る軌道となることがわかっている。このことから、L4、

L5 は安定なラグランジュ点である。木星の質量は太陽と比較すれば小さく（約 1/1,000）、かつ、他の惑星よりも大きいため力学的な乱れが小さい。このため、多数の小惑星が存在しうると考えられている。

Teatime

流星群

　夜空に一瞬輝きながら消えていく流れ星。直径 1 mm 程度から数 cm の塵が地球大気に突入し、まさつによって高温になった塵や周囲の大気が光を放つ。流れ星を数多く見られるのが、流星群である。流星群の源は、太陽系の彗星である。

　彗星の軌道上には、彗星から放出された塵が残骸となって分布している。地球の公転軌道が彗星の軌道と交差する場合、彗星起源の塵は地球の引力にとらえられ、多くの流れ星となって地球に落ちてくる。

　有名なペルセウス座流星群は毎年 8 月に見られ、ペルセウス座の方から地球に向かうシャワーのように見える。起源は、約 130 年で太陽を周回するスウィフト-タットル彗星が放出した塵である。流星群の見えるときの地球の位置は、互いの公転軌道の交差点になるため、流星群は毎年同じ時期に出現する。

Exercise

太陽系の各惑星・衛星の公転軌道を平均半径の円運動としたとき、次の問いに答えよ。必要な数値は、理科年表を参照すること。

2.1　太陽と各惑星の共通重心の位置は、太陽半径の何倍か。また、共通重心が太陽の外側に出る惑星はあるか。

2.2　地球と月の共通重心の位置は、地球半径の何倍か。

2.3　木星の衛星であるイオ、エウロパ、ガニメデ、カリストは、発見者のガリレオにちなんでガリレオ衛星とよばれる。各ガリレオ衛星の木星周りの公転軌道半径は、木星のヒル半径の何倍か。

第3章　惑星の大気

地球をはじめ、太陽系の大部分の惑星は大気をもつ。それらの大気を構成する成分や、大気の圧力・温度は、惑星ごとに大きくことなっている。また、地球大気に見られるように、惑星大気には大規模な水平流がある。

（画像出典：NASA）

3.1　惑星大気の組成

3.1.1　太陽系惑星の大気組成

　月・惑星探査から、地球だけでなく比較的濃い大気が現在の金星、火星にもあることがわかっている。一方、水星、月にはほとんど大気がない。探査からわかっている気圧、温度、組成を比較してみよう（**表3.1**）。金星表面では、気圧が地球の90倍程度、平均的な表面温度は450℃程度といずれも高く、濃い大気が存在している。火星表面では、気圧が地球の1/200程度、平均的な表面温度は−90℃程度といずれも低く、相対的に薄い大気である。

　地球大気は、N_2が78％、O_2が21％を占める。一方、金星、火星ともCO_2が95％以上占めており、2番目に多い成分がN_2である。また、火星には極冠とよばれる固体のCO_2（ドライアイス）がある。

　木星、土星、天王星、海王星の大気組成は、地球、金星、火星と大きく異なる（**表3.2**）。これらの惑星大気はH_2、Heが主成分であり、原始惑星系円盤ガスを多く含んでいると考えられている（第I部第13章を参照）。このような

表3.1 地球、金星、火星における大気の気圧、温度、組成（モル分率）の観測値。

惑星	地球	金星	火星
表面気圧 [hPa]	1,013	～90,000	～6
表面温度 [K]	～280	～720	～180
N_2	78 %	3.4 %	2.7 %
O_2	21 %	70 ppm	0.1 %
Ar	0.9 %	20 ppm	1.6 %
CO_2	0.03 %	96 %	95 %
H_2O	0.1～1 %	～0.001 %	～0.03 %

表3.2 木星以遠の惑星大気。1気圧の地点における値を示す。

惑星	主な大気組成（モル分率）	温度 [K]
木星	H_2 (90 %)、He (10 %)	165
土星	H_2 (96 %)、He (3 %)	160
天王星	H_2 (83 %)、He (15 %)、CH_4 (2 %)	76
海王星	H_2 (81 %)、He (19 %)、CH_4 (1 %)	73

大気を一次大気という。一方、現在の地球や火星は固体惑星部分からの脱ガスや生物によって生じた大気であり、二次大気という。

3.1.2 二次大気

二次大気を示す証拠の1つに、大気中のアルゴンがある。希ガスであるアルゴンは不活性ガスともいわれ、化学反応をほとんどしない元素である。また、地球および火星で3番目に多い大気成分である。

自然界のアルゴンの同位体には^{36}Ar、^{38}Ar、^{40}Arがあり、太陽系のアルゴン同位体存在度は^{36}Ar（84 %）、^{38}Ar（16 %）、^{40}Ar（0.03 %）であり、^{36}Ar

が最も多い。しかし、地球大気のアルゴンは、^{36}Ar（0.3%）、^{38}Ar（0.06%）、^{40}Ar（99.6%）であり、^{40}Ar/^{36}Ar＝297 と ^{40}Ar が圧倒的に多い。

^{40}Ar は、半減期約 12 億年で放射壊変する ^{40}K の娘核種であり、カリウムは地球岩石に多く含まれている（第Ⅱ部第 12 章）。マントル由来の岩石を調べると、^{40}Ar/^{36}Ar＞297 であり、地球内部物質中のアルゴンは、大気よりもさらに高い割合の ^{40}Ar を含んでいる。これらのことから、地球大気は内部岩石の脱ガスによる影響を大きく受けていることがわかる。火星大気も ^{40}Ar が多く、内部物質の脱ガスが大気組成に影響していると考えられる。

3.1.3 初期地球の大気

地球の大気は 46 億年の間に大きく変化してきた。特に、生物の光合成により、約 20 億年前から 30 億年前に酸素が増大したことがわかっている（第Ⅱ部第 14 章）。地球大気の組成は、N_2 が 78%、O_2 が 21% であるが、金星、火星とも CO_2 が 95% 以上を占めており、N_2 は 2 番目に多い成分である。

現在の地球の CO_2 ガスは、0.03% と少ない。もともとあった CO_2 は、生物の光合成に使われて O_2 ガスが生み出され、あるいは、海に溶け込み堆積物として固体物質に転じてしまったと考えられている。地球表層の固体物質に含まれる炭素が見積もられており、仮にすべて CO_2 ガスになったとすると、地球の大気組成は CO_2 が約 97%、表面気圧は約 3 万 hPa となる。また、仮に、大気中の窒素はそのまま保持されているとして金星大気の CO_2/N_2（～30）を使うと、同様に、表面気圧は約 3 万 hPa となる。このように、初期地球の大気は金星に似ていたと考えられる。

火星大気は、なぜ地球大気よりも薄いのだろうか。大きな要因として、太陽風により火星大気がはぎとられてきた可能性がある。火星磁場が約 40 億年前に消失した結果、火星大気は太陽風に直接さらされてはぎとられ、少しずつ減ってきたという考えである。現在も、火星大気は少しずつ失われている。

地球・火星では二次大気が形成されたが、一次大気のゆくえについて大きな問題が残されている。原始惑星系円盤ガスが散逸してしまったあとで地球が形成され、一次大気はなかったのか、あるいは、惑星形成のときには一次大気があっても形成後に何らかの理由で失われたのかという問題である。H_2 が地球

中心核に溶け込んでいる可能性も指摘されており、未解決の問題である。

3.2　惑星大気の温度・圧力

3.2.1　放射平衡温度

　惑星大気の温度は、太陽表面からの放射エネルギー、惑星表面からの放射エネルギー、惑星内部からの熱放出によって決まると考えてよい。

　太陽の表面温度を T_S とすると、シュテファン-ボルツマンの法則から、単位時間・単位面積あたりの放射エネルギーは σT_S^4 である（σ はシュテファン-ボルツマン定数；第 I 部第 3 章を参照）。太陽半径を R_S、惑星の公転半径を r とすると、惑星の受け取る単位面積当たりの放射エネルギーS は、次式で表される。

$$S = \frac{4\pi R_S^2 \sigma T_S^4}{4\pi r^2} = \left(\frac{R_S}{r}\right)^2 \sigma T_S^4$$

地球周辺では $S \cong 1{,}370\,\mathrm{W\,m^{-2}}$ であり、S は太陽定数とよばれる。

　一方、地球内部からの熱放出は、地球全体の観測平均値として約 $70\,\mathrm{mW\,m^{-2}}$ であり（第 I 部第 9 章）、太陽定数と比べ極めて小さい。したがって、地球では、太陽から受け取る放射エネルギーと、地球表面から出て行く放射エネルギーがつりあう表面温度になっている状態にあると考えればよい（放射平衡；図 3.1 左）。

　地球全体が一定の表面温度 T になっているとしよう。地球の断面積 πR_E^2（R_E は地球半径）と太陽光に対する反射率 A（$0 \leq A \leq 1$）を考えると、地球の

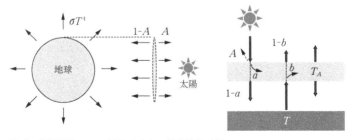

図 3.1　地球の放射平衡モデル（左）と大気の温室効果（右）。

受け取る太陽の放射エネルギーは、$\pi R_E{}^2 (1-A)S$ である。地球から出て行く放射エネルギーは、地球の表面積を考え、$4\pi R_E{}^2 \sigma T^4$ となる。これらがつりあう放射平衡における表面温度は、

$$T = T_S \sqrt[4]{\frac{1-A}{4}\left(\frac{R_S}{r}\right)^2}$$

観測から $A \approx 0.3$ と推定されており、$T_S \approx 5{,}780$ K、$R_S \approx 7 \times 10^5$ km、$r \approx 1.5 \times 10^8$ km なので、

$$T \approx 255 \text{ K} = -18\,℃$$

このように、単純な放射平衡モデルに基づくと、地球は寒冷な気候になる。

3.2.2 大気の温室効果

　実際の地球では大気による温室効果が作用し、温暖な環境になっている。地球大気は H_2O や CO_2 を含み、可視光を通しやすく、赤外線を吸収しやすい性質がある。主な太陽光は可視光であり、常温の地表が放射する光の波長は赤外線帯域であるため、地球大気は地表の放射エネルギーが宇宙空間へ逃げることを抑制する効果を持つ。

　大気の太陽光に対する反射率を A、吸収率を a、地表からの赤外線放射に対する吸収率を b としよう（**図 3.1 右**）。大気上層への昼夜平均入射量 I は、

$$I = \frac{(1-A)\pi R_E{}^2 S}{4\pi R_E{}^2} \approx 240 \text{ W m}^{-2}$$

地表および大気のそれぞれで、入射・放射のエネルギーバランスが成り立っているとしよう。地表の温度 T、大気の温度を T_A とすると、

$$\text{地表} \quad (1-a)I - \sigma T^4 + \sigma T_A{}^4 = 0$$
$$\text{大気} \quad aI + b\sigma T^4 - 2\sigma T_A{}^4 = 0$$

これらから、

$$T = \sqrt[4]{\frac{2-a}{2-b}\frac{I}{\sigma}}$$

温室効果が最大となるケースでは（$a=0$, $b=1$）、$T \approx 303$ K $= 30\,℃$ である。後述するように、地表の平均気温は約 $15\,℃$ と推定されており、地球の気候にとって、大気の温室効果が重要な役割を果たしている。

3.2.3　大気の静水圧平衡

　上空では気圧が急減し、地球大気の大部分は数十 km より低い高度に分布している。天体内部構造の検討と同様に、惑星大気の圧力・密度について物理的モデルをたててみよう。

　高度 z における大気の圧力を $p(z)$、密度を $\rho(z)$ とし、高度が z と $z+\Delta z$ の間にある厚さ Δz の薄い層における力のつりあいを検討する。大まかな構造として、大気は静水圧状態にあるとしてよいだろう。このとき、単位面積あたりの大気層（質量 $\rho(z)\Delta z$）を考えると、下側からは上向きの圧力 $p(z)$、上側からは下向きの圧力 $p(z+\Delta z)$ が加わっている。また、重力加速度を g とすると、重力による下向きの力 $g\rho(z)\Delta z$ が加わる。したがって、

$$p(z)=p(z+\Delta z)+g\rho(z)\Delta z$$

$p(z+\Delta z)$ を展開して Δz の 1 次の項で近似すると、

$$p(z+\Delta z)\cong p(z)+\frac{dp(z)}{dz}\Delta z$$

よって、圧力、密度の高度変化に関する微分方程式を得る。

$$\frac{dp(z)}{dz}=-g\rho(z)$$

　次に、気体の状態方程式を考え、圧力と密度のもう 1 つの関係式を導こう。大気を理想気体と仮定し、大気圧を p、体積を V、温度を T、体積 V に含まれる気体の量を n [mol]、気体定数を R（$=8.31\ \mathrm{J\ K^{-1}mol^{-1}}$）とすると、

$$pV=nRT$$

ここで、大気の 1 mol の質量を μ とすると、体積 V の大気の質量は $n\mu$ となる。したがって、

$$\rho V=n\mu$$

上式と状態方程式から、

$$\rho=\frac{\mu}{RT}p$$

圧力に関する微分方程式の ρ に代入すると、

$$\frac{dp(z)}{dz}=-\frac{g\mu}{RT}p(z)=-\frac{1}{H}p(z),\quad H\equiv\frac{RT}{g\mu}$$

g、μ、T が高度 z によらず一定と仮定すると、

$$p(z)=p(0)\exp\left(-\frac{z}{H}\right)$$

この場合、大気圧は指数関数的に減少し、高度 H で気圧は e^{-1}（≈ 0.368）になる。H は大気の厚さの代表値であり、スケールハイトという。地球大気のスケールハイトは約 8 km であり、ほぼ対流圏（後述）の厚さである。

3.2.4 地球の標準大気モデル

　地球の大気は高度によって大きく変化する。さまざまな観測データから、温度・圧力などの高度変化についてモデルがつくられており、標準大気モデルという（図 3.2）。

　地球大気の組成については、高度約 100 km までは乱流により混合されており、組成を一定としてよい（平均分子量～29）。100 km 以上の高さになると、大気が薄くなり気体分子どうしの衝突が減少して、混合の度合いは低くなる。そのため、各気体分子の質量に応じて分布する傾向が強くなる。高度 400 km の平均分子量は約 16 と酸素原子程度になり、高度 1,000 km では約 4 とヘリウム原子程度になる。一般に、上空になるほど軽い分子・原子が多くなる。

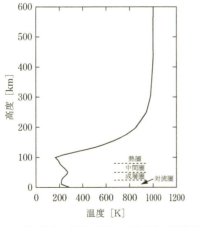
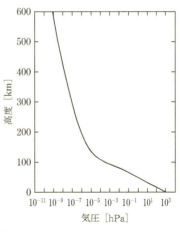

図 3.2　地球大気の温度・圧力の高度変化（標準大気モデル）。

　温度構造を見ると、対流圏、成層圏、中間圏、熱圏に分けられる（図 3.2）。
それぞれの境界面の高度は、約 11 km、約 50 km、約 80 km である。対流圏
の大気は水蒸気を多く含み、温度は高度とともに急激に低下する（約
6.5 ℃ km^{-1}）。対流が活発であり、雲や降雨が生じる。成層圏では、大気に含
まれるオゾンが太陽紫外線を吸収し、温度が高度ともに高くなる。この温度構
造のため、熱対流など鉛直方向の大気運動は大きくはない。中間圏ではオゾン
が減少し、圧力も 1/1,000 気圧以下と希薄になり、温度は高度とともに低下す
る。熱圏では、窒素・酸素の紫外線吸収により、温度は高度ともに上昇する。
また、太陽活動が高いと、より温度が上昇する。

　大気の層構造の分け方として、電離した気体（イオン、電子）に着目する方
法がある。中間圏まではほぼ中性大気であり、熱圏になると電離した気体が増
加する。高度約 60 km から 1,000 km くらいまでを電離圏といい、いくつかの
電離層がある。最大の電離度は 0.1 ％程度である。電離の主な原因は、太陽紫
外線による大気粒子の光電離である。電離圏の上部で 1 万〜2 万 km くらいま

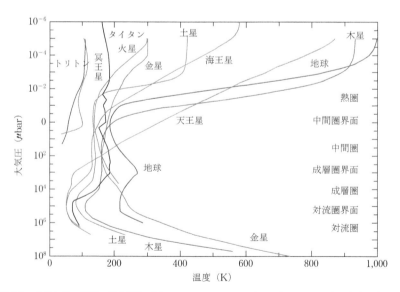

図 3.3　惑星大気の温度の鉛直構造（Mueller–Wodarg et al.（2008）にもとづく）。高度の指標と
して、大気圧を縦軸にとってある。1 μbar＝0.1 Pa。

でをプラズマ圏とよぶ。後述するように、地球は磁場をもっており（第4章）、プラズマ圏の電離気体は地球磁場に閉じ込められている。プラズマ圏のさらに上空を磁気圏といい、地球磁場の到達範囲である。地球大気物質の到達範囲は、基本的に磁気圏内と考えてよい。

　木星以遠の惑星・衛星についても、大気の探査・観測がおこなわれている。ガリレオ探査機、カッシーニ-ホイヘンス探査機による大気の直接観測や、人工衛星搭載の分光機器によるリモートセンシングなどがある。大気を持つ惑星・衛星の温度を大気圧に対して描くと、地球大気と類似した構造が少なからず見られる（**図3.3**）。今後の探査により、惑星大気のより正確な構造がわかるであろう。

3.3　大気の大規模流

3.3.1　惑星大気の水平流

　惑星大気には、水平方向の惑星スケールの流れがある。地球の大規模な流れの代表的速度は $30\,\mathrm{ms^{-1}}$ であり、赤道地域では強い東風（貿易風）、中緯度地域では強い西風（偏西風）がある。金星の地表付近では $1\,\mathrm{ms^{-1}}$ 程度のゆるやかな流れがあり、上空ではスーパーローテーションとよばれる速い東風（$100\,\mathrm{ms^{-1}}$）が吹いている。木星・土星・天王星・海王星でも、数十 $\mathrm{ms^{-1}}$ から数百 $\mathrm{ms^{-1}}$ の強い東西流がある。地球以外の大規模流の原因は、まだ十分には解明されていない。

3.3.2　水平方向の対流

　地球大気を例にとって、水平方向の大規模流を検討してみよう。水平方向の流れは、水平方向の気圧差（気圧傾度）による力が直接的な原因と考えられる。高度の等しい面を考えたとき、気圧の高いところから低いところへ大気は流れる。

　惑星スケールの気圧差を生み出す要因として、太陽光の入射量が緯度によってことなることが重要である。例えば、惑星の公転面に対して自転軸が垂直な場合、緯度 λ における単位面積当たりの入射量は、$\cos\lambda$ に比例し、太陽光入

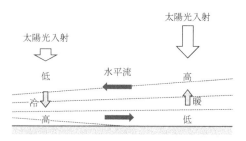

図 3.4　水平対流の生じるメカニズム。太陽光入射の差がある場合を考えている。点線は等圧線。「高」・「低」は、同じ高度で相対的に気圧が高い所・低い所を表す。

射は緯度 60° では赤道の半分となる。

　水平方向に温度差が生じたモデルを考えてみよう（図 3.4）。図の右側の太陽光入射が多いとすると、地表温度が高くなって上空大気は温められる。一方、左側では太陽光入射が少ないとすると、地表温度は下がり大気は冷たくなる。暖かい右側では大気が膨張し、冷たい左側では収縮するため、等圧線は右上がりになる。このことをある一定高度で見ると、右側の気圧が高くなるため気圧傾度が生じ、上空の右から左へ水平流が生じる。大気が水平に移動すると左側の大気が多くなり、地上付近の気圧が高くなる。地表付近の気圧傾度により、地上では左側から右側へ水平流が生じる。このようにして、水平スケールの大きな定常的対流が生じうる。

　地球大気に緯度方向の流れがなければ、大気の温度は、その緯度ごとで太陽光吸収エネルギーと赤外線放射エネルギーがつりあいで決まる。もし、緯度方向の大規模な流れによって熱を輸送し、大気が地球全体で等温になったとすると、赤道地域では太陽光吸収エネルギーが赤外線放射エネルギーを上回り、高緯度地域では下回る。人工衛星による地球観測では、これらのモデルの中間になっていることがわかった。したがって、地球には緯度方向の大規模な流れ、つまり、ある規模の水平対流が作用している。赤道地域と高緯度地域との水平対流をハドレー循環という。

3.3.3　大気に作用するコリオリ力

　地球の大規模な流れをみると、赤道から極へ向かう 1 つの流れではなく、赤

道地域から中緯度地域の水平対流（ハドレー循環に相当）、中緯度地域から高緯度地域の水平対流（フェレル循環）、高緯度地域の水平対流（極循環）に分かれる。ただし、これらの循環は緯度方向の速度成分に見られる平均的な流れであり、実際には偏西風や貿易風のように東西方向の流れが強い。

　惑星は自転しており、大気は重力により惑星表面に留まりながら回転する。大気の実際の流れは、自転する表面に対する相対的な運動として考えればよい。この場合、大気の運動方程式を惑星に固定した回転座標系で表す必要がある。回転座標系の運動方程式では、遠心力以外の仮想的な力も現れ、コリオリ力とよばれる。大気の運動は、コリオリ力の影響を大きく受けている。

　角速度 Ω で回転する平面に固定した座標系では、速さ v で動く質点 m に作用するコリオリ力は、大きさが $2m\Omega v$、方位は速度方向と垂直になる。自転角速度 Ω の惑星表面において、緯度 λ の地点における水平面を考えるとき、自転を角速度ベクトル $\boldsymbol{\Omega}$ で表すとわかりやすい。緯度 λ の地点における水平面の鉛直軸まわりの回転角速度成分は $\Omega \sin \lambda$ である。赤道では、水平面の鉛直軸まわり回転はなく、コリオリ力もゼロである。地球では、北半球で角速度ベクトルが水平面に対して上向きになり、南半球では下向きになるため、コリオリ力は、北半球では速度（進行方向）に対して右側に作用し、南半球では左側に作用する。コリオリ力の重要度は、大気の運動の時間・空間スケールによってことなる。

　偏西風、貿易風では、コリオリ力が重要な役割をもっている。コリオリ力の作用する方向は北半球・南半球で反対になるため、偏西風・貿易風とも赤道面対称になっている。

Teatime

プラズマ圏

　2000 年以降、地球のプラズマ圏の全体像を、人工衛星により観測できるようになった。図は、人工衛星 IMAGE（NASA）搭載の分光観測器で、北側のプラズマ圏を地球半径の 6 倍の距離から撮像した

ものである（2000 年 5 月 24 日）。図の灰色（原図では緑色）は He⁺ の発する紫外線を表す。太陽は右下方向にあり、白色の円形は地球を示している。

　昼側の大気は白く輝いており（図中の Airglow）、夜側は地球の影（Earth's Shadow）になって色が薄い。地球の円形の中で白く光る楕円形はオーロラ（Aurora）の発生しているところである。

　図で見られるように、プラズマ圏はきれいな球になっているわけではなく、噴き出し（Drainage Plume）や丸い出っ張り（Shoulder）など、凸凹がある。このような形状は時間とともに変化していることも観測からわかった。

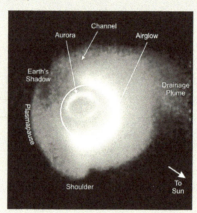

（画像出典：Sandel et al., 2003）

Exercise

3.1　地球の大気圧の高度変化を数値的に検討しよう。地球大気の組成、重力加速度を一定とし、次の検討をせよ。

（1）窒素ガスが 80 ％、酸素ガスが 20 ％とし、大気 1 モルあたりの質量を求めよ。

（2）地表での平均的な気温は約 15 ℃（288 K）、高度 11 km では約 −57 ℃（216 K）なので、大気全体の温度を 250 K と仮定し、スケールハイトを求めよ。

(3) 求めたスケールハイトを使って大気圧を計算し、次の表の標準大
気モデルと比較せよ。

高度 [km]	0	5	15	30	50
気圧 [hPa]	1,013	540	121	12	0.8

3.2 表 3.1 と表 3.2 の値を使って、惑星大気のスケールハイトを計算せ
よ。ただし、大気の組成を一定とし、重力加速度および温度を惑星
表面の値のまま一定と仮定すること。

第 4 章　惑星の磁場

多くの太陽系惑星は、惑星ス
ケールの磁場をもっている。
惑星磁場は、太陽風のプラズ
マ粒子と相互に作用し、惑星
周囲の限られた空間に分布し
ている。また、惑星磁場は時
間とともに変動し、逆転や消
滅もあった。

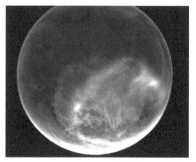

（画像出典：NASA）

4.1　地球の磁場

4.1.1　現在の地磁気

　地球の磁場を地磁気という。地磁気は、世界の地磁気観測所や人工衛星によ
り観測されている。1900 年以降は 5 年間隔で、国際標準地球磁場
(International Geomagnetic Reference Field) として取りまとめられている。
例えば、2015 年の国際標準地球磁場は IGRF-2015 ともよばれている。

　IGRF-2015 の図を見ると（**図 4.1**）、地磁気の強さ（全磁力）は低緯度地域
で約 30 μT（1 μT＝10⁻⁶ T）、高緯度地域で約 60 μT であり、一般に緯度が高

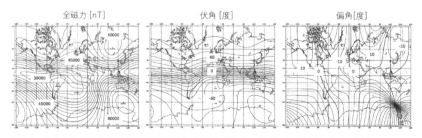

図 4.1　2015 年 1 月 1 日の地表面における地磁気（Thebault et al., 2015 にもとづく）。

くなると全磁力は大きくなる。地磁気方位のうち、水平面からの角度を伏角という（下向きを正）。伏角は赤道付近で小さく、水平に近い磁場となっている。大部分の北半球地域では下向きであり、大部分の南半球では上向きとなっている。地磁気の伏角が＋90°（真下方向）の地点を磁北極、−90°（真上方向）の地点を磁南極、0°（水平方向）のところを磁気赤道という。地磁気が地理的北方位からずれている角度を偏角という（東回りを正）。偏角は、高緯度地域を除き、±20°以内になっており、おおよそ北方向にある。

IGRF-2015 に基づくと、北緯35°、東経140°（東京付近）の地磁気は、水平面から約47°下側、西へ約7°の方向にあり、強さは約46μT である。

4.1.2 地球の磁力線

地磁気は、地球中心に置いた棒磁石のつくる磁場によく例えられる。棒磁石の作る磁場とはどのようなものだろうか。地球の磁場は、どうして棒磁石の磁場に例えられるのだろうか。

2つの磁石を近づけると、N極とS極が引き合う。これは片方の磁石のつくる磁場により、もう一方の磁極に引力が作用するからである。磁石の周りに磁針のような小さな磁石を置くと、位置によって磁針の向きが異なる（**図 4.2**）。磁針の指す方向に沿って少しずつ磁針を動かしていくと、軌跡はN極からS極へつながる1つの曲線になる。この曲線を磁力線とよぶ。

磁場は目に見えないが、磁力線を使って考えるとイメージしやすい。磁石の周囲の磁力線は、N極から出て空間に広がり、S極へ向かっていく。磁力線の

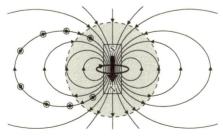

図 4.2　棒磁石あるいは環状電流の作る磁場。実線は磁力線、太矢印は磁気双極子モーメントを表す。地球表面の磁場は、円周上の磁場にあたる。

接線方向が、磁場の方向になっている。N、S の磁極付近では磁力線が集中する。磁石の中では、S 極に入った磁力線が N 極へ行き、N 極から磁石の外へ出ていく。一般に磁力線は閉じた曲線であり、多くの磁力線を束ねている物質を磁石と考えればよい。

磁場の強さは、単位面積当たりの磁力線の面密度に比例すると考えればよい。磁力線の面密度を見ると、磁極付近で磁場は強く、磁極から離れると磁力線の密度が小さくなって磁場は弱くなる。磁石の強さは、発生する磁力線の総数で決まる。

4.1.3　地磁気双極子

一対の N・S 極を磁気双極子といい、磁気双極子の作る磁場を双極子磁場という。磁気双極子は、S 極から N 極へ向かう磁力線方向のベクトルを使って表す。地磁気を磁気双極子で表す場合、S 極が地球の北極側、N 極が地球の南極側にある磁気双極子となる（図 4.2）。

実際の地球中心に棒磁石はなく、電流が流れ電磁石のように磁場を発生している。電磁石に例えると、流れる電流が大きいほど、またコイルの面積が広いほど、発生する磁力線は多く、強い磁気双極子になる。コイルの巻数を増やせば、合計の電流は大きくなり磁気双極子は強くなる。磁気双極子は、合計の電流 I と電流の流れる面積 S、電流の面の法線ベクトル n を使って表される。

$$M = ISn$$

M を磁気双極子モーメントという。

地磁気は地球中心に置いた磁気双極子のつくる磁場で近似できることがわかっている。このような磁気双極子を地磁気双極子といい、2015 年の地球では $M = 7.8 \times 10^{22}$ A m^2 である。ただし、自転軸から約 10° 傾いている。

磁気双極子 M が座標原点にあるとき、真空中の磁束密度 B と磁場 H は、位置ベクトル r と真空の透磁率 μ_0（$= 4\pi \times 10^{-7}$ Hm^{-1}；SI 単位系）を使い次式で表される。

$$B(r) = \mu_0 H(r) = \frac{\mu_0}{4\pi}\left(-\frac{M}{r^3} + 3\frac{M \cdot r}{r^5}r\right)$$

物質の透磁率は、磁性体を除きほぼ μ_0 と等しいので、磁束密度 B を磁場 H と

同じ意味合いで使うことが多い。B の単位は T（テスラ；SI 単位系）、H の単位は Am^{-1} である。地磁気双極子モーメントの方向を延長し、地表との交点で北側（下向きの磁場）を地磁気北極、南の交点（上向きの磁場）を地磁気南極という。これらは地磁気を磁気双極子で近似したときの磁極であり、観測から決められた磁北極、磁南極とはことなる。

　地磁気双極子の式からわかるように、地球表面の地磁気は、おおよそ北半球の大部分で下側、南半球で上側を向き、赤道付近でほぼ水平である。

4.2　磁気圏

4.2.1　地磁気の到達範囲

　人工衛星観測から、磁力線の広がりは、太陽側で地球半径の 10 倍程度の距離までに限定され（約7万 km）、太陽と反対側では地球半径の100倍から1,000倍程度の距離まで伸びていることがわかっている。地磁気の及ぶ範囲を地球磁気圏という。

　地球磁気圏の範囲は、地磁気の強さと太陽風の強さによって決まっている。太陽風は、太陽表面で電離し放出された高速のプラズマ粒子であり、主にプロトン（陽子、H^{+}）と電子からなる。太陽フレアの発生などを除き、地球付近の宇宙空間では、$1\,cm^3$ あたり数個のプラズマ粒子が $400\,km\,s^{-1}$ 前後の速さで飛来している。地球近傍における太陽風中の磁場は数 nT である。

　太陽風は荷電粒子であるため、地磁気による電磁気的な力（ローレンツ力）を受けて軌道が変化し、磁気圏内部に入りにくくなっている。太陽風の流れとしては、磁気圏を避けて流れる流体としてイメージすればよい（**図 4.3 左**）。

　太陽風プラズマ粒子の流れは、磁気圏に対し圧力を加えるように作用する。閉じ込められた磁気圏の磁場は反発力を生じ、あるところで太陽風の圧力とつりあう。つりあいの面が磁気圏の境界になる。太陽風プラズマ粒子の速さ・密度が大きくなれば、あるいは地磁気が弱くなれば、地球磁気圏は小さくなる。

　磁気圏の空間的スケールは、地球引力の範囲であるヒル半径（約150万km；第2章）よりも小さい。現在の月の公転軌道半径は約38万 km であり（地球半径の約60倍）、1公転の間に磁気圏を出たり入ったりしている。満月のと

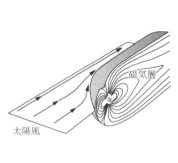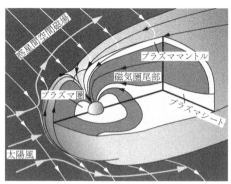

図 4.3　地球磁気圏の磁力線構造（左）とプラズマ構造（右）。

きは磁気圏の中にあり、三日月、半月のときは太陽風中にある。月には磁場も
大気もないため、三日月、半月の明るい部分は、太陽光だけでなく太陽風にも
さらされている。

4.2.2　太陽風の圧力

　太陽風の圧力を定量的に検討しよう。太陽風のプラズマ粒子は、磁気圏の境
界ではねかえされている。この面における太陽風プラズマの圧力は、プラズマ
イオン粒子の反射による力積を考えればよい（太陽風の動圧）。

　太陽風プラズマの数密度を n、粒子 1 個の平均質量を m、速さを v とすると、
粒子 1 個の運動量は mv である。反射を完全弾性衝突と考えると、反射したプ
ラズマ粒子の運動量は $-mv$ なので、反射面に $2mv$ の力積が加わる。この力
積が、太陽風による圧力を生み出す。単位面積、単位時間あたりに nv 個のプ
ラズマ粒子が反射するから、太陽風の圧力 p は、

$$p = 2mv \times nv = 2nmv^2$$

　フレアが生じたとき、密度の高い太陽風プラズマ粒子が $1{,}000\,\mathrm{km\,s^{-1}}$ くら
いになって地球近傍を通過することがある。このときの圧力は通常の数倍にな
り、地球磁気圏は収縮し、磁気嵐や活発なオーロラが生じる。

4.2.3 オーロラ

　宇宙空間のプラズマ電子が地磁気の磁力線に沿って地球大気に突入・衝突し、大気分子が発光する現象が、オーロラである。最もよく見られる緑色の発光は、高度 100―200 km における酸素原子の放射である。大気が濃くなるとプラズマ電子は大気分子に衝突して進めなくなるため、比較的希薄な大気層でオーロラは生じる。

　オーロラを引き起こすプラズマ電子の起源は、地球磁気圏の反太陽側（磁気圏尾部）にあるプラズマシートと考えられている。磁気圏尾部では、地磁気磁力線が太陽風の磁場と結合し、後方へ流されるように変形している（図4.3左）。この変形のため、磁気圏尾部の磁力線は南北反平行の状態になっており、その付近には太陽風から侵入したプラズマがシート状（プラズマシート）に遠方まで存在する（図4.3右）。

　オーロラは南北両磁極を中心とする帯状地域に発生することから（オーロラ・オーバル；第3章 Teatime、本章冒頭図を参照）、プラズマ電子は限定された磁力線に沿ってくると考えられる。現在のモデルでは、地球半径の10倍程度の距離にあるプラズマシートから飛来するプラズマ電子が、太陽風の強度増加などの原因で地磁気方向に加速され、磁力線に巻きつくようにしながら南北両方向へ進み、地球大気に到達すると考えられている。

4.2.4 惑星の磁気圏

　惑星探査の結果から、磁場を持つ惑星が多いことがわかっている。天体の磁場の強さを比較するときには、天体中心からの距離に左右されない磁気双極子モーメントの大きさを用いる（表4.1）。

　惑星は、磁場の大きさと太陽風の強さに応じた磁気圏を持っている。太陽から遠いほど太陽風のプラズマ密度は小さくなり、太陽風の圧力が小さくなる。

　木星の場合、磁気圏の大きさは木星半径の数十倍である。木星の衛星であるガニメデは惑星と同様に大規模な磁場をもっているが、木星磁気圏内を公転するため、磁力線は木星磁場とつながっている。イオ、エウロパ、カリストも木星磁気圏内にあり、木星磁場の変化に起因する誘導磁場が観測されている。

　水星については、公転軌道半径が約 0.4 au（au は天文単位を表す記号で、

表 4.1　太陽系天体の磁気双極子モーメントおよび表面における磁場の強さ。地球の値を 1 として表示してある。

	磁気双極子モーメント	表面における磁場強度
水星	0.0005	0.01
金星	～0	0
地球	1	1
月	～0	0
火星	～0	0
木星	2,000	1.4
ガニメデ	0.002	0.03
土星	500	0.6
天王星	50	0.8
海王星	30	0.5
太陽	2×10^7	15

1 au＝約 1 億 5,000 万 km）と小さいため太陽風の圧力が強いこと、水星磁場が弱いことから、磁気圏の大きさは水星半径の高々1.5 倍程度である。

4.3　地磁気の時間変化

4.3.1　地磁気の連続観測

　国際標準地球磁場（IGRF）にもとづき 1900 年以降の地磁気双極子モーメントを計算すると、少しずつ減少していることがわかる（図 4.4 左）。特に、南大西洋で相対的に弱い地域が広がっている。また、磁北極の位置は、1900 年から 2010 年の期間に緯度にして十数度移動している（図 4.4 右）。このように、地磁気の強さ・方位ともは時間とともに変化しており、地磁気永年変化

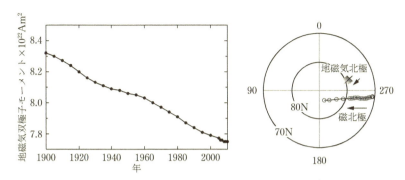

図 4.4　地磁気の全磁力永年変化（左）と磁北極・地磁気北極の時間変化（右）。

とよばれる。

　地磁気双極子の方位にあたる地磁気北極の位置は、1900 年からあまり変化していない。したがって、地磁気方位の永年変化は、双極子磁場以外の地磁気成分の変化に主な原因があると推測される。

4.3.2　地磁気の記録：岩石の残留磁化

　地磁気の観測は、大航海時代の偏角の測定も含めると 500 年間程度になる。この期間だけでも、地磁気は時間とともに変化してきた。地磁気双極子の大きさを例にとると、過去 100 年間に約 7 ％減少している（**図 4.4 左**）。

　観測期間以前の地磁気は、岩石の磁化（磁石としての性質）を使って推定できる。岩石には微小な磁性鉱物が多数含まれている。例えば、溶岩には、大きさのさまざまなチタン磁鉄鉱（$Fe_{3-x}Ti_xO_4$, $x=0$-1）が含まれる。大きな粒子は 100 μm 程度であり、光学顕微鏡でも観察できる。小さな粒子は 1 μm 以下であり、電子顕微鏡でないと見ることができない。通常の溶岩には 1 cm^3 あたり 1 万個以上の磁性鉱物が含まれる。

　磁性鉱物の一つ一つが小さな磁石であり、岩石ができるとき、磁性鉱物の磁化方位は周囲の地磁気に平行になる確率が高くなる性質がある。結果として、岩石は地磁気方位の磁化をもつ（残留磁化）。火成岩は冷却・固化し、さらに冷却していくときに残留磁化を獲得する。堆積岩は、磁性粒子を含む岩石粒子や生物遺骸などが堆積したときに残留磁化を獲得する。

　岩石の残留磁化には、10 億年間以上経過しても当初の磁化を安定に保持している ものがある。安定した残留磁化をもつ岩石を利用し、過去の地磁気を復元することがおこなわれている。

4.3.3　地磁気の逆転

　いろいろな年代の岩石の残留磁化を測定すると、現在と同じ方向の磁化と、反対方向の磁化がみつかる。世界各地のさまざまな岩石について測定すると、岩石の年代によって磁化を区分できることから、ある年代では地磁気が逆転していたことがわかった。地磁気双極子の向きが反対だったことは、棒磁石のN・S極が逆になったこと、あるいは電磁石の電流の向きが反対になったことに相当する。

　地磁気双極子の向きが現在と同じ期間を正磁極期、反対向きの期間を逆磁極期という。これまでの地磁気復元から、過去約 1 億 7,000 万年間に約 300 回の逆転があったことがわかる（図 4.5）。最も近い年代の逆転は、約 80 万年前に起きた。逆転は正確な周期で現れるわけではなく、磁極期の長さはさまざまである。非常に長い磁極期もあり、白亜紀には正磁極期が約 4,000 万年間継続した。過去数億年間の地磁気逆転をみると、正磁極期と逆磁極期はおおよそ半々だったと推定されている。

ジュラ紀	白亜紀	第三紀	第四紀
1億5,000万年前	1億年前	5,000万年前	現在

図 4.5　現在から約 1 億 7,000 万年前までの地磁気逆転。黒色で示した期間は現在と同じ正磁極期、白い部分は逆向きの逆磁極期である。

4.4　火星・月の過去の磁場

　火星、月には、地球のような大規模な磁場は存在していない。しかし、人工衛星探査により局所的な磁場があることがわかった。火星では高度 400 km で数百 nT の磁場が観測され、月では月面で最大数百 nT の磁場が局所的に存在することがわかった。これらの磁場は火星・月表層の岩石のもつ残留磁化によ

るものと考えられている。残留磁化をもつためには、その岩石が形成されたときに火星・月に強い磁場が存在していなければならない。このことから、約40億年前の火星・月にも、地磁気のような磁場があり、その後消滅したと考えられている。

─────────────── Teatime ───────────────

太陽圏

太陽風は約 100 au まで到達し、星間物質と衝突し減速している。太陽風の到達範囲を太陽圏という。

ボイジャー1号、2号は太陽の脱出速度を超えて航行しており、100 au あたりまで到達した。観測結果から 100 au 付近の磁場は強くなり、太陽風は乱流状態にあることがわかった。また、銀河宇宙線が増加しており、太陽圏が銀河宇宙線のバリアーのような役割を果たしていることもわかった。

海王星の公転軌道半径は約 30 au、海王星の外側にあるエッジワース-カイパーベルトは約 30-100 au の距離なので、太陽圏内にある。太陽の重力圏に存在するオールト雲（長周期彗星の起源とされる天体集団）は数万 au の距離にあり、太陽圏境界のはるか外側まで分布している。

Exercise

4.1 地球近傍における太陽風プラズマ粒子を H^+、数密度 $n=5\times10^6$ 個 m^{-3}、速さ $v=400 \ km \ s^{-1}$ とする。

(1) 太陽風プラズマの数密度は、0 ℃、1 気圧（1,013 hPa）の地球大気と比較して約何分の 1 になるか。

(2) 地球磁気圏の太陽側境界面における太陽風の動圧 p（単位 Pa）を求めよ。

4.2 地球表面の磁束密度（磁場の強さ）を、磁気双極子周囲の磁場分布

　　　の式から求めよう。ただし、地理的南極を向く地磁気双極子と仮定
　　　する。

(1)　赤道における磁束密度は何 μT か。ただし、$1\,\mu$T$=10^{-6}$T である。

(2)　極における磁束密度は何 μT か。

(3)　経度を一定に保ちながら、北極（緯度 90° N）→赤道（緯度 0°）
　　　→南極（緯度 90° S$=-90$° N）と、地球表面を半周したとする。
　　　観測される地磁気の強さを、グラフを使って概説せよ。

第 5 章　惑星・衛星に作用する潮汐力

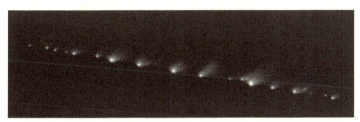

（画像出典：NASA/HST）

地球の海の潮位は、一日に 2 回、数十 cm から数 m 上下している。潮の満ち引きである。潮の満ち引きは、月・太陽の潮汐力により起きている。また、潮汐力は、地球の自転や月の公転軌道の変化をもたらす重要な力である。

5.1　地球における潮汐

　日本では数十 cm の干満（干潮、満潮）が一日に 2 回、約半日周期で起きている（図 5.1）。このように地球の海では一日に 2 回、潮位が上昇・下降している。また、月の満ち欠けに応じて干満の振幅が変化することから、潮位変化

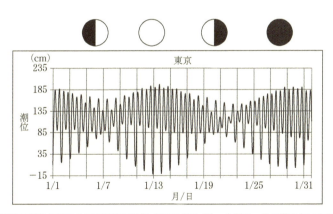

図 5.1　東京の晴海ふ頭における潮位の変化（2017 年 1 月）。上側に、月の満ち欠けを示す。

は月・太陽に関係していることがわかる。海面が上昇・下降することは、何らかの力が作用していることを意味する。この力が、潮汐力である。月は太陽よりもはるかに地球に近いので、はじめに月の引力を考えてみよう。

　地球上の場所により月からの距離がことなるため、月の引力は等しくはない。月の引力は、月に近い地点の方が反対側よりも大きい。仮に月の引力だけが潮位変化の原因とすると、地球が自転する1日間に1回の満潮と干潮になってしまう。実際には、月側だけでなく、月と反対側の海面も高くなり、地球が1回自転する間に2回の満潮と干潮が生じている。なぜ、月と反対側でも潮位が高くなるのだろうか。

　月によって地球に生じる潮汐を検討するためには、2つの力を考えなくてはならない。1つには、地球における月引力の分布である。2つ目は、地球・月系の共通重心まわりの回転による遠心力である。はじめに遠心力を検討し、次に引力と遠心力との差が潮汐力となることを説明する。

5.2　潮汐力とは何か

5.2.1　天体上の遠心力

　天体1（質量M_1）、天体2（質量M_2）が、引力により共通重心Oの周りに回転しているとしよう。簡単化のために、天体1、2とも円軌道をとるものとする。天体間の距離をd、共通重心からのそれぞれの距離をd_1, d_2（$d_1+d_2=d$）とすると（第I部第2章を参照）、

$$\frac{d_2}{d_1}=\frac{M_1}{M_2}$$

あるいは、

$$\frac{d_1}{d}=\frac{M_2}{M_1+M_2}$$

　地球・月の場合、$M_1=6\times10^{24}$kg、$M_2=7\times10^{22}$kg、$d=3.8\times10^5$km を代入すると、$d_1=4,400$ km となる。地球の赤道半径は約6,380 km であり、地球・月の共通重心は地球内部に位置する。

　天体1の重心（O_1）の軌跡は、中心をOとする半径d_1の円である（**図 5.2**）。

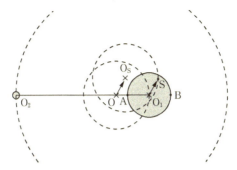

図5.2　天体1の表面あるいは内部に位置する点Sの運動。O_1：天体1の重心、O_2：天体2の重心、O：共通重心。

天体2の重心（O_2）の軌跡は、中心をOとする半径d_2の円である。天体1の表面、あるいは内部の点Sについて軌跡を検討しよう。このとき、天体1の自転は別の現象なので考える必要はない。したがって、Sは、常にO_1から$\overrightarrow{O_1S}$（一定）ずれたところに存在する。

　共通重心Oを固定し、時間の関数として位置ベクトルを明示すると、

$$\overrightarrow{OS}(t)=\overrightarrow{OO_1}(t)+\overrightarrow{O_1S}$$

Oから$\overrightarrow{O_1S}$に位置する点O_Sを考え、$\overrightarrow{O_1S}=\overrightarrow{OO_S}$（一定）と置き換えると、

$$\overrightarrow{OS}(t)=\overrightarrow{OO_1}(t)+\overrightarrow{OO_S}$$

一方、

$$\overrightarrow{OS}(t)=\overrightarrow{OO_S}+\overrightarrow{O_SS}(t)$$

したがって、

$$\overrightarrow{O_SS}(t)=\overrightarrow{OO_1}(t)$$

上式から、天体1の点Sは、固定点O_Sを中心とし、半径d_1の円運動を行うことがわかる。Sの軌跡は、天体1の重心O_1の軌跡を$\overrightarrow{O_1S}$（一定）だけ移動した円になる。

　天体1の円運動の角速度をωとすると、Sに置いた質量mに作用する遠心力は$md_1\omega^2$となる。つまり、天体1のどの地点でも等しい遠心力となる。また、この遠心力は、O_1において天体2による引力とつりあっている。

$$md_1\omega^2=G\frac{mM_2}{d^2}$$

5.2.2　引力と遠心力の差

　天体2（半径 R_2）による天体1上（半径 R_1）の引力を検討する。簡単な場合として、天体1の表面において、天体2に最も近い地点 A、その反対側の点 B を考える（図5.3）。天体1、2は十分に離れていて、$d \gg R_1,\ R_2$ とする。

　天体2からの引力は、O_2 にある質点 M_2 からの引力と考えてよい。このとき、天体1の A、B、O_1 にある質量 m に作用する引力は、

$$\text{A: } G\frac{mM_2}{(d-R_1)^2} \cong G\frac{mM_2}{d^2}\left(1+\frac{2R_1}{d}\right)$$

$$\text{B: } G\frac{mM_2}{(d-R_1)^2} \cong G\frac{mM_2}{d^2}\left(1-\frac{2R_1}{d}\right)$$

$$\text{O}_1\text{: } G\frac{mM_2}{d^2}$$

引力と遠心力との差をとり、天体2へ向かう方向を正とすると、

$$\text{A: } \frac{mM_2}{d^2}\left(1+\frac{2R_1}{d}\right)-md_1\omega^2 = G\frac{mM_2}{d^3}2R_1$$

$$\text{B: } \frac{mM_2}{d^2}\left(1-\frac{2R_1}{d}\right)-md_1\omega^2 = -G\frac{mM_2}{d^3}2R_1$$

$$\text{O}_1\text{: } 0$$

引力と遠心力との差の大きさは、A、B で等しい。方向は、A において天体2の向かい、B において反対向きになり、いずれも天体1の外側に向かう力となる。この力が、天体1に作用する天体2の潮汐力である。

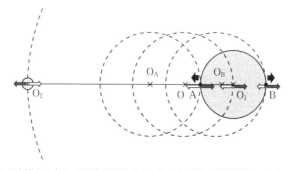

図5.3　天体1の表面上の点A、Bに作用する引力と遠心力。細い点線の円は、A、Bの軌跡を示す。

　天体1を地球、天体2を月としよう。地球・月間の距離が地球半径よりも十分に大きいため、地球に作用する月の潮汐力は、地球重心と月重心を結ぶ線（地球・月線）とほぼ平行である。点A（月側）および点B（月と反対側）における潮汐力は、地球中心から見て鉛直上方に作用し、海面が上昇する。一方、地球・月線と直交する地点付近では潮汐力の方向が水平面に近くなり、海面上昇を引き起こさない。地球全体の海水量が一定であることを考えると、点Aおよび点B付近で上昇した分を補うように海水が移動し、直交方向付近では海面が下降する。

　ここで地球の自転を考えよう。月側に面している地点が地球自転により1周するとき、1周の間に満潮（点A）→干潮→満潮（点B）→干潮となり、一日間に2回の干満が生じる。

5.2.3　月による潮位変化量

　月の潮汐力が引き起こす潮位変化を見積もる場合、第1章の議論と同様に、潮汐力のポテンシャル（潮汐ポテンシャル）を求めればよい。説明を省略するが、点Aにおける潮汐ポテンシャルU_tは、地球半径をR_E、月の質量をM_Lとして次式で表される。

$$U_t = -G \frac{M_L}{d^3} R_E{}^2$$

潮汐力により海面がΔh上昇したとすると、地球引力による位置エネルギーUは、単位質量あたり$g\Delta h$（g：重力加速度）増加する。

$$U = g\Delta h$$

2つのポテンシャルの和が一定となる等ポテンシャル面を考えると、

$$U + U_t = 0$$

したがって、

$$\Delta h = \frac{1}{g} G \frac{M_L}{d^3} R_E{}^2$$

$g = GM_E/R_E{}^2$（M_E：地球質量）だから、

$$\Delta h = R_E \left(\frac{R_E}{d} \right)^3 \frac{M_L}{M_E}$$

$M_E=6\times10^{24}$kg、$R_E=6{,}380$ km、$M_L=7\times10^{22}$kg、$d=3.8\times10^5$km を代入すると、

$$\Delta h=0.4 \text{ m}$$

モデル値と観測値はほぼあっており、地球の潮位変化は月の潮汐力が主な原因であることがわかる。

5.3　潮汐力のもたらす現象 (1) ——大潮・小潮

　地球に作用する潮汐力には、月だけでなく太陽によるものもある。太陽は月よりもはるかに遠いが、質量が桁違いに大きいため、太陽の潮汐力をまったく無視することはできない。

　地球表面で点 A にある質量 m に作用する太陽と月の潮汐力の比を検討しよう。天体 1 を地球、天体 2 を月、地球・月間の距離を $d_{E,L}$、潮汐力を $F_{t,L}$ とすると、5.2.2 節の検討に基づき、

$$F_{t,L}=G\frac{mM_L}{d_{E,L}{}^3}\,2R_E$$

同様に、天体 2 を太陽、地球・太陽間の距離を $d_{E,S}$、潮汐力 $F_{t,S}$ とすると

$$F_{t,S}=G\frac{mM_S}{d_{E,S}{}^3}\,2R_E$$

$M_L=7\times10^{22}$kg、$M_S=2\times10^{30}$kg、$d_{E,L}=3.8\times10^5$km、$d_{E,S}=1.5\times10^8$km を代入すると、

$$\frac{F_{t,L}}{F_{t,S}}\approx2$$

月の潮汐力は太陽の潮汐力の約 2 倍になる。よって、地球における潮汐現象の主な原因は月の潮汐力である。しかし、太陽の潮汐力も少なからず影響している。太陽の潮汐力の影響のよくわかる現象は、約 2 週間周期で現れる大潮・小潮である（図 5.4）。

　満月あるいは新月の時、太陽・月・地球は直線的に並び、太陽と月の潮汐力は同じ方向に作用する。このため干満の潮位差が大きくなり、大潮となる。月が上弦あるいは下弦の半月に見える時、太陽と月の潮汐力は直交する。このと

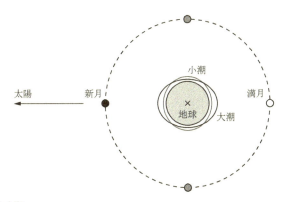

図 5.4　大潮と小潮。

き干満の潮位差は相対的に小さくなり、小潮になる。したがって、月の公転周期の半分にあたる約2週間の周期で、大潮・小潮が繰り返し現れる（**図5.1**）。

5.4　潮汐力のもたらす現象(2)——遠ざかる月、遅くなる地球自転

　潮汐力により、海洋の潮位が変化するだけでなく（海洋潮汐）、地球の固体部分も変形する（固体潮汐）。これらの潮汐は、海水と海底とのまさつや、固体部分の粘性的性質により、潮汐力の変化に対して少し遅れて変化する。この遅延のため、月は徐々に遠ざかり、地球自転はわずかながら減速している。

　簡単化のために、地球の赤道面と月の公転面が一致するとし、潮汐によって凸になる部分に作用する力を考える（**図5.5**）。潮汐による変形が遅れる場合、

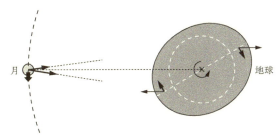

図 5.5　潮汐力による月軌道の半径、地球自転速度の変化。

自転のために図のような配置になる。これら 2 つの凸部分が地球・月線からず
れるため、地球と月の運動を変化させる力が生じる。

　地球の凸部分が月に作用する引力は地球・月線について対称的ではなくな
り、合力をとると月の公転方向に加速する力を生じる。加速された月は遠心力
が大きくなり、遠ざかる。最近の観測では、月は 1 年間に 2-3 cm の速さで離
れている。

　地球の凸部分に作用する月潮汐力は、自転軸周りの回転力（偶力）を生じ
る。偶力の方向は自転方向と反対であり、地球の自転は減速される。観測によ
ると、地球の 1 日の長さは 1 年間に約 0.00002 秒長くなっている。過去の自転
速度は現在よりも速く、約 5 億年前の地球は 1 公転に約 400 回の自転、つま
り 1 年は 400 日程度だったという地質学的データもある。

5.5　潮汐力のもたらす現象 (3)──地球自転軸の歳差運動

5.5.1　移り変わる北極星

　北極星は星座の日周運動の中心となっている。より正確には、天の北極に最
も近い恒星を北極星と呼ぶ。現在の北極星はこぐま座の端に位置する α 星と

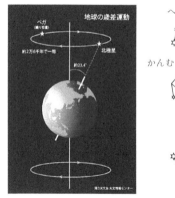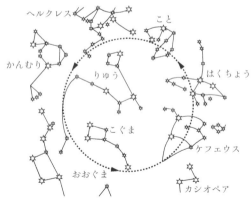

図 5.6　地球自転軸の歳差運動。自転軸は公転面に対して約 23.4 度傾きながら、天球上の恒星に
対して、約 26000 年周期で反時計方向に回転する（左図；国立天文台天文情報センター）。公転
面の垂直方向を中心として星座を描くと、天の北極の位置は反時計回りに移動し、北極星にあた
る恒星は少しずつ移り変わる（右図）。

いう二等星であり、地球の自転軸の方向にある。

　こぐま座α星が、何千年前から北極星だったわけではない。地球の自転軸は、23.4度という傾きを保ったまま、約26000年周期で宇宙空間を大きく回っているからである（図5.6）。約12000年後の北極星は、こと座のベガ（織姫星）になる。このコマの心棒のような回転運動を、自転軸の歳差運動という。歳差運動の原因は、扁平な地球に作用する太陽の潮汐力である。

5.5.2　扁平な地球に作用する潮汐力

　地球自転軸の歳差運動については、地球の形状を考慮した潮汐力を検討する必要がある。

　地球の形状を回転楕円体とする（第Ⅱ部第1章）。地球の公転運動を考えると、地球・月系と同様に、地球のどの部分でも等しい遠心力が作用する。一方、太陽からの引力は地球重心でつりあうが、太陽に近い部分では引力が遠心力よりもわずかに大きく、遠い部分ではわずかに小さい。太陽引力と公転遠心力との差、つまり太陽の潮汐力は、太陽に近い側、遠い側で反対向きになる（図5.7）。潮汐力を水平成分と鉛直成分に分け、扁平部分に作用する潮汐力を考えると、水平成分は自転軸を立てようとする偶力になる。この偶力は、夏季・冬季とも同じ方向に作用し、自転軸の歳差運動を引き起こす。

　月軌道の地球赤道面に対する傾斜角は約−28〜28度と変化するが、太陽の

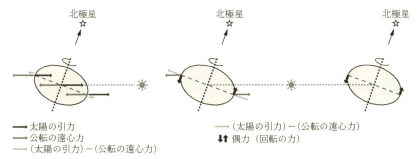

図5.7　回転楕円体としての地球に作用する太陽の引力と公転の遠心力。左：太陽の引力、公転による遠心力、およびその差としての潮汐力を示す。右：夏季、冬季の地球に作用する太陽の潮汐力と、潮汐力の水平成分による回転力を示す。図では、最も張り出している赤道部分について模式的に表した。

場合と同様に、地球の自転軸をたてようとする偶力が生じる。地球自転軸の歳差運動は、太陽・月両方の潮汐力が原因となっている。

　歳差運動をする自転軸は、回転するコマの心棒に例えられる。コマの心棒は、少し傾いても、その傾きを保ったままゆっくりと回転する。このとき、コマには、鉛直下方向の重力と、心棒の接する地面から鉛直上方向の抗力が作用する。2 つの力は心棒を倒そうとする偶力を生じ、心棒は鉛直方向を中心に回転する。地球の自転軸の場合と引力の方向がことなるが、偶力の作用する方向は同じである。

5.5.3　歳差運動の回転方向

　地球の自転を角運動量で表し、L とする。L は自転軸方向にあり、大きさが自転の角速度になる。太陽の潮汐力による偶力も回転運動を表すので、ベクトル N として表す。回転の運動方程式は、

$$\frac{dL}{dt} = N$$

N の方向は地球の自転軸と垂直である（$L \perp N$、図 5.8）。よって、微小時間後の角運動量 L' は方向を変えるだけで、自転速度は変わらない。L は方向を変え続け、公転面に垂直な軸の周りに 23.4 度の傾きを保ちつつ、紙面手前に回る。自転軸の方向を天球上に描くと、半径の角度を 23.4 度となる円周上を、反時計回りに移動する。この歳差運動の周期は、太陽・月の潮汐力、地球の形状、地球内部の密度分布で決まっている。

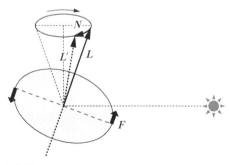

図 5.8　太陽潮汐力の偶力 N による自転の角運動量ベクトル L の回転（歳差運動）。

───────────── Teatime ─────────────

母惑星に同じ面を向ける衛星、分裂する彗星

地球の月は、いつも同じ面（表側）を地球に向けている。月の公転周期と自転周期が等しいからである。このような現象を同期回転という。同期回転の原因は、衛星が母惑星からうける潮汐力である。月は地球から潮汐力をうけ、地球・月線にそってできるだけ回転力の生じない向きをとるようになる。結果として、月の表側が地球・月線上で固定された。

地球の月だけでなく、火星のフォボス・ダイモス、木星の4つのガリレオ衛星、土星のタイタン、天王星のチタニア、海王星のトリトンなど太陽系のほとんどの衛星は、母惑星の潮汐力により同期回転をしている。フォボス、トリトンは、潮汐力により、いずれ母惑星に落下すると推測されている。

潮汐力は天体重心について反対方向に作用するため、天体を破壊することがある。シューメーカー-レヴィ第9彗星が1993年に木星に接近・衝突したとき、木星による潮汐力のため20個以上に分裂して突入した（本章冒頭図）。太陽の潮汐力により、彗星が近日点付近で分裂・消滅することもある。

▶▶▶ Exercise ◀◀◀

5.1 木星を公転する衛星には、木星の潮汐力が作用する。最も木星に近い衛星はイオであり、木星の赤道面とほぼ同じ平面内で公転している。イオの木星に最も近い部分における木星潮汐力は、地球表面における太陽潮汐力の何倍になるか求めよ。各天体の質量、半径、距離など、必要な値は理科年表等で調べること。

5.2 地球・月系が46億年前に形成されたあと、月の軌道半径は大きくなってきたと考えられている。地球・月間の距離が現在の半分だった頃を考えたとき、

(1) 地球における月の潮汐力は現在の約何倍になるか。

(2) 当時の海面が月の潮汐力と平衡にあったとすると、満潮では何 m の潮位変化になるか。

5.3 古代エジプト・クフ王のピラミッドは紀元前 2560 年に造られた。クフ王のピラミッドの王室には、当時の北極星にあたる恒星の見える窓が作られたという。その窓から見たとき、現在はどの恒星が見えるか。

第 6 章　地震波で見る地球内部

地震が発生すると、震源から
地震波が地球内部を伝わり、
地震計により観測される。地
震波の伝わる速さは、地球内
部物質の弾性的性質によって
決まり、地震観測から地球内
部の地震波速度や密度の構造
を推定できる。

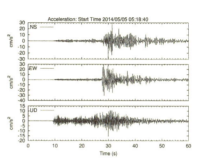

6.1　地震波の性質

6.1.1　実体波と表面波

　音は空気の振動として周囲に伝わっていく。空気中だけでなく、水の中やコンクリートの壁でも、音波は伝播する。音波の振動は、空気、水、コンクリートがバネのような性質を持っていることによる。力が加わるとある大きさの変形をおこない、力がなくなると元にもどるバネのような性質を弾性という。

　地球内部の物質も弾性を持っており、地震発生により生じた物質の振動が地震波である。地震波は地球物質中を伝わる弾性波であり、実体波と表面波の2種類に大別される。

　無限に広がっている物質を伝わる地震波を、実体波という。地球の大きさは有限であるが、伝わる地震波の波長と比べ物質のサイズが非常に大きい場合、実体波と考えてよい。実体波の主な振動周期は1秒以下であり、人間が感じることのできる揺れである。

　実体波には、P波（Primary wave；縦波）とS波（Secondary wave；横波）がある（図 6.1）。P波は、地震波の進行方向に伸縮する変形が伝播する振動である。音波や地震の始めに感じる振動（初期微動）はP波である。S波は、

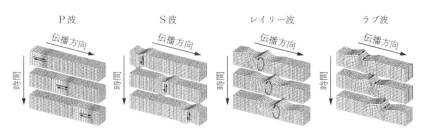

図 6.1　地震波の伝播。左から、P 波、S 波（SV 波に相当）、レイリー波、ラブ波。いずれも右方向に伝播している。

P 波の後に感じる大きな揺れ（主要動）に相当し、進行方向に垂直に変形するずれ（せん断）が伝播する振動である。S 波は、振動方向が水平面と平行な SH 波（Horizontal）、振動方向が鉛直面内にある SV 波（Vertical）の 2 成分に分けられる。

　地球内部の物質は地表で大気・海洋に接し、ほぼ自由に振動する。伝播する物質に表面があることに起因する振動が存在し、表面波という。一般に、表面波の振幅は地表で大きく、深い部分では指数関数的に小さくなる。表面波には、鉛直面内で振動するレイリー波と、水平面内で進行方向に垂直に振動するラブ波の 2 種類がある（図 6.1）。表面波の振動周期は数秒以上と長く、人間はほとんど感じない。

　ここでは、地震波として主に実体波（P 波、S 波）を検討する。

6.1.2　応力とひずみの比例則

　地震波は、地球物質が弾性により変形し、その変形が伝わっていく波である。地球内部の物質がことなれば、弾性もことなり地震波の伝わる速さも違ってくる。

　弾性をもつ物質の変形量と力とは比例関係にある。物質の単位面積あたりに作用する力を応力、単位長さあたりの変形量をひずみという。弾性をもつ物体において、微小な変形の場合、応力 σ とひずみ ε は比例する。比例係数を k とすると、

$$\sigma = k\varepsilon$$

この比例関係を、フックの法則という。3 次元的には、σ、ε は 2 階のテンソ

ル（9 成分）であり、k は 4 階のテンソル（81 成分）になる。

　応力は物質内部に生じる力であり、外から加わる力とことなるようにも思える。しかし、連続した物質内の微小部分を取り出して考える場合、その部分を変形させる力は隣接した物質の応力であり、ここでは両者を厳密には区別しないで取り扱う。

6.1.3　P 波・S 波の伝わる速さ

　物質が振動するとき、変形が元にもどる力（復元力）が作用する。地震波の場合、地球物質の弾性による応力が復元力である。物質の弾性的変形として、伸縮とずれを考えてみよう。

　物質に加わる圧力が p から $p+\Delta p$（$\Delta p>0$）に変化したとき、体積が $V+\Delta V$（$\Delta V<0$）に変化をしたとする（図 6.2）。この場合、Δp と体積の変化率 $\Delta V/V$ は比例する。比例係数 K（>0）を使うと、

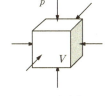

図 6.2　圧力変化による弾性的な体積変化。

$$\Delta p = -K\frac{\Delta V}{V}$$

比例係数 K を体積弾性率という。

　単位長の立方体の上面と下面に、面と平行で反対方向に作用する力 τ を加える。横から見ると、正方形が平行四辺形に変形し、ずれを生じる（図 6.3）。この τ をせん断応力という。下面に対する上面のずれを θ とすると、フックの法則から τ と θ は比例し、比例係数 μ を使うと、

図 6.3　せん断力による弾性的なずれ。

$$\tau = \mu\theta$$

比例係数 μ を剛性率という。剛性率が大きいと、ずれ変形は小さくなる。

　P 波は、地球物質が波の進行方向に伸縮し、その伸縮が地球内部を伝わっていく地震波である。伸縮に伴って物質の体積が増減するため、体積弾性率が関係してくる。また、進行方向と垂直方向にずれ変形も生じるため、剛性率も関係してくる。一方、S 波はずれ変形だけであり、剛性率のみ関係する。

　地震波の伝播は、伝わる物質の運動方程式に基づいて記述することができ

る。運動方程式の質量にあたるものは、物質の密度である。このようなことから、P 波・S 波の伝播速度は、物質の体積弾性率 K、剛性率 μ、密度 ρ で表される。P 波、S 波の速度をそれぞれ V_P、V_S とすると、

$$V_P = \sqrt{\dfrac{K + \dfrac{4}{3}\mu}{\rho}}, \quad V_S = \sqrt{\dfrac{\mu}{\rho}}$$

上式から、同じ物質内では、P 波速度が S 波速度よりも大きい（$V_P > V_S$）。地球内部では、一般に、圧力の効果により体積弾性率、剛性率、密度 ρ ともに大きくなるが、体積弾性率、剛性率の変化の方が大きい。したがって、同じ物質では、P 波・S 波の速度は深さとともに大きくなる。

6.2　内部構造できまる伝播経路

6.2.1　地震波の屈折・反射

　物質の地震波速度が変化する場合、光と同じように地震波は一定の法則にしたがって屈折・反射をする。

　平面の境界をはさんで、地震波速度のことなる物質 1、物質 2 があるとする。物質 1、物質 2 の地震波速度をそれぞれ V_1、V_2 とし、$V_1 < V_2$ とする。物質 1 から物質 2 へ地震波が進むと、屈折・反射が起きる（図 6.4 左）。入射角を i、屈折角を i'、反射角を i'' とすると、次のスネルの法則が成り立つ（証明略）。

$$\frac{\sin i}{V_1} = \frac{\sin i'}{V_2} = \frac{\sin i''}{V_1}$$

反射では、$i = i''$ となり、入射角、反射角は等しい。$V_1 < V_2$ の場合 $i < i'$ となり、地震波速度の大きな物質に進むとき、屈折角は入射角よりも大きくなる。物質 2 から物質 1 へ入射角 i で進む地震波は逆の経路をたどり、屈折角は i となる。

　地震波速度が連続的に変化する場合は、薄い層がつながっていると考えればよい（図 6.4 右）。n 番目の地震波速度を V_n、屈折角を i_n とすると、

$$\frac{\sin i_n}{V_n} = \frac{\sin i_{n+1}}{V_{n+1}} = \cdots = \text{一定}$$

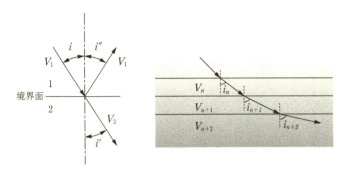

図 6.4 地震波の屈折・反射（左）と、地震波速度が連続的に変化する場合の屈折（右）。

深くなるほど地震波速度が大きくなる場合（$V_n < V_{n+1}$）、屈折角も大きくなり（$i_n < i_{n+1}$）、地震波の伝播経路は下に凸の曲線になる。

6.2.2 地震波伝播の重要な性質

P 波である音波は、同じ H_2O の組成を持つ物質でも、気体である水蒸気中では約 $0.5\,\mathrm{km\,s^{-1}}$、液体の水では約 $1.5\,\mathrm{km\,s^{-1}}$、固体の氷では約 $3\,\mathrm{km\,s^{-1}}$ と大きくことなる。地球内部を伝わる地震波も、物質の相、組成、結晶構造、圧力、温度などにより速度がことなる。例えば、流体にずれが生じても元にもどらないため、$\mu = 0$ である。したがって、流体中では S 波は伝わらず（$V_S = 0$）、P 波は疎密波となる $\left(V_P = \sqrt{\dfrac{K}{\rho}}\right)$。

地球内部構造を調べる上で重要な地震波伝播の性質を、次にまとめる。
(1) P 波・S 波の伝播速度は、振動する物質の弾性と密度で決まる。
(2) 固体・流体とも $K \neq 0$ なので、P 波は伝わる。
(3) 固体は $\mu \neq 0$ なので、S 波は伝わる。流体は $\mu = 0$ なので、S 波は伝わらない。
(4) 弾性・密度が変化するところでは、P 波・S 波は屈折する。
(5) 弾性・密度が不連続的に変化するところでは、P 波・S 波は反射する。

6.3　地震波でわかる地球の内部

6.3.1　地球内部の地震波伝播

　地表付近で地震が起きたときの P 波の伝播経路を考えよう。震源から観測
地点に伝わってくる P 波として、(1) 震源から直接くる地震波（直達波、あ
るいは直接波）、(2) 境界面で反射してくる地震波（反射波）、(3) 境界面経由
の地震波（屈折波）がある（Exercise 6.1）。どの経路の P 波が最初に到達す
るかは、2 つの P 波速度と層の厚さ、および震源からの距離で決まる。

　地震波が地震発生から観測地点に到達するまでの時間を、走時という。いく
つもの観測地点から得られた走時を震源からの距離に対して描いた図を、走時
曲線（走時図）という。

　震源から伝播する地震波はある時間幅に集中しており、波束という。震源か
ら離れると、P 波の波束は S 波の波束よりも先に進む。P 波、S 波とも屈折・
反射をして地球内部を伝播する。流体部分があると、P 波は伝わるが S 波は
伝わらない。しかし、境界面において、P 波は SV 波を、SV 波は P 波を生じ
ることがわかっている。このように、地震波が震源から地表に伝わる地震波経
路にはいくつもある。

　多数の地点に設置した地震計により観測すると、いろいろな経路の波束を観
測することができる。多数の地震観測から走時が得られ、走時曲線を描くと、
経路に応じた実体波・表面波の曲線が得られる（図 6.5 左）。このような走時
曲線をもとにし、さらに地震波形も利用して、地球内部の地震波速度の分布を
層構造として推定できる。

　地震波地球内部の地震波速度構造を決めるときは、地球が球状であること、
地震波不連続面における P 波・SV 波の変換などを考慮する。大きな特徴とし
ては、内部では一般に深くなるほど P 波速度、S 波速度が大きくなる。この
ため、地震波は直進せず、内部に向かって凸の形状の経路になる（図 6.5 右）。

6.3.2　地球内部の地震波速度構造

　地球内部の地震波速度について、前述した方法により層構造分布が推定され
ている（図 6.6）。地震波速度の大構造における最大の特徴は、深さ 2,890 km

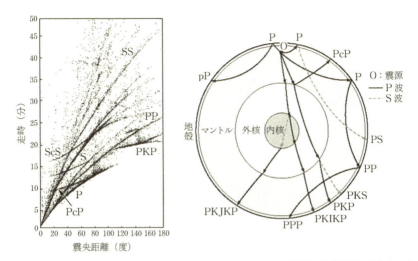

図 6.5　地震観測から得られた走時曲線（左）と地球内部における地震波の伝播経路（右）。走時図の横軸は、地球中心から見た震源と観測点の間の角度で表している。P：P波、S：S波、K：中心核内を伝わる P 波、c：中心核とマントルとの境界で反射した地震波（記号詳細は理科年表を参照）。

の不連続面である。その内側の深さ 2,890-5,150 km の部分では S 波が伝播せず、流体になっている。2,890 km より内側が中心核である。中心核は流体の外核と固体の内核に分かれている（境界の深さ 5,150 km）。中心核の外側にある固体部分はマントルと地殻に分けられる。地球表層部にある地震波速度の遅い層（厚さ約 10-30 km）が地殻であり、マントルはその下部になる。

　マントルは、深さ約 440 km と 670 km に地震波速度の不連続面をもつ。この深さでマントル物質の結晶構造が変化することが原因と考えられている（第Ⅱ部第 7 章）。約 100-200 km の深さでは P 波・S 波の速度が小さくなり（低速度層）、マントル物質は部分融解していると考えられている（第Ⅱ部第 8 章）。

6.3.3　地球内部の密度構造

　地震波速度構造に基づいて、地球内部物質の密度分布を求められる。ここでは、地球内部の深さ（半径）方向に関する 1 次元構造と仮定する。

　V_P、V_S の式から剛性率 μ を消去すると、半径 r の面において、

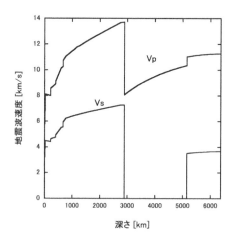

図 6.6　地球内部の P 波速度、S 波速度の深さ分布。標準地球モデル PREM（Dziewonski and Anderson, 1981）に基づく。

$$\frac{K(r)}{\rho(r)} = V_{\mathrm{P}}(\mathrm{r})^2 - \frac{4}{3} V_{\mathrm{S}}(\mathrm{r})^2 \equiv \Phi(r)$$

体積弾性率 K の定義から、

$$\Delta p = -K \frac{\Delta V}{V} = K \frac{\Delta \rho}{\rho}$$

よって、

$$\frac{\partial P}{\partial \rho} = \frac{K(r)}{\rho(r)} = \Phi(r)$$

地球内部が静水圧状態にあるとし、半径 r における重力加速度 $g(r)$ を用いて、

$$\frac{dP(r)}{dr} = -g(r)\rho(r)$$

これら 2 つの微分方程式から、

$$\frac{d\rho(r)}{dr} = -g(r)\rho(r)\Phi(r)^{-1}$$

上式をアダムス-ウィリアムソンの式という。重力加速度 $g(r)$ は半径 r 以内にある物質の総質量 $m(r)$ で決まる。

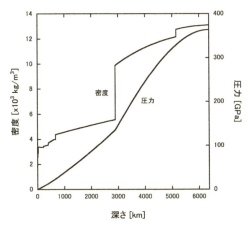

図 6.7　地球内部の密度と圧力の分布。図 6.6 と同じく PREM に基づく。

$$g(r) = \frac{Gm(r)}{r^2}$$

また、

$$\frac{dm(r)}{dr} = 4\pi r^2 \rho(r)$$

これらの方程式を連立させて、数値的に解いていく。ただし、不連続面では、岩石の相変化（第 II 部第 7 章）などを考慮する。

　密度とともに、圧力、体積弾性率、剛性率、重力加速度も求められる（図6.7）。推定された圧力は、地殻・マントル境界で約 1 GPa（1 万気圧）、マントル・中心核境界で約 130 GPa、地球中心で約 360 GPa である。マントル物質の密度は 3,300-5,500 kg m^{-3}、中心核物質の密度は 10,000-13,000 kg m^{-3}である。地球内部の密度分布に基づくと、地球質量の約 32 ％が中心核、約68 ％がマントルである。地殻・海水・大気を合わせても 0.5 ％未満である。

―――――――――― Teatime ――――――――――

月震学・日震学・星震学

　アポロ 11 号から 16 号の月着陸により、数年間にわたって月の地震（月震ともいう）が観測された。月震の観測総数は、1 万個程度と地球の地震発生数と比べて極めて少なく、マグニチュード（第 II 部第10 章）も 4 以下と規模が小さい。深さ約 1,000 km で発生する月震は、月の内部構造推定に有用である。しかし、月の地震波は、地球ほど明確には実体波、表面波が分離されない。また、アポロの着陸地点が月表側の比較的狭い地域であったため、月内部構造の推定誤差は大きかった。近年になって、走時だけでなく地震波形を用いた再解析により、中心核の大きさが 400 km 程度と推定されている。

　太陽の表面でも振動が起きていることが、光のドップラー効果を使い、観測されている。代表的な振動周期は約 5 分であり、0.003 Hz と非常にゆっくりとした変化である。内部の対流運動でたたかれ、太陽全体が釣鐘のように震えていると考えられている（自由振動）。SOHO 衛星などの観測により、太陽内部の音速分布や、太陽内部における自転速度の不均一が推定され、日震学という最先端の研究分野となっている。また、太陽以外の恒星観測に基づく星震学も進みつつある。

Exercise

6.1　地震波速度の水平二層構造（$V_1 < V_2$）において、上層の厚さを d、震源から観測点までの距離を x とする。

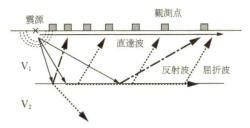

地震波速度の異なる平面2層を伝わる地震波の伝播経路。

(1) 距離 x にある観測点における直達波、反射波、屈折波の走時 t を、V_1、V_2、d を使って表せ。

(2) 横軸を x、縦軸を t とする走時曲線を、直達波、反射波、屈折波について描け。

6.2 地球の中心核とマントルとの境界において、マントルの P 波速度は 13.7 km s^{-1}、中心核の P 波速度は 8.1 km s^{-1} である。マントルから境界へかすめるように入射する P 波（入射角＝90°）を考えてみよう。

(1) 境界において、中心核に入る P 波の屈折角を計算せよ。

(2) 境界で屈折した P 波の伝播経路について、概略を描け。

第 7 章　惑星・衛星内部の大構造

地球は、鉄金属の中心核とそれをおおう厚い岩石層をもっている。深部の岩石を直接には観察できないが、地震波速度構造や高温高圧実験から、内部構造が調べられている。また、探査衛星により、惑星・衛星内部の大構造も推定されている。

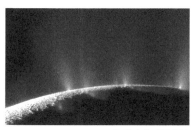

（画像出典：NASA）

7.1　地球内部の大構造

7.1.1　地震波速度の不連続面

　地球内部の地震波速度構造にはいくつかの不連続面がある（第Ⅱ部第6章）。最も顕著な不連続面は約 2,890 km の深さにあり、上部のマントル（岩石）と内部の中心核（鉄金属）という化学組成のことなる物質の境界である。

　岩石層には、深さ約 10-30 km、440 km、670 km、2,700 km の地震波速度不連続面がある（図 7.1）。深さ 10-30 km の不連続面をモホ面（あるいはモホロビチッチ不連続面）といい、上部が地殻、下部がマントルである。マントルは深さ約 670 km の不連続面を境界にして、上部マントルと下部マントルになる。上部マントルは、深さ約 440 km の不連続面を境にして、最上部マントルと遷移層に分けられる。下部マントルのうち、深さ 2,700 km の不連続面より下の層を D″層という。モホ面は、化学組成のことなる物質の境界面であり、深さ約 440 km、670 km、2,700 km の不連続面は鉱物の結晶構造・組成の変化が原因である。

　高温の液体であるマグマが冷却すると、固化して岩石になるように、同じ物質でも圧力・温度条件により物質の状態が変化する。一般に、物質の状態を

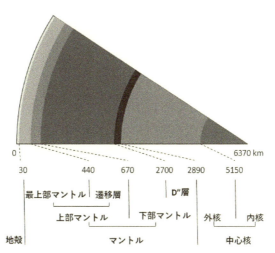

図 7.1 地球内部の大構造。地殻から D'' 層までが岩石層、外核と内核が鉄金属の中心核である。

"相" という。最も代表的な物質の相として、気体（気相）・液体（液相）・固体（固相）がある。同じ組成の固体でも、温度・圧力に応じて、別の安定な結晶構造や鉱物の組みあわせに転じることがある。惑星内部では、深さとともに圧力・温度が上昇し、鉱物の結晶構造や水素の金属化などの相変化（相転移）が生じる。

　固体物質の相転移では、密度、弾性など物質としての性質（物性）が変化する。マントル内の地震波速度不連続面の主な原因は、固体岩石の相転移と考えられている。また、マントルと中心核の境界は、固相（固体岩石）と液相（鉄金属流体）が接する境界でもある。

7.1.2　岩石の組成変化・相転移

　マグマが上昇するときに周囲のマントル岩石が捕獲され、火山噴出物に含まれていることがある（捕獲岩）。捕獲岩を調べると、マントル岩石と地殻岩石とは化学組成・鉱物組成がことなっている。地殻・マントルの境界は、化学組成のことなる物質が接する境界である。観測から、モホ面の深さは大陸地域で約 30 km、海洋地域では約 10 km である。

　地殻はマグマ活動などにより形成されたため、Si、Ca、K、Al などの元素

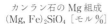
カンラン石の Mg 組成
(Mg, Fe)$_2$SiO$_4$ ［モル %］

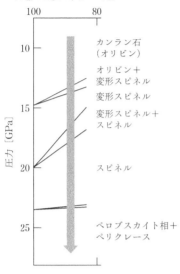

図 7.2 マントル中の相転移。入船（1994）にもとづく。

が多くなっている（第 II 部第 12 章）。地殻を構成する主な岩石の密度（$\rho=$ 2,700-3,000 kg m^{-3}）は最上部マントル物質（$\rho=$3,300-3,400 kg m^{-3}）よりも小さく、地殻はマントルの上に浮いているといえる（第 II 部第 8 章）。

主なマントル岩石は、カンラン石（Mg$_2$SiO$_4$–Fe$_2$SiO$_4$）という鉱物を多く含むカンラン岩である。高温高圧実験に基づくと、カンラン石は、深さ約 440 km（〜14 GPa）で、変形スピネル、さらにスピネルという結晶構造へ相転移する（図 7.2）。スピネルは、深さ約 670 km（〜23 GPa）でペロブスカイト構造の MgSiO$_3$（ペロブスカイト相）と岩塩型構造の MgO（ペリクレース）に分解する。ペロブスカイト相は、約 2,700 km の深さでポストペロブスカイト相へ相転移する。これらの相転移の起きる深さが、地震波速度の不連続面に対応している。

7.1.3 中心核の構造・ダイナミクス

地球中心における圧力は約 360 GPa（360 万気圧）、温度は 4,000-6,000 ℃程度と考えられている。中心核は鉄を主成分とする金属であり、外側の部分（外核）は溶けて流体となっている。これまでの研究から、外核の流体運動により電流が発生し、その電流が地磁気を生み出すと考えられている。このメカニズムをダイナモ作用という。

磁場の中で物質が運動すると、電磁誘導により起電力が発生する。外核の鉄流体は地磁気の中で対流運動をしており、また電気伝導度が大きい（電気抵抗が小さい）ので、誘導された起電力によって電流が流れる。その電流が磁場を発生し、地磁気を維持している。ダイナモ作用により、運動エネルギーの一部

が磁場エネルギーに変換されている。

　どのような磁場がどの程度生成されるかは、対流運動、自転、流体部分のサイズや粘性などで決まる。弱い対流運動や、サイズの小さい流体部分の場合には、安定した磁場は発生しにくい。自転はコリオリ力として作用し、自転軸方向の磁気双極子としての磁場（双極子磁場）を生じやすい。

図7.3　地球中心核におけるダイナモ作用による磁場生成（数値シミュレーション（松島政貴氏提供））。左図は、ある瞬間における外核内の磁力線、右図はその時の外核の外側における磁力線を示す。

　ダイナモ作用を直接に見ることはできないが、コンピュータを使った数値シミュレーションでメカニズムを調べることができる（図7.3）。シミュレーション結果によると、コリオリ力により自転軸方向の渦ができて自転軸方向に伸びる磁力線が発達し、外核の外側では双極子磁場が生じる。また、時間が経過すると、双極子磁場の極性が反転することも示されている。

7.2　惑星・衛星ダイナモと深部構造

7.2.1　深部のダイナモ作用

　惑星・衛星でダイナモ作用による磁場が観測された場合、内部に電流の流れやすい流体部分が存在することを意味する。地震計が設置されていない場合、あるいは設置できない場合には、磁場観測は内部構造探査にとって重要である。

　ダイナモ作用では、対流運動のもとに電磁誘導を通して磁場が発生する。このメカニズムが十分に生じるためには、次の条件が必要と考えられる。

　a. 電気伝導度の大きい部分があること。

　b. その部分が流体であること。

　c. その流体の対流運動を生み出す十分なエネルギーが補給されること。

地磁気を生じている現在の地球を例にとってみよう。

　a. 核は主に鉄でできている。

　b. 外核は流体である。

　c. 外核において、冷却による熱対流運動、あるいは、内核成長による組成

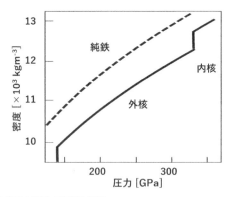

図 7.4　地球中心核の密度と純鉄の密度の比較。

対流（後述）がある。

　地震波速度構造から、地球の中心核は流体の外核（層厚約 2,300 km）と固体の内核（半径約 1,200 km）に分けられる。外核の構成物質は、主に鉄であり、約 5 ％のニッケルが含まれる。また、高圧実験で測定された鉄の密度よりも小さいことから、10 ％程度の軽元素が含まれていると推定される（図 7.4）。軽元素の候補として、Si、O、S、H、C などがある。含まれる軽元素の種類により、中心核物質の融点がことなること、地球物質の元素存在度に関係することから、重要な研究課題となっている。

　対流運動のうち、組成対流について概説しよう。軽元素を含む鉄は、融点が下がり、外核は流体として存在しやすい。地球の形成当初は、中心核は現在よりも高温であり、内核はなかったと考えられている。中心核が冷却すると、超高圧の中心部で流体鉄は固化していく。固化した部分は、内核として成長する。このとき、固体としての内核物質は軽元素を含みにくく、内核・外核の境界で軽元素が放出される。放出された軽元素は流体鉄に溶け込み、相対的に密度の小さな流体物質が生じる。この低密度の流体が浮力により上昇し、外核に対流が生じる。組成対流の活発さは、内核の成長と密接に関係している。

7.2.2　惑星・衛星の深部ダイナミクス

　現在の地球には内核があり、前述したように、その成長が地磁気を生み出す

主なエネルギー源と考えられている。地球の熱史の研究から、内核は地球形成時にはまだ存在せず、10-25億年前から成長してきたと考えられている。内核が形成される前は、中心核の熱対流がエネルギー源となっていたであろう。このように、惑星のダイナモ作用には、10億年スケールの変動があると考えられている。

探査結果から、火星・月は約40億年前に磁場をもっていたことがわかった（第II部第4章）。火星・月は地球よりもサイズ・質量が小さいため冷却が速く進み、内核成長が地球よりも進行し、ダイナモ作用が終わってしまったのかもしれない（条件b）。あるいは、流体核があっても温度勾配が小さく、対流が起きていない可能性もある（条件c）。

地球と似たサイズ・質量の金星には、現在、ダイナモ作用による磁場がない。金星の場合、内核が今でも存在していないのではないかという考えが有力である。金星の質量は地球よりも小さく中心の圧力が低いため、中心核の鉄流体の融点が高く固化しにくいと考えられている。また、金星表面の温度は470℃と高いため冷却が遅く、金星の中心核は固化していない可能性がある。一方、火星よりも小さな水星には、弱いながらもダイナモ作用による磁場が存在する。今後の月・火星・水星・金星の内部構造探査が重要である。

木星・土星のダイナモ作用は、超高圧により金属化した水素の部分で起きている（条件a、b）。条件cのエネルギー源としては、冷却による熱対流、あるいは水素・ヘリウムの分離にともなう組成的な対流が考えられている。

7.3 惑星・衛星の2層構造モデル

7.3.1 2層構造モデル

地球、火星、金星、水星の平均密度は3,930-5,520 kg m^{-3}であり、岩石と鉄金属を主とする岩石型惑星である（第I部第12章）。地球の内部構造および磁場探査の結果から、鉄金属球（金属核）と岩石層の2層からなる大構造を考えてよいだろう。2層構造は単純であるが、限られた探査データから内部構造の目安を与える基本的モデルである。

惑星・衛星の観測値として、半径R、質量Mがあるとする。全体の平均密

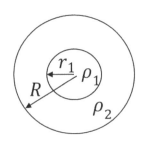

図 7.5　惑星の 2 層モデル。岩石型惑星・衛星では、1 が金属核、2 が岩石層にあたる。

度を ρ とすると、

$$M=\frac{4\pi}{3}R^3\rho$$

2 層構造において、金属核の半径、平均密度を r_1、ρ_1、惑星・衛星の半径を R、岩石層の平均密度を ρ_2 とすると（図 7.5）、

$$M=\frac{4\pi}{3}r_1{}^3\rho_1+\frac{4\pi}{3}(R^3-r_1{}^3)\rho_2$$

これら 2 つの式から、2 層構造モデルの関係式が得られる。

$$\left(\frac{r_1}{R}\right)^3=\frac{\rho-\rho_2}{\rho_1-\rho_2}$$

7.3.2　岩石型惑星・衛星の内部構造

　地球の場合を検討しよう（半径 R_E=6,371 km、質量 M_E=5.97×10^{24} kg、平均密度 ρ=5,520 kg m^{-3}）。岩石層の大部分はマントル物質であり、カンラン岩の主要鉱物であるカンラン石の密度（ρ_2=3,300 kg m^{-3}）で代表させてみよう。一方、中心核の物質は数％程度のニッケルを含むと考えられる。鉄の密度は 7,860 kg m^{-3}、ニッケルの密度は 8,850 kg m^{-3} なので、ρ_1=8,000 kg m^{-3} と仮定する。このように仮定した場合、$\frac{r_1}{R}$=0.78 となる。このモデル値は、観測値の $\frac{r_1}{R}$=0.55 とはことなる。

　上述の 2 層構造モデルによる推定値と観測値との違いは、マントルの岩石、中心核の鉄金属の密度として、地表（1 気圧）の値を採用したことに主な原因がある。地球内部の高圧下では、物質は収縮し密度が高くなる。高圧実験の結果などを参考にし、ρ_1=11,000 kg m^{-3}、ρ_2=4,000 kg m^{-3} と仮定すると、$\frac{r_1}{R}$=0.60 となり、観測値に近づく。このように、惑星・衛星の内部構造を推定する場合、圧力の影響を考慮する必要がある。

金星の質量・サイズは地球に近いので（R/R_E＝0.95、M/M_E＝0.815、ρ＝5,240 kg m^{-3}）、金星内部の圧力状態は地球と似ているであろう。よって、ρ_1＝11,000 kg m^{-3}、ρ_2＝4,000 kg m^{-3} と仮定してみる。水星（R/R_E＝0.38、M/M_E＝0.055、ρ＝5,430 kg m^{-3}）、火星（R/R_E＝0.53、M/M_E＝0.107、ρ＝3,930 kg m^{-3}）、月（R/R_E＝0.27、M/M_E＝0.012、ρ＝3,340 kg m^{-3}）における深部の圧力は地球

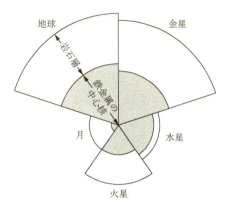

図7.6　岩石型惑星・衛星内部の2層構造モデル。灰色は鉄金属の中心核を示す。

より小さいので、ρ_1＝8,000 kg m^{-3}、ρ_2＝3,300 kg m^{-3} と仮定する。2層モデルを適用して中心核の大きさを見積もると、$\dfrac{r_1}{R}$の値は、金星＝0.56、火星＝0.51、水星＝0.77、月＝0.20 となる。これらの見積もりなどを参考にし、現在考えられている中心核の大きさを図に示す（図7.6）

　水星の中心核の割合は大きく、ダイナモ作用が起きやすい可能性がある。火星の金属核は、おおまかには地球と同程度の割合になる。月については、月の地震観測などから（本章 Teatime）、金属核の半径は 300-400 km 程度、$\dfrac{r_1}{R}$＝0.17〜0.23 と推定されている。月の金属核はかなり小さく、月の形成を検討する上で重要な情報である。

7.3.3　木星のガリレオ衛星

　木星の衛星のうち、相対的に大きな衛星のイオ、エウロパ、ガニメデ、カリストは、ガリレオ・ガリレイの発見にちなんでガリレオ衛星とよばれる。いずれの質量・半径も月・水星と同程度なので、内部圧力の影響は地球ほど大きくはないと考えられる。

　イオは、R/R_E＝0.29、M/M_E＝0.015、ρ＝3,530 kg m^{-3} であり、平均密度

から岩石型衛星と考えられる。岩石層（$\rho_1 = 3{,}300\ \mathrm{kg\ m^{-3}}$）と金属核（$\rho_2 = 8{,}000\ \mathrm{kg\ m^{-3}}$）を仮定すると$\dfrac{r_1}{R} = 0.36$であり、イオの金属核は月よりも大きいと推定される。また、イオには火山活動が観測されており、木星の潮汐力によって内部に熱が発生していると考えられている。

　観測に基づくと、エウロパ（$R/R_E = 0.25$、$M/M_E = 0.008$、$\rho = 3{,}010\ \mathrm{kg\ m^{-3}}$）、ガニメデ（$R/R_E = 0.41$、$M/M_E = 0.025$、$\rho = 1{,}940\ \mathrm{kg m^{-3}}$）、カリスト（$R/R_E = 0.38$、$M/M_E = 0.018$、$\rho = 1{,}850\ \mathrm{kg m^{-3}}$）の表面は$H_2O$の氷で覆われている。平均密度が岩石よりもかなり小さいことから、無視できない氷の層が存在するだろう。ただし、地球上の氷とことなり、これらの衛星の氷には岩石などの不純物が多いと考えられている。大まかな推定として、氷層（$\rho_1 = 910\ \mathrm{kg m^{-3}}$）と岩石核（$\rho_2 = 3{,}300\ \mathrm{kg m^{-3}}$）の 2 層構造を仮定すると、岩石核の大きさ$\dfrac{r_1}{R}$の値は、エウロパ$= 0.96$、ガニメデ$= 0.75$、カリスト$= 0.73$となる。他のデータをあわせて推定された氷層の厚さは、エウロパで数十 km 程度、ガニメデとカリストで数百 km である（図 7.7）。

　H_2Oの相図（図 7.8）によると、エウロパ、ガニメデ、カリストの内部には液体の H_2O からなる内部海が存在している可能性がある。特に、エウロパでは、表層にある氷の割れ目から地下の水が表面に出ていると推定されている。地下に広がる内部海では、生命活動の可能性もある。磁場をもつガニメデのダイナモ作用は、中心核あるいは内部海で起きている可能性が考えられている。これらの衛星で内部海が存在するのであれば、衛星内部の温度は固相線よりも

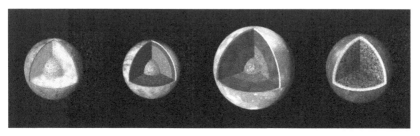

図 7.7　左からイオ、エウロパ、ガニメデ、カリストの内部構造モデル（出典：NASA）。白い部分は固体の H_2O（氷）、やや濃い灰色の部分は液体の H_2O が存在する可能性のある層。

上昇していることになり、内部ダイナミクスの解明にとって重要な情報となる。

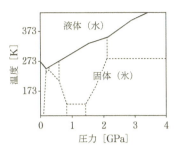

図 7.8 H$_2$O の相図。実線は固相線で、点線は異なる氷の相（例）を表わす。

7.4 木星以遠の惑星モデル

木星以遠の惑星について、現在考えられているモデルを図に示す（図 7.9）。木星（R/R_E＝11.2、M/M_E＝317.8、ρ＝1,330 kg m^{-3}）、土星（R/R_E＝9.45、M/M_E＝95.2、ρ＝690 kg m^{-3}）、天王星（R/R_E＝4.01、M/M_E＝14.5、ρ＝1,270 kg m^{-3}）、海王星（R/R_E＝3.88、M/M_E＝17.2、ρ＝1,640 kg m^{-3}）の密度は小さく、厚いガス層で覆われている。

木星・土星の大部分は水素とヘリウムからなり、中心に岩石核のある巨大ガス惑星と考えられている（第 I 部第 12 章）。気体層は内部になるほど圧縮され、密度が急激に高くなる。内部の圧力が数百 GPa に達すると、水素は液体の金属水素になる。また、圧縮されることで温度が高くなり、中心では 1 万度以上と考えられている。このような影響を定量的に検討するためには、惑星内

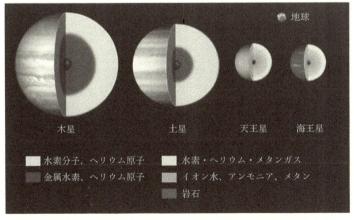

図 7.9 巨大ガス惑星（木星、土星）、氷惑星（天王星、海王星）の内部構造モデルの例。（出典：NASA）

部物質の密度・圧力・温度の関係を表す状態方程式の理論と超高圧・高温実験による測定データが必要であり、今後の課題となっている。

　天王星・海王星は、水素・ヘリウムだけでなく、メタンも含んだ厚いガスががある。さらに深い内部では、水、メタン、アンモニアが氷状になった層があり、中心に岩石核のある氷惑星と考えられている（第Ⅰ部第 12 章）。木星・土星と同様に圧力・温度の影響が大きく、探査データの少ない現状では、内部構造の詳細な推定はむずかしい。

Teatime

中心核物質としての鉄隕石

　地球中心に鉄金属が本当にあるのだろうか、という疑問は誰しもがもつだろう。その証拠として鉄隕石がある。鉄隕石の主成分は鉄・ニッケルである。地球で発見されている最大の隕石は鉄隕石であり、60 トン以上の重さがある（ナミビア、ホバ隕石）。鉄隕石は、太陽系形成時の微惑星を母天体としている。母天体は分化して中心核をもち、鉄隕石はその中心核を構成した物質と考えられている（第Ⅰ部第12 章）。

　鉄隕石には、ウィッドマンシュテッテン構造という特有の帯状模様が見える。ニッケルの少ない鉄ニッケル鉱物（カマサイト）とニッケルの多い鉱物（テーナイト）が帯状の構造をもち、その間にプレッサイトというカマサイト・テーナイトの微細混合物がある。ウィッドマンシュ

鉄隕石 Albion の断面（横山哲也氏提供）。ウィドマンシュテッテン構造が見える。

テッテン構造は Ni 元素の拡散で作られ、100-1,000 万年というゆっくりした冷却・固化時間が必要である。母天体の冷却にともなって、中心核の鉄ニッケル金属にウィッドマンシュテッテン構造が生じたと考えられている。

Exercise

7.1 地球を岩石（密度 4,000 kg m^{-3}）、鉄金属核（密度 11,000 kg m^{-3}）からなる 2 層モデルで近似したとき、金属核の大きさが地球半径の約 60 ％になることを確認せよ。さらに、この 2 層構造モデルにおける金属核と岩石層の質量比を求めよ。ただし、大気・海洋の質量を無視できるとする。

7.2 土星の衛星エンケラドスは、氷で覆われている。エンケラドス（半径 252 km、質量 1.08×10^{20} kg）に氷・岩石の 2 層構造モデルを適用してみよう。

(1) 平均密度を求めよ（単位：kg m^{-3}）。

(2) 氷層の厚さを推定せよ。

(3) 表面の重力加速度を求めよ。

(4) 氷層における密度・重力加速度を一定と仮定し、氷層の最下部における圧力を推定せよ。

(5) エンケラドスの表面から、間欠的に噴出する水蒸気が観測されている（本章冒頭画像）。この観測からエンケラドス内部の構造について示唆されることを、その理由も添えて述べよ。H$_2$O の相図（図 7.8）を参考にしてよい。

第 8 章　プレートテクトニクス(1) ―プレート運動

地球の表面は、水平方向に動くいくつかのプレートにおおわれ、プレート運動の速さは1年間に数 cm と実測されている。大陸はプレートの一部として動き、分裂合体を繰り返している。

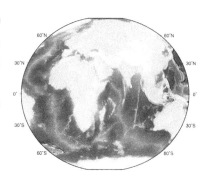

8.1　岩板でおおわれる地球

8.1.1　プレート

　海水を取り去ると、地球の表面は十数枚の岩板で覆われている（図 8.1）。これらの岩板をプレートといい、それぞれが年に数 cm の速さで水平方向に動

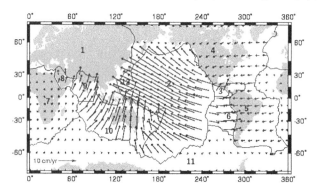

図 8.1　地球表面をおおうプレートの大区分。矢印は、ユーラシアプレートを固定したときのプレート相対運動を表わす（DeMets et al.; 1990）。1：ユーラシアプレート、2：太平洋プレート、3：ココスプレート、4：北アメリカプレート、5：南アメリカプレート、6：ナスカプレート、7：アフリカプレート、8：アラビアプレート、9：インドプレート、10：オーストラリアプレート、11：南極プレート、12：フィリピン海プレート。

いている。北アメリカプレートやユーラシアプレートのように大陸を含む大陸プレートがあり、大陸はプレートの一部として移動している。また、太平洋プレートやナスカプレートのように、大陸を含まない海洋プレートがある。

プレート間の相対的な運動により、プレートどうしは遠ざかり、すれ違い、あるいは近づく。プレート境界には、海嶺、大断層、大山脈、海溝、地震・火山活動があり、地球の大変動帯になっている。

8.1.2 プレート運動の実測

1980年代に恒星状のクエーサの発する強い電波を地球上で同時にとらえる観測網が世界的に展開され、観測点間の絶対距離が1cm以内の精度で決定された（超長基線干渉計、Very Long Baseline Interferometry、略称VLBI）。観測点AからBへ向かうベクトルをD、クエーサに向かう単位ベクトルをS、AとBとの電波観測の遅延時間をΔt、光速をcとすると（図8.2）、

$$c\Delta t = D \cdot S$$

A、Bで観測された電波波形を比較し、原子時計を用いて遅延時間を正確に決定して距離Dを求める。

日本の茨城県つくばとハワイ島にあるVLBI観測所の間の距離を例にとると、1999-2015年の期間、少しずつ短くなっている。平均すると、ハワイ島がつくばに対して1年間に約6cmの速さで近づいている。プレート運動として考えると、太平洋プレートは日本列島付近のプレートに約6cm/年で向かっている。

プレート運動の実測以前に、過去数百万年間の平均的なプレート運動が推定

図8.2　VLBIの原理（左）と、ハワイ島と茨城県つくばにあるVLBI観測所間の距離（右）。右図における急激な変化は、2011年3月11日の東北地方太平洋沖地震によるものである。

されていた（第Ⅱ部第 9 章）。VLBI 観測のデータを蓄積し比較すると、10 年間スケールのプレート運動は、100 万年スケールの運動とほぼ等しい結果となり、VLBI 観測からプレート運動が実証された。現在では、GNSS（Global Navigation Satellite System）により、リアルタイムに近いプレート運動が観測されている。

8.2　プレート運動

8.2.1　プレートの相対運動

　プレート運動を記述する場合、基準となる座標系を定める必要がある。あるプレートに座標原点をおき別のプレートの運動を表したものが、プレートの相対運動である。VLBI、GNSS で観測されるプレート運動は、基本的には相対運動となる。ただし、ある仮定のもとに全プレート共通の座標系を用いて、プレート運動を表すことがある。

　観測のためには、高精度の機器をプレート上に設置する必要がある。陸地の少ない海洋プレートなどがあり、実際には限られた地点にしか設置できない。その場合でも、隣接するプレートの運動から、直接観測のないプレート相対運動を推定できる。

　隣接する 3 つの平面プレート（A、B、C）を考えてみよう（図 8.3）。これらのプレートの外にある固定点を座標原点とし、プレート A の速度ベクトルを V_A、プレート A から見たプレート B の相対速度を V_{B-A} というように表す。プレート B のプレート A に対する相対運動は、

$$V_{B-A} = V_B - V_A = -(V_A - V_B) = -V_{A-B}$$

V_{B-A}、V_{C-B} が観測されていて、V_{A-C} は観測されていないとすると、

$$V_{A-C} = V_A - V_C = (V_A - V_B) + (V_B - V_C) = V_{A-B} + V_{B-C} = -V_{B-A} - V_{C-B}$$

したがって、V_{B-A}、V_{C-B} から V_{A-C} を推定できる。また、上式は、

$$V_{A-C} + V_{B-A} + V_{C-B} = 0$$

と表され、3 つの速度ベクトルは閉じた三角形を作る（図 8.3）。一般に、推定された相対運動には誤差が

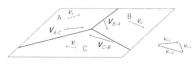

図 8.3　平面プレートの相対運動。

含まれており、相対速度の和が最小になるように決定する。

8.2.2　相対運動できまる境界

　境界で接するプレートどうしの相
対運動により、プレート境界は発散
型境界、平行移動型境界、収束型境
界の典型的な3種類に大別される
（図 8.4）。発散型境界では、プレー
トどうしが離れていく。平行移動型
境界では、プレートどうしがすれ違

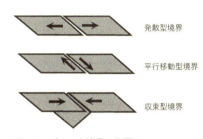

発散型境界

平行移動型境界

収束型境界

図 8.4　プレート境界の大区分。

う。収束型境界では、プレートどうしが近づいていく。プレートの境界ではさ
まざまな変動が起きている。プレート相対運動は、プレート境界における地球
科学的現象を理解する上で重要である（第Ⅱ部第9章）。

8.2.3　球面上のプレート運動

　地球のプレートは球面上を動いているため、地球
中心を通る軸周りの回転運動として表される。地球
の中心を通る回転軸をとり、その方向と地表との交
点をオイラー極（地球中心から見て時計回りの回転
になる極）といい、緯度、経度で示される（図
8.5）。プレートは球殻状の剛体運動で記述され、回
転角速度は同一プレート上で一定である。しかし、
速度は地点によってことなる。

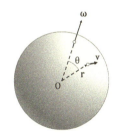

図 8.5　球面上のプレート
運動。

　回転運動はオイラー極方向の角速度ベクトル ω で表示され、ω の大きさを
プレート運動の回転角速度とする。プレート上の点 r における速度 v は、ω と
r のベクトル積となる。

$$v = \omega \times r$$

ベクトル積の性質から v は r と垂直であり、r 方向の速度成分はゼロとなって
水平成分のみとなる。

　オイラー極と地点 r との角度を θ、$|r| = R$（地球半径）、$|\omega| = \omega$ とすると、

表 8.1　プレート相対運動のオイラー極と回転の角速度。"アフリカ・南極" は、南極プレートから見たアフリカプレートの相対運動を表す。ここでは、地質年代のデータから求めた相対運動（NUVEL-1）を示してある。

プレート	オイラー極		角速度
	経度	経度	[×10⁻⁷ 度/年]
アフリカ・南極	$5.5°$ N	$39.2°$ W	1.3
アフリカ・ユーラシア	$21.5°$ N	$20.6°$ W	1.2
アフリカ・北アメリカ	$78.8°$ N	$38.8°$ E	2.4
アフリカ・南アメリカ	$62.5°$ N	$39.4°$ W	3.1
オーストラリア・南極	$13.2°$ N	$38.2°$ E	6.5
太平洋・南極	$64.3°$ S	$98.0°$ E	8.7
南アメリカ・南極	$86.4°$ S	$139.3°$ E	2.6
アラビア・ユーラシア	$24.5°$ N	$13.7°$ E	5.0
インド・ユーラシア	$24.4°$ N	$17.7°$ E	5.1
ユーラシア・北アメリカ	$62.4°$ N	$135.8°$ E	2.1
ユーラシア・太平洋	$61.1°$ N	$85.8°$ W	8.6
太平洋・オーストラリア	$62.1°$ S	$178.3°$ W	10.7
北アメリカ・太平洋	$48.7°$ N	$78.2°$ W	7.5
ココス・北アメリカ	$27.9°$ N	$120.7°$ W	13.6
ナスカ・太平洋	$55.5°$ N	$90.1°$ W	13.6
ナスカ・南アメリカ	$56.0°$ N	$94.0°$ W	7.2

プレート速度の大きさ v は次式で表される。

$$v = \omega R \sin\theta$$

オイラー極から 90 度離れた地点（$\theta = 90°$）において最大の速さとなり、オイラー極（$\theta = 0°$）における速さはゼロとなる。

　ある固定座標系において、プレート A、B、C の角速度ベクトルを ω_A、ω_B、ω_C としよう。プレート A、B の境界上にある点の位置ベクトルを r とすると、プレート A、B それぞれの速度は $\omega_A \times r$、$\omega_B \times r$ である。A 側からみた B 側の相対速度を v_{B-A} とすると、

$$v_{B-A} = \omega_B \times r - \omega_A \times r = (\omega_B - \omega_A) \times r = \omega_{B-A} \times r$$

上式で、$\omega_{B-A} = \omega_B - \omega_A$ である。したがって、球面上におけるプレートの相対速度は、角速度ベクトルにより表される。

　平面のプレートと同様に、球面上で隣接する 3 つのプレートについて、相対運動の関係を検討しよう。3 つのプレートが接する点（3 重会合点）における接平面上において、$v_{A-C} + v_{B-A} + v_{C-B} = 0$ が成り立つから、

$$\omega_{A-C} + \omega_{B-A} + \omega_{C-B} = 0$$

図 8.6 2つの半球状プレートの境界の例。図の中心に相対運動のオイラー極を置いてある。二重線：発散型境界、細い実線：平行移動型境界、太い実線：収束型境界。

平面プレートの場合と同様に、観測のない相対運動についても、他のプレートとの相対運動から推定できる。

　2つのプレートの境界をたどると、境界の位置と形状により、タイプのことなるプレート境界になっていることがある。簡単な例として、地球表面が2つの半球状のプレートでおおわれているとしてみよう（**図 8.6**）。右側のプレートは反時計回り、左側のプレートは時計回りに動いているとすると、境界の位置と形状に応じて、発散型境界、平行移動型境界、収束型境界となる。ユーラシア・北アメリカプレート境界は、大西洋中央海嶺では発散型あるいは平行移動型である。そのプレート境界は、北極海・シベリア東部を通って日本海東縁に達し、収束型境界になっている。

8.3 プレート運動による大陸移動

8.3.1 流動性にもとづく地球内部の区分

　第一次近似モデルとしてプレートは固い岩板であり、その下側の相対的にやわらかい層の上を動いている。ここで言う「固い」、「やわらかい」という性質は、構成物質の流動性である。流動性による物質の区分は、粘性率に代表される物性に基づくものであり、鉱物・化学組成による区分と一致するわけではない。

　流動性から地球内部を区分すると、プレートは厚さ数十 km のリソスフェアとよばれる部分にあたる（**図 8.7**）。リソスフェアは海嶺付近で薄く、大陸地域で厚い。リソスフェアは地殻と最上部マントルの一部からなり、それらが一体となって剛体的なふるまいをしている。リソスフェアの厚さは地域によって

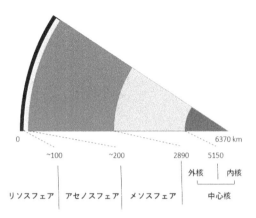

図 8.7　物質の流動性により区分した地球内部構造。

ことなるが、代表的厚さは約 100 km である。リソスフェアの下に地震波速度が数％小さくなる低速度層が深さ約 200 km まで存在し（第 II 部第 6 章）、アセノスフェアという。アセノスフェアの粘性率はリソスフェアよりも数桁小さく、高い流動性をもつと考えられている。アセノスフェアの下のマントル部分（深さ約 2,900 km まで）はメソスフェアといい、流動性が小さい。アセノスフェアとメソスフェアの境界ははっきりしたものではなく、200-670 km の間にある。また、D″層をメソスフェアに入れないこともある。メソスフェアの下部には、液体の外核、固体の内核がある。

　低速度層の岩石は部分的に溶けており、地震波速度が小さく、流動性が大きいと考えられている。完全には溶けていない理由として、S 波速度が低下するもののゼロではないことがある。アセノスフェアの岩石は、固相と液相が共存する温度・圧力状態にあると考えられている。流動性をもつアセノスフェアは、プレート運動において重要な層であるが、部分溶融の程度、溶けた物質の分布状態などについてはよくわかっていない。

8.3.2　ウェゲナーの大陸移動説

　プレートテクトニクスの考え方の以前には、地球表面の地形や造山運動を説明するために、鉛直方向の地殻運動が考えられていた。地盤の隆起、大陸に広く分布するカコウ岩類（第 II 部第 12 章）、大山脈の形成は、堆積作用によって

沈降した物質が高温になって溶融し、マグマの上昇とともに地盤が隆起したためであり、沈降・隆起の繰り返しにより大陸が成長したと考えていた。

20世紀のはじめ、ウェゲナーは大陸の分裂・移動を提唱し、大陸の縁辺にある大山脈などを説明しようとした。アフリカ大陸西岸と南アメリカ東岸などの大陸地形の酷似をあげ、大陸が分裂して移動したと提唱した。化石・地層の分布、遠距離移動のしにくい生物の分布、古気候帯の分布の連続性を考えると、2-3億年前に全大陸が1つの超大陸（パンゲア大陸）を形成していたと考えた。大陸地殻の下に流動的な部分があり、大陸地殻が水平に移動するとした。大陸を動かす力として自転による遠心力を考えたが、定量的に説明できなかったこともあり、ウェゲナーの大陸移動説は受け入れられなかった。

8.3.3　プレートの一部としての大陸

プレートテクトニクスの考えでは、大陸はプレートの一部として移動している。同じプレート内でも、大陸地域の標高は高く、海洋地域の標高は低い。その標高差は、おおまかには5 km程度である。また、観測結果によると、大陸地域の地殻は約30 km、海洋地域では約10 kmであり（**図8.8**）、地殻の厚さと標高とは明らかに関係している。

地殻物質の密度はマントル物質よりも小さい（第Ⅱ部第7章）。地質学的時間スケールでみると、比較的高温にあるマントル物質は流動性を示し、水平方向の圧力差を解消して静水圧平衡へ向かう。水に浮く木片のように、地殻はマントル物質の上に浮いていると考えられる。このような現象をアイソスタシーという。静水圧平衡になるマントルの深さが、アセノスフェアにあるのか、あ

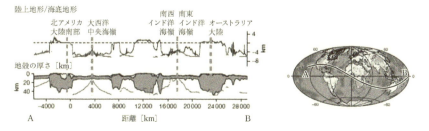

図 8.8　標高と地殻の厚さ（左）。右図の A–B の断面を示す。Watts（2007）にもとづく。

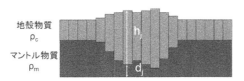

図 8.9　地殻とマントルのアイソスタシー

るいはリソスフェア内なのかは、マントル物質の物性と関係している。

　木片の高さが大きいほど、また木片の密度が小さいほど、水面上の高さは大きい。後述するように、大陸の地殻物質（主にカコウ岩）の密度は海洋地域の地殻物質（主にゲンブ岩）よりも小さい（第Ⅱ部第 12 章）。この密度差からも、大陸地域の標高は海洋地域より高くなりうる。

　厚さと密度の変化する地殻物質を、鉛直方向の柱としてモデル化しよう（図8.9）。深さ d にあるマントルにおいて静水圧平衡にあるとすれば、j 番目の柱について、

$$\rho_j h_j + \rho_m d_j = \rho_m d$$

ここで、h_j, ρ_j は、j 番目の柱を構成する地殻物質の厚さと密度であり、ρ_m はマントル物質の密度である。

　マントルから上に出ている地殻の高さ Δ_j は、

$$\Delta_j = (h_j + d_j) - d = \left(1 - \frac{\rho_j}{\rho_m}\right) h_j$$

j 番目の柱と k 番目の柱との標高差は、

$$\Delta_j - \Delta_k = \left(1 - \frac{\rho_j}{\rho_m}\right) h_j - \left(1 - \frac{\rho_k}{\rho_m}\right) h_k$$

マントル物質をカンラン岩で代表し（$\rho_m = 3.3 \times 10^3\,\mathrm{kg\,m^{-3}}$）、仮に大陸・海洋地域とも地殻物質がゲンブ岩（$\rho_j = \rho_k = 3.0 \times 10^3\,\mathrm{kg\,m^{-3}}$）で構成されているとする。地殻の厚さを大陸地域で 30 km（$=h_j$）、海洋地域で 10 km（$=h_k$）とすると、$\Delta_j - \Delta_k = 1.8$ km であり大陸地殻の標高は高くなるが、観測値よりも小さい。大陸の地殻物質をカコウ岩とすると（$\rho_j = 2.7 \times 10^3\,\mathrm{kg\,m^{-3}}$）、$\Delta_j - \Delta_k = 4.5$ km となり、観測値に近い値となる。このように、大陸・海洋地域の凹凸は、地殻の厚さと密度の相違が原因と考えられる。

8.3.4　分裂・移動・合体する大陸

　大陸地殻の岩石の密度は、アセノスフェアよりもかなり小さいため、一度形成されると地球表層に浮いたままになると考えられる。そのため、大陸はプレートともに移動して合体・成長し、しばしば巨大な面積の超大陸を形成する。その後、超大陸は分裂して海洋プレートの形成とともに移動する。地球上では、数億年スケールで大陸は分裂、移動、合体を繰り返してきた。大陸の分裂・移動・合体が繰り返す過程を、ウィルソン・サイクルという。

Teatime

人工衛星から深海底の地形を測る

　人工衛星 GEOSAT（GEOdetic SATellite）は、1985 年 3 月に米海軍によって打ち上げら、1989 年まで地球表面の高度をレーザーにより観測した。GEOSAT などの衛星高度計により、地球全体を数 cm の精度で測定できるようになった。特に、海洋地域の測定によりジオイドの形状（第 II 部第 1 章）が直接に測定された。

　現実の海面高度は、海洋潮汐、黒潮などの海流、長期的な海水準変動などにより変化している。しかしながら、それらの変化の大きさは 1 m のオーダーであり、ジオイド形状の振幅（±100 m 程度）の 1% 程度にすぎない。人工衛星の高度計観測から、精度の高い海底地形図が全球的に作成されている。

Exercise

8.1　カリフォルニア沖サンタカタリナ島は太平洋プレートにある。GPS 観測（2008-2013 年）によると、北アメリカプレートに対する相対運動は、北成分が 31.6 mm yr^{-1}、東成分が -31.2 mm yr^{-1} であった。

(1)　相対運動の速さと方向（北からの方位角、東回りを正）を求めよ。

(2)　計算結果と図 8.1 の太平洋・北アメリカプレート境界とを比較し、

　　　　サンタカタリナ島近傍におけるプレート境界の型を推測せよ。

8.2　ユーラシア・北アメリカプレート境界が、大西洋中央海嶺では発散
　　　型あるいは平行移動型であり、日本海東縁では収束型境界になって
　　　いることを、オイラー極の位置（**表** 8.1）から説明せよ。

第 9 章　プレートテクニクス(2) ―プレート境界

現在見られる海嶺、大断層、
大山脈、海溝などの大地形は、
数百万年間から数千万年間の
プレート運動の結果である。
地質年代スケールのプレート
運動は、海底地形と海底岩石
の磁化から推定されている。

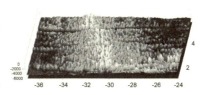

9.1　プレート境界の地形

9.1.1　発散型境界

　プレートどうしが離れる境界が発散型境界であり、最も代表的な地形は海嶺
である。大西洋中央海嶺の赤道地域を例にとってみよう（図9.1）。この境界
では、アフリカプレートと南アメリカプレートが接している。海嶺は最大約
2,000 m 高い地形となっており、海底の大山脈ともいえる。海嶺の中央には、
中軸谷という海底の裂け目のような地形があり、プレートが離れていく境界に
なっている。東アフリカの大地溝帯は紅海にある海嶺から続いており、海嶺の
中軸谷に相当する。大地溝帯は、大陸を分断する新たなプレート境界になりつ

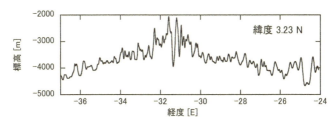

図 9.1　大西洋中央海嶺（北緯 3.23°N）の鉛直断面地形。

つあり、火山活動も活発である（第Ⅱ部第 11 章）。

　海嶺の地形が 2,000 m 程度高い理由は、プレートの生成・成長に原因がある。海嶺では、上昇してきたマントル起源のマグマが冷却し、プレートを生成している。観測に基づくと、海嶺から遠いほどプレートが厚くなっている。海嶺から離れた地域では深くまで冷却し、プレートは少しずつ厚さを増していくからである。生成開始からの年代を t、厚さを L とすると、冷却過程のモデルから、$L \propto \sqrt{t}$ となる。海嶺付近のプレートは離れた地域よりも薄いにもかかわらず、高い地形になっている。大陸地殻のアイソスタシーとは逆である。

　プレート（リソスフェア）とアセノスフェアのアイソスタシーを考えてみよう（図 9.2）。プレートの厚さが、海嶺直下の地点 A ではゼロ、海嶺から離れた地点 B では L とする。A 点、B 点におけるアセノスフェアでの圧力が等しいとすると、

$$\rho_a(d+L+h) = \rho_w d + \rho_p L + \rho_a h$$

ここで、ρ_w、d は海水の密度と相対的な厚さ、ρ_p はリソスフェア（プレート）の密度、ρ_a はアセノスフェアの密度、h は B におけるアセノスフェアの厚さである。

　上式から、海底の深さにあたる d は次式で表される。

$$d = \frac{\rho_p - \rho_a}{\rho_a - \rho_w} L$$

$\rho_a > \rho_w$、$L \propto \sqrt{t}$ なので、プレート（リソスフェア）の物質の密度がアセノスフェア物質よりも大きければ（$\rho_p > \rho_a$）、相対的な深度 d は時間とともに大きくなり、海底は深くなる（$d \propto \sqrt{t}$）。$\rho_p > \rho_a$ となる主な原因の 1 つとして、冷却によるプレート物質の熱収縮が考えられている（Exercise 9.2）。

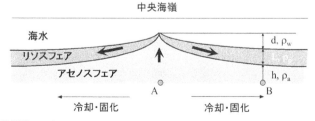

図 9.2　海洋地域のアイソスタシー。

9.1.2 平行移動型境界

　平行移動型境界では、プレートどうしがすれちがう。中央海嶺の分布する地域には、隣接する海嶺どうしをつなぐ地形として見られる。

　赤道地域にある大西洋中央海嶺の地形を詳しく見ると、海嶺は細かく分断しており、海嶺と海嶺とをつなぐ部分が横ずれ断層になっている（図9.3）。この横ずれ断層をトランスフォーム断層という。図中のトランスフォーム断層は、海嶺と同じくアフリカ・南アメリカプレート境界を構成している。

　トランスフォーム断層の痕跡として、プレート内部に断裂帯という線状の海底地形がしばしば見られる。断裂帯の両側は同じプレートであるものの、形成された年代がことなっているため、海底の高さに線状の段差が生じている。

　陸上で見えるトランスフォーム断層として、北アメリカ大陸西岸部のサンアンドレアス断層がある（図9.4）。太平洋プレート（図の左側）と北アメリカプレート（図の右側）との境界になっており、右横ずれの断層地形がみられる。サンアンドレアス断層沿いの地域では、しばしば大地震が発生する。

9.1.3 収束型境界

　収束型境界では、プレートどうしが近づく。主な大地形として、海溝と大山脈がある。

　大陸プレートと海洋プレートの収束型境界では、大陸地殻は海洋プレートよりも密度が小さいため、大陸プレートの下に海洋プレートが沈み込むと考えら

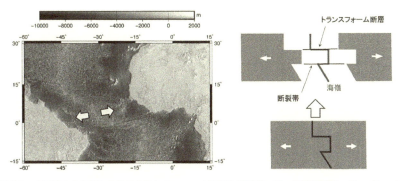

図9.3　大西洋中央海嶺におけるトランスフォーム断層と断裂帯。左：海底地形図、右：プレート境界の模式図。

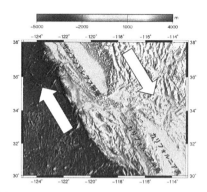

図 9.4　北アメリカ西海岸のサンアンドレアス断層。

れている。ペルー・チリ海溝は、ナスカ・南アメリカプレート境界である（図
9.5 左）。地震観測などにもとづくと、ナスカプレートが南アメリカ大陸の下
に沈み込んでいる。

　海洋プレートどうしの収束型境界では、古い生成年代のプレートの方がより
冷却しているため、沈み込みやすいと考えられている。例として、伊豆・小笠
原・マリアナ海溝の太平洋・フィリピン海プレート境界があげられる。1 億年
以上前に生成した太平洋プレートが数千万年前にできたフィリピン海プレート
の下に沈み込んでいる。海溝で特に深い地点を海淵とい、地球上で最も深い海
底はマリアナ海溝・チャレンジャー海淵（10,911 m）である。6,000 m よりも
浅い海底の凹んだ地形はトラフとよばれる。日本近海では、相模トラフ、駿河

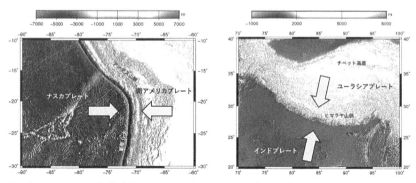

図 9.5　ペルー・チリ海溝（左）とヒマラヤ山脈・チベット高原（右）。

トラフ、南海トラフは、プレート境界になっている（第 II 部第 10 章）。

　一般に、海溝の陸側では地震活動が活発であり（第 II 部第 10 章）、火山が帯状に分布する（第 II 部第 11 章）。

　ヒマラヤ山脈はインドプレートとユーラシアプレートの収束型境界である（図 9.5 右）。ヒマラヤ・チベット地域の地殻は 60 km 以上の厚さをもち、通常の大陸地殻と比べ約 2 倍になっている。この厚い地殻のために、標高数千 m のヒマラヤ山脈、チベット高原が形成された。地質学データに基づくと、かつてインド大陸の北側には海洋部分があり、ユーラシア大陸の下に沈み込んでいた。約 4,000 万年前にインド大陸が海溝に到達し、大陸地殻どうしが衝突した結果、インド大陸の北側が沈み込むことになった。異常に厚い大陸地殻は、インド大陸の沈み込んだ部分がユーラシア大陸の下側にはりついて形成されたと考えられている。

9.2　さまざまなサイズのプレート

　太平洋プレートのように広い面積をもつプレートがある一方、ココスプレートなどの小さなプレートもある（図 8.1）。地形、地震などの観測の進捗につれ、より小規模のプレートの存在も提唱されている（図 9.6）。

　東太平洋海嶺の南半球部分には、海嶺とトランスフォーム断層に囲まれたイースター・マイクロプレート、ファン・フェルナンデス・マイクロプレートがあると考えられている。

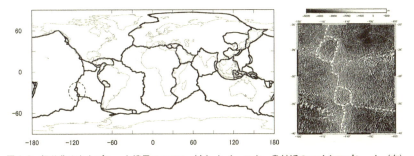

図 9.6　細分化されたプレート境界のモデル（左）とイースター島付近のマイクロプレート（右）。Bird（2003）にもとづく。確定しているプレート境界、可能性のあるプレート境界を実線で示す。

　大きなプレートを細分化するプレート境界モデルもある。例えば、インド・オーストラリアプレートをインドプレートとオーストラリアプレートに分けることも多い。また、パプアニューギニア諸島からトンガ諸島にいたる地域には、多数のマイクロプレートの存在が提唱されている。日本列島では、オホーツク海を主な地域とするオホーツクプレートが提唱されており、関東・東北・北海道地域をオホーツクプレートの一部とする考えもある。

9.3　地質年代スケールのプレート運動

9.3.1　運動方向の推定

　プレートの相対運動の方向を推定することは、オイラー極を決めることにあたる。オイラー極は、2つのプレートの接するトランスフォーム断層からわかる（図 9.7）。

　回転極から見ると、トランスフォーム断層は地球の小円にあたり、オイラー極はトランスフォーム断層と垂直な大円の上にある。ここで、小円は回転軸に垂直な断面になり、大円は回転軸を含む断面に相当する。

　複数のトランスフォーム断層がある場合、それぞれの大円を描くとある地点で交わり、その交点がオイラー極になる。実際には、観測誤差のためにある程度の広がりをもつ地域として、オイラー極が推定される。

　トランスフォーム断層は比較的最近に形成されたものであり、やがて断裂帯になる。より古い時代のプレート運動方向を推定するためには、断裂帯を用いる。このとき、現在から少しずつプレートをもどし、断裂帯がトランスフォー

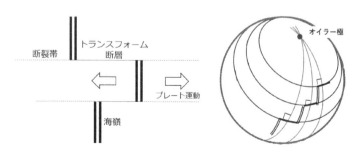

図 9.7　トランスフォーム断層・断裂帯からわかるプレート相対運動の方向。

ム断層であった配置を再現してから、オイラー極を求める。

　海嶺の軸方向は、プレート相対運動の方位と垂直にあるとは限らないため、正確な相対運動方向を決めるデータとしては使わない。

9.3.2　速さの推定

　プレート相対運動の速さは、海洋磁気縞模様から推定する（図 9.8）。新たなプレートが海嶺で生成されるとき、海底の岩石は冷却過程で熱残留磁化を獲得し、周囲の地磁気方向に磁化する（第Ⅱ部第 4 章）。地磁気は逆転しているため、海底岩石は地磁気逆転を次々に記録する。

　プレート運動を 5 cm/年、地磁気逆転の間隔を 100 万年と仮定すると、磁化が反対向きになる水平距離は約 50 km、緯度にして約 0.5° である。海上や上空で磁場を観測すると、海底岩石の残留磁化を起源とする小さな磁場とダイナモ起源の磁場（第Ⅱ部第 5 章）が重なっている。海底岩石による磁場の波長は短く、長波長であるダイナモ起源の磁場と区別できる。ダイナモ起源の磁場を主磁場といい、海底岩石など地殻岩石起源の磁場を磁気異常とよぶ。

　海上で全磁力を観測すると、海底岩石による磁気異常は主磁場の数百分の 1 の大きさを持つ正負のパターンとして観測される。この磁気異常パターンは縞模様にみえるため、磁気縞模様ともいわれる。磁気縞模様は、一般に海嶺を中心として対称になっている。

　観測された磁気異常に基づいて海底岩石の磁化極性のモデルをつくり、地磁

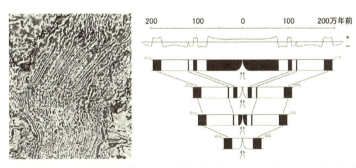

図 9.8　北大西洋における磁気縞模様（左）と形成の模式図（右）。左図で、黒：正の磁気異常、白：負の磁気異常（Maus et al.（2007）にもとづく）。右図で、黒：正磁極期の残留磁化、白：逆磁極の残留磁化。曲線のグラフは正負の磁気異常を示す。

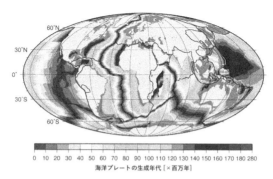

図 9.9　海洋プレートの生成年代。

気逆転史に照らし合わせてプレートの生成年代を推定する。このようにして推定された年代は、海底から採取した堆積物・岩石の年代を測定することで確かめられ、地球全域の海洋プレートの生成年代がわかっている（図 9.9）。

　海底岩石の生成年代と海嶺からの距離にもとづくと、過去 2 億年間プレートの拡大速度は $1 \sim 10$ cm yr^{-1} だったことがわかる。最近数百万年間の平均的運動は VLBI・GNSS 観測結果とほぼ一致する。また、プレート運動の速さ、方向が大きく変化したケースがあることもわかった。

9.4　プレート運動の原動力

9.4.1　海底拡大説からプレートテクトニクスへ

　1950 年代になり、2 つの科学的データにより、大陸移動説（第 II 部第 8 章）が復活した。1 つは、岩石の残留磁化（第 II 部第 4 章）に基づき、ヨーロッパ大陸や北アメリカ大陸が数十度北上したこと、その移動は 1 つの大陸として移動したという証拠である。2 つ目は、海嶺などの海底地形が明らかになったことである。海底の岩盤は海嶺で生成され、海底は拡大し海溝で内部へ沈み込むという海底拡大説が提唱された。その原因として、地球の冷却にともなうマントル内の対流（マントル対流）が考えられた。

　1960 年代から 1970 年代になると、プレートテクトニクスにより、大陸移動だけでなく、地球の大規模地形、海洋磁気異常、地震、火山などを統合的に説

明できることが示された。海底地形を精査すると、海嶺にともなう断層の地形が見つかり、海洋磁気縞模様が系統的にずれていることがわかっていた。このずれは大規模な横ずれ断層と解釈され、海嶺が別の海嶺に転じるという意味でトランスフォーム断層と名づけられた。

海底の生成年代とプレート境界がわかると、大陸移動説、海底拡大説は、地球表層部のさまざまな地球科学的現象を統合的に説明できる新しい地球観として、プレートテクトニクス説になった。1990年代に入って、VLBIによるプレート運動実測から、プレートテクトニクスは実証された。しかしながら、プレート運動の原動力の問題は、未だ解決されていない。

9.4.2 引っ張るプレート、引きずられるプレート

海嶺ではアセノスフェアから上昇するマグマにより新たなプレートが生成され、海溝では冷却したプレートが沈み込んでいく。このようなプレート運動は、マントルから地表へ熱が運ばれて放出され、冷たくなった物質が下降するという熱対流運動とみなせる。地球内部からの熱の流れを表面熱流量あるいは地殻熱流量といい、海底・大陸各地で測定された値の平均は約 $70\,\mathrm{mW\,m^{-2}}$ である。海嶺付近では $100\,\mathrm{mW\,m^{-2}}$ 以上と大きい。このような背景のもとに、マントル対流が提唱された。

マントル物質は地震波の伝播する岩石であり、固体である。地球内部の岩石は、地震波のように加わる力の時間的変化が速いと弾性的にふるまい、地質年代スケールでゆっくりと変化する力に対しては流動性を示す。マントル対流の

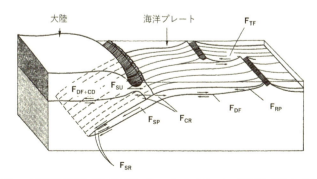

図 9.10 プレートに作用するいろいろな力。Forsyth and Uyeda (1975) にもとづく。

考えでは、マントル物質が 1-10 億年スケールでゆっくりと対流してプレート
を引っ張っている。

　プレートは、海嶺から海溝までの数千 km を数 cm yr^{-1} の速さで移動する
ので、1 億年以上の時間スケールの流れと考えてよいだろう。したがって、マ
ントル対流が存在し、プレートが引きずられている可能性がある。この場合、
対流の上昇口が発散型境界、下降口が収束型境界となる。しかし、マントル対
流がプレート運動の原動力になっている直接的証拠は見つかっていない。ま
た、対流がマントル全体なのか、あるいは上部マントルなど比較的上層部に限
定されるのかという問題がある。このような問題はあるものの、プレート運動
は熱輸送と地球物質の循環を引き起こしているといえる。

　別の有力なモデルとして、収束型境界で沈み込んだプレートが、後方のプ
レートも含めた全体を引っ張っているという考え方がある。東太平洋海嶺の拡
大速度は約 8 cm/年と大きいが、大西洋海嶺では約 1 cm/年と小さい。プレー
ト境界をみると、太平洋プレートやナスカプレートは海溝で沈み込んでいる
が、北アメリカプレート、南アメリカプレート、ユーラシアプレート、アフリ
カプレートには沈み込む境界がほとんどない。（図 9.11 左）

　プレート運動を加速する力としては、海嶺の地形によるものも考えられてい
る。海嶺の標高が高いため、プレートは重力によってアセノスフェアの上をす
べるように動き、全体を後から押す力となりうる。

　プレート運動を抑制する力もある。平行移動型境界では、横ずれ運動のまさ

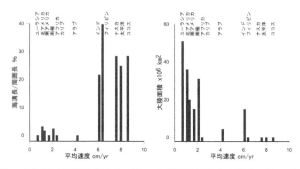

図 9.11　プレート運動の平均的速さとプレート境界の長さとの比較。Forsyth and Uyeda
(1975) にもとづく。

つによる抵抗力が作用し、プレート運動を減速する力となる。収束型境界で
も、プレート間のまさつによる抵抗力が作用する。また、大陸の下側で、抵抗
力が生じる可能性がある（**図 9.11** 右）。

　プレート運動は数百万年間ほぼ一定であったので、これらの力はつりあって
いて、定常的な運動をしていると考えてよいだろう。さらに、マイクロプレー
トでは、小さな空間スケールにおける力のつりあいを考えなくてはならない。
プレート運動を決める要因を解明することは、今後の大きな課題である。

Teatime

噴火のない海嶺

　海嶺ではあらたなプレートが生成され、マグマが急冷したときにで
きる枕状溶岩も観察される。地球上のマグマ活動の 60 %以上が海嶺
で生じていると見積もられている。しかし、日本の火山活動とことな
り、海嶺の噴火はほとんど観測されていない。大部分の海嶺では、お
だやかにマグマが流出して冷却し、固体の岩石になっていく。

　マグマが水などの揮発性成分を含んでいると、上昇して減圧された
ときに気化・発泡して噴火現象をも
たらす。海嶺のマグマの揮発性成分
は日本の火山よりも少なく、また、
ハワイ島の溶岩のように高い流動性
をもつ。さらに、深海底の高圧のた
め発泡しにくい。海嶺で最も高い部
分でも深度は約 2,000 m であり（**図
9.1**）、200 気圧になる。4,000 m 深
度の中軸谷では 400 気圧に達する。

　マグマ中の水は、爆発などの噴火
様式を大きく左右する。H_2O の相
図によると、218 気圧（22 MPa）・

深海底の熱水噴出孔（画像出典：
NOAA）

318℃（591 K）を超える圧力・温度条件では、超臨界流体という気体・液体の区別がつかない状態になる。高圧のため気体の密度が高くなり、一方で高温のため液体の密度が小さくなって、両者の区別がつかない状態になっている（超臨界水）。

　海嶺には、マグマ活動により約 350℃の高温水が噴き出している熱水噴出孔がある。圧力が数百気圧に達するため、高温の水は沸騰することなく超臨界水となっている。また、硫化水素を含むため、黒い煙のように見える。

Exercise

9.1　海嶺の軸方向がプレート運動方向と直交するとはかぎらないことを、海嶺、トランスフォーム断層、プレート運動を示した図を用いて説明せよ。

9.2　海嶺付近の地形の高まりを定量的に検討してみよう。岩石の熱膨張係数を α、プレートの温度を T_p、アセノスフェアの温度を T_a とすると、

$$\frac{\rho_p - \rho_a}{\rho_a} = -\alpha(T_p - T_a)$$

T_a として、マントル岩石の融点温度（〜1,300℃）をとる。プレートの温度として、表面と最下部の温度の中間で代表させよう $\left(T_p \sim \dfrac{T_a + 0}{2} = 650\,℃\right)$。

(1)　熱膨張係数を $\alpha = 3.30 \times 10^{-5}\,\mathrm{K^{-1}}$、アセノスフェアの密度を $\rho_a = 3.30 \times 10^3\,\mathrm{kg\,m^{-3}}$ とし、プレートの密度を計算せよ。

(2)　海水の密度を $\rho_w = 1.03 \times 10^3\,\mathrm{kg\,m^{-3}}$ とし、d を L で表せ。

(3)　1 億年前に生成されたプレートの厚さを 70 km とする。この部分の海底の深さは、海嶺のところとくらべて何 m 低くなるか。

第10章　地震活動

地震とは、断層における岩石の破壊によって生じた振動である。日本列島では極めて多くの地震が発生し、有感地震は年間 1,000 回以上である。日本列島に限らず、プレート境界の地域では多くの地震が発生している。

10.1　地震とは何か

10.1.1　岩石の破壊

　地震は、地球内部岩石のある部分に変形が集中して破壊し、断層ができてすべることにより発生した弾性波である。破壊の開始したところが震源であり、破壊の伝わった部分が震源域になる（図 10.1）。震源を地表に投影した地点を震央という。一般に、破壊は同時に起きるのではなく、震源から伝播して破壊が進行する。沈み込むプレートによる大規模な地震では、破壊の進行に 100

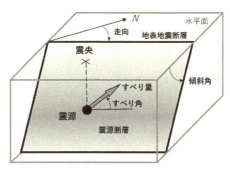

図 10.1　地震の発生する断層。

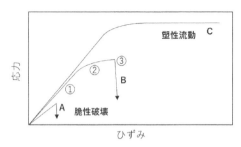

図 10.2　岩石変形・破壊における応力とひずみ。A、B：脆性破壊；C：塑性流動。①弾性、②延性、③破壊。

秒以上要することもある。

　岩石に力を加えていく室内実験をおこなうと、はじめはひずみが力（応力）に比例して増加していく（弾性：図 10.2 ①）。さらに力を大きくしていくと、比例関係からずれてひずみがより大きくなっていく場合がある（延性：②）。ある大きさを超える力に達すると、急速にひずみが大きくなり破壊する（脆性破壊：A、B ③）。この力の大きさが岩石の破壊強度であり、ずれの生じる破壊であることから、せん断応力にあたる。岩石の種類や条件によっては、脆性破壊をせずに、流動的に変形する場合がある（塑性流動：C）。

　地球内部と同様に岩石全体に静水圧（封圧）を加え破壊実験をおこなうと、封圧が大きいと破壊強度（静水圧との差）は上昇する。一般に、温度が高くなると、脆性破壊から塑性流動に変化する。このように、岩石の破壊には圧力・温度条件が関係している。また、岩石が水を含むと破壊強度が低下し、地震が発生しやすくなる。

10.1.2　地震のマグニチュード

　震度は、その地点で観測される地震動の加速度から決められており、震源からの距離に依存する。地震の規模を表す指標としては、マグニチュード（M）が使われる。マグニチュードは、地震波の運動エネルギー E［J］の対数的な表示であり、一般に次式で表される。

$$\log E = 4.8 + 1.5M$$

マグニチュードが 1 大きくなると地震波のエネルギーは $10^{1.5} \cong 32$ 倍になる。

マグニチュードにはいくつかの定義があり、地球科学的研究によく用いられるモーメントマグニチュード（M_W）は次式で表される。

$$M_W = \{\log(\mu DS) - 9.1\}/1.5$$

ここで、μ は岩石の剛性率、D はすべり量、S は震源断層面積である。M9で $S \sim 200\,\text{km} \times 500\,\text{km}$ 程度である。一方、気象庁で発表するマグニチュード（M_J）は、地震計で観測された最大振幅で決められている。M_J と M_W はほぼ同じ数値となるが、巨大地震では M_J が小さくなる。

マグニチュード M の地震が起きる頻度 $n(M)$ は、経験的に次式で表される。

$$\log n(M) = a - bM \qquad (a,\ b：定数)$$

さまざまな観測から $b \sim 1$ であることが知られており、マグニチュードが1大きくなれば発生頻度は約 1/10 になる。地震規模の増加により発生数が指数関数的に小さくなっており、地震には特徴的な規模がないと考えられる。

10.1.3　地震の断層

一般に震源域としての断層（震源断層）は地下にあり、この断層が地表に到達して地形として確認できるものを地表地震断層という。活断層は、最近数十万年間（あるいは第四紀の約200万年間）にずれが生じており、かつ、将来も活動することが推定される断層であり、それ以前のものと区別される。断層の中にはゆっくりとずれるものもある。

地震断層の方向を検討してみよう。2つのプレートが接しているところでは相対運動でずれが生じるが、日本列島の地殻部分などで生じる地震はプレート境界そのものではない。岩石の破壊現象として断層をとらえるとき、破壊を引き起こす力の方向を考える必要がある。

均質な岩石に作用する力を3つの直交方向で考え、平均の力との差（差応力）を σ_1、σ_2、σ_3、$(\sigma_1 > \sigma_2 > \sigma_3)$ とする。σ_1 は圧縮力、σ_3 は引張力となる。弾性体の理論から、σ_1、σ_3 と斜交する2つの面に最大せん断応力が生じることが知られている（**図10.3**、左）。作用する力が大きくなり最大せん断応力が破壊強度に達すると、斜交した面で破壊が起き、圧縮力の方向に短縮し、引張力の方向に伸長する。この破壊面が震源断層に相当する（**図10.3** 右）。

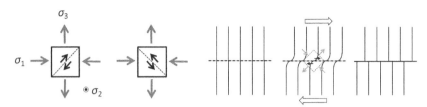

図 10.3　岩石に作用する力と内部に発生するせん断応力（左）、および岩石の破壊面としての断層（右）。白抜き矢印：境界で反対向きになっている変位、灰色矢印：境界面の物質（正方体）に作用する応力、黒矢印：境界面に作用するせん断応力。

10.1.4　プレート境界における地震活動

　グローバルな地震観測から、地球の主な地震はプレート境界地域に集中することがわかっている（図 10.4）。地球上の大部分の地震は、プレート運動に伴う力により発生している。

　プレート境界は発散型、収束型、平行移動型の 3 つに区分され（第 II 部第 8 章）、境界のタイプにより地震発生のメカニズムが異なる。海嶺で発生する地震の断層は正断層、トランスフォーム断層で発生する地震の断層は横ずれ断層である（第 II 部第 13 章）。これらの地震は海嶺、トランスフォーム断層の地形に沿って線状に分布している。一方、海溝付近で発生する地震の震源断層は主に逆断層、横ずれ断層であり、震源分布の幅が広くなっている。収束型のプ

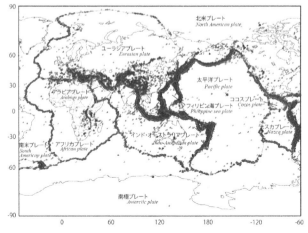

図 10.4　地球で起きる地震の震源分布。黒点は、震央を示す（$M \geq 5$）。

表10.1　1950年以降に起きた超巨大地震

発生年	名称	M_W	沈み込むプレート	陸側のプレート
1952	カムチャッカ地震	9.0	太平洋	北アメリカ
1957	アリューシャン地震	9.1	太平洋	北アメリカ
1960	チリ地震	9.5	ナスカ	南アメリカ
1964	アラスカ地震	9.2	太平洋	北アメリカ
2004	スマトラ沖地震	9.1	インド	ユーラシア
2011	東北地方太平洋沖地震	9.0	太平洋	北アメリカ

レート境界では比較的広い範囲で変形、破壊が生じていることがわかる。また、地震の規模は収束型境界で大きく、特に巨大地震（通常、$M_W \geq 8$）、超巨大地震（$M_W \geq 9$）は収束型境界で起きている（**表10.1**）。

10.2　地震活動の時間変化

10.2.1　本震・余震・前震

　地震が発生すると、始めの地震（本震）よりも小規模な地震が継続して起きる。この地震を余震という。浅い地震の大部分は活発な余震をともなうことが多い。例として、東北地方太平洋沖地震と、兵庫県南部地震をあげる（**図10.5**）。

　余震には、震源域において完全には破壊されずに残った部分が破壊して起きるものと、本震発生により震源域近傍の岩石のひずみが大きくなって起きるものがある。余震がおきる領域を余震域といい、震源域とほぼ一致することが多いが、広がっていく場合もある。また、最大の余震は、ひずみが大きくなった震源域の端で起きることが多い。

　本震の発生以前に、比較的大きな規模の地震が震源域で発生することがある。これを前震という。地域によって前震の有無があり、また、観測例が少ない場合、一連の地震活動の中で前震を判別することはむずかしい。

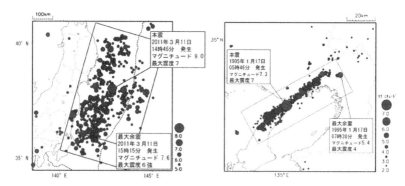

図 10.5　余震域の例（気象庁資料）。東北地方太平洋沖地震（2011 年 3 月 11 日 14：46、M9.0、左図）と、兵庫県南部地震（1995 年 1 月 17 日 5：46、M7.3、右図）。最大余震は、それぞれ 2011 年 3 月 11 日 15：15（M7.6）、1995 年 1 月 17 日 7：38（M5.4）に発生した。

10.2.2　誘発地震

　巨大地震により、周囲の地域の応力・ひずみが変化し、地震が発生することがある。このように、巨大地震が契機となり、その震源域とは別の地域で発生した地震を誘発地震という。

　イベリア半島に、平行移動型境界にあたる北アナトリア断層が東西方向にある。北アナトリア断層は右横ずれ断層であり、しばしば地震が発生している。特に、1939 年以降、断層東部の地震（M7.8）の後、約 60 年間の間に M7 クラスの地震が数回発生した。それらの震源は少しずつ西に移動し、1999 年には約 1000 km 離れた断層西端にあるイズミットに到達した。

　2016 年の熊本地震でも、本震の震源域以外に、阿蘇山付近から別府地域まで地震活動が活発になり、誘発されたと考えられている（図 10.6）。

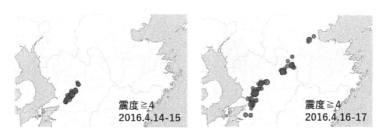

図 10.6　熊本地震における誘発地震。2016 年 4 月 14～15 日に熊本県中央西部で地震が発生し（左）、4 月 16～17 日には阿蘇地域、大分県別府地域にも発生した（右）。

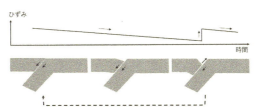

図10.7 地震の繰り返しを説明するモデル。

10.2.3 地震のくりかえし

　地震発生後もプレート運動は継続するため、プレート境界地域の地震は繰り返し発生する。プレートの境界で発生する地震を考えてみよう（**図10.7**）。ひずみの無い状態から始まるとし、海側プレートが沈み込んでいくと陸側プレートも一緒に引き込まれていく。ひずみは徐々に蓄積されるが、まだ小さいため地震活動は穏やかである（静穏期）。さらにひずみが大きくなると、地震が発生しやすくなる（活動期）。やがて、プレート境界の岩石が破壊強度に達すると、地震が発生する。地震発生後はひずみが解放され、余震活動を経て静穏期に戻る。このモデルにより地震活動の繰り返しの基本的過程はプレート運動に原因があることが理解できよう。

　これまでのいろいろな調査から、日本付近では、プレート境界のM8以上の地震は数百年の間隔で、内陸のM7以上の浅い地震は数千年から数万年間の間隔で繰り返すと考えられている。しかし、さまざまな地震について、簡単な周期的発生モデルで対応できるとは限らない。特にプレートの破壊強度は、境界面の形状・粗さ、水の含有量、構成岩石などで異なることが知られており、それぞれの震源断層固有の性質も影響する。

10.3 日本列島の地震活動

10.3.1 日本列島周辺のプレート

　地球全体の震央分布を見ると、日本列島付近の地震は極めて多い（**図10.4**）。海底地形からもわかるように複雑な収束型プレート境界であること、プレート相対運動が速いことが主な原因である。

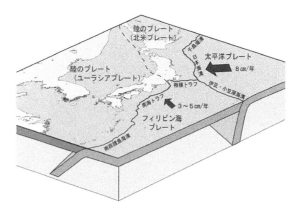

図 10.8　日本列島付近のプレート（気象庁資料）。

　日本列島の陸地は、主に 3 つのプレートからできている（図 10.8）。北海道、東北、関東地域（地球科学的に「東北日本」とよぶ）を含む北アメリカプレート（オホーツクプレートに区分することもある）、近畿、中国、四国、九州地域（地球科学的に「西南日本」とよぶ）を含むユーラシアプレート、富士山、伊豆半島、伊豆・小笠原諸島を含むフィリピン海プレートである。南鳥島（マーカス島）は太平洋プレートに含まれる。

　太平洋プレートは、日本海溝、千島海溝で北アメリカプレートの下に、伊豆・小笠原海溝でフィリピン海プレートの下に沈み込んでいる。フィリピン海プレートは、相模トラフで北アメリカプレートの下に、駿河トラフ、南海トラフ、南西諸島海溝（琉球海溝）でユーラシアプレートの下に沈み込んでいる。また、富士箱根地域の北側で、フィリピン海プレートの一部である伊豆半島が北アメリカ・ユーラシアプレートに衝突している。北アメリカプレートは、甲府盆地から糸魚川にわたる部分でユーラシアプレートに衝突している。ユーラシアプレートは、日本海東縁部で北アメリカプレートに下に沈みこみつつある。

　太平洋プレートの沈み込む速さは特に大きく、東北日本に対して約 6-8 cm yr^{-1} である。沈み込む太平洋プレートの生成年代は、約 1 億年前である。一方、西南日本の南方にあるフィリピン海プレートは約 2,000-5,000 万年前に生成され、ユーラシアプレートに対し 3-5 cm yr^{-1} の速さで沈み込んでいる。

10.3.2　深い地震

　日本列島付近に発生する地震の震央分布と深さを見てみよう（**図10.9**）。太平洋プレートの沈み込みにともなう地震は、千島海溝、日本海溝、伊豆小笠原海溝に沿って帯状に分布し活発である。フィリピン海プレートの沈み込みにともなう地震は、九州以南、特に琉球海溝に多い。日本列島の日本海側にも比較的多く震央が分布する。関東・中部・近畿地域では、太平洋プレートおよびフィリピン海プレート両方の沈み込みにともなう地震がある。

　深さ分布を見ると、日本海東部の北アメリカプレート・ユーラシアプレート境界の地震を除き、海溝からプレート進行方向に深くなっていることがわかる。特に、太平洋プレートの沈み込みにともなう地震には、深さが80 kmを超え700 km弱までの地震が数多くあり、曲面上に分布している。このように深い地震を深発地震といい（深さ300 km程度までは、「やや深発地震」という）、1930年頃に発見された。

　プレートの厚さは高々100 kmであり、陸側プレートのアセノスフェア内で地震が起きることは考えられない。したがって、沈み込んだプレートの温度が低いまま脆性破壊が起きていると考えてよい。沈み込みのシミュレーションモデルからも、スラブ内部の温度は周囲のマントル温度よりも数百度低いことが示されている。

　深発地震の分布から、沈み込んだプレート（スラブという）の形状を推定で

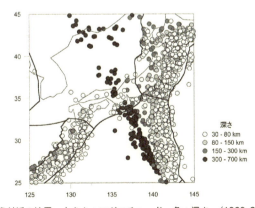

図10.9　日本列島付近の地震。大きさ：マグニチュード、色：深さ、（1960–2011年、$M \geq 5$）

きる。小笠原諸島付近における太平洋プレートのスラブは、深さが80 kmを超えると急激に深くなっており、沈みこみ角度は水平面から70度程度となる。スラブの角度は東北日本に近づくと徐々に小さくなり、東北地域では約30度である。その先端の震央はアジア大陸まで達している。千島海溝では中間の角度のスラブである。このように、日本列島付近で沈み込んだ太平洋プレートは大きく湾曲している。また、約700 km以上の深発地震がないことから、スラブは下部マントル内まで直接には入っていないと推測される。

　南海トラフから沈みこむフィリピン海プレートのスラブはほぼ深発地震がなく、スラブ先端は浅いところにあると考えられる。琉球海溝におけるフィリピン海プレートのスラブは150 kmより深い地震をともなっている。この相違は、琉球海溝に沈みこむフィリピン海プレートは約4,000-5,000万年前に生成されたこと、日本海が約1,500万年前に拡大・形成されたことと関係していると考えられている（第II部第13章 Teatime）。

10.3.3　浅い地震

　関東地域の相模湾付近に比較的大きなマグニチュードを持つ浅い地震（深さ30 km以下）が分布する。プレート境界と太平洋プレートのスラブ形状からすると、フィリピン海プレートが北アメリカプレートの下に沈み込んで起きている地震と考えられる。日本列島の内陸部にも浅い地震が分布する。これらの地震は太平洋プレート、フィリピン海プレートの沈み込みにともなう日本列島地殻の変形、破壊に起因するものと考えられる。浅い地震の特異なものとして、東北日本沖の日本海溝よりも東側に分布するものがあり、沈み込む直前の太平洋プレートの部分的な破壊による。

　以上のことから、プレート沈み込みにともなう浅い地震を分類してみよう（図10.10）。2つのプレート境界で起きる地震は、プレート相対運動の結果として生じるものであり、大きな規模のものが起きうる。地震観測の解析結果によると、逆断層型である。沈み込みプレート内部の変形・破壊によって生じる地震は、海溝の海側の浅い地震から、深さ数百 kmの深さまでの深発地震をともなう。海溝の海側の地震は正断層型であり、より深い地震は圧力・温度によるスラブ内のプレート物質の変化によるものと考えられている。陸側プレート

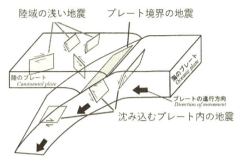

図 10.10 太平洋プレートの沈み込みにともなう日本列島の地震の分類。気象庁資料にもとづく。

内部の浅い地震は、海側プレートの圧縮力による変形・破壊である。その多く
は横ずれ断層による地震であり、逆断層による地震も起きる。これらの陸側プ
レート内部の地震は、ひずみの蓄積が遅く、前述したように発生間隔が数千年
以上と考えられている。

---Teatime---

スロー地震

　地震には、人間の感じることのないゆっくりと動くものがあること
がわかってきた。スロー地震（あるいはサイレント地震）である。人
間の感じる地震を有感地震といい、震度 1 以上のものを指す。スロー
地震では断層面でのすべりが何十日間かけて起きるため、地震波をほ
とんど発生しない。

　観測例として、房総半島沖と豊後水道のスロー地震が知られてい
る。房総半島沖のスロー地震は、精密な GPS 観測による地殻の局地
的水平移動から、1996-2014 年に 5 回の発生が推定されている、深さ
は 10-20 km と、フィリピン海プレートと北アメリカプレートの境界
面にあたる。すべり量は 8-20 cm、マグニチュード（M_w）は 6.3-6.6
である。スロー地震の周囲ではひずみが蓄積されて巨大地震発生の
きっかけになる可能性も注視されている。

Exercise

10.1　日本海溝では、太平洋プレートが約 8 cm yr^{-1} で東北日本（北アメ
　　リカプレート）の下に沈み込んでいる。沈み込んだプレートの深さ
　　は、最大で 700 km 程度である。

（1）　プレート境界面で 100 年ごとに地震が発生すると仮定した場合、
　　　その地震断層面におけるずれは 1 回につき約何 m と考えられるか。

（2）　日本海溝から、一定の速さ、角度 30 度で沈み込んでいるとする
　　　と、最深部分のプレートは、約何万年前に沈み込み始めたと考え
　　　られるか。

10.2　地球の浅い部分での伝播速度は、$V_P \approx 8$ km s^{-1}、$V_S \approx 4$ km s^{-1} で
　　ある（第 6 章）。初期微動の P 波が到達してから主要動の S 波が到
　　達するまでの時間を t とすると、震源からの距離 L は、$L \approx 8t$ とな
　　ることを示せ（単位 L：km、t：sec）。さらに、この関係式を実際
　　に感じた地震に適用し、気象庁発表の震源情報と比較してみよ。

10.3　日本列島における太平洋プレートの沈み込みについて、深発地震
　　（図 10.9）の等深度線を引いて、スラブの形状を説明せよ。

第11章　火山活動

火山は、内部物質の融解で生
じたマグマが上昇し噴出する
現象である。火山は、日本列
島の火山などプレートの沈み
込みにともなう島弧火山活動
と、ハワイ島火山などマント
ルプルームによるホットス
ポット活動に大別される。

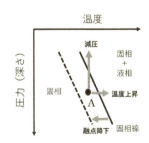

11.1　火山とは何か

11.1.1　マグマの生成・上昇・噴出

　火山活動は、地球内部岩石の融解で生じたマグマが、周囲の岩石との密度差
によって地表近くまで上昇し、圧力が加わって流出・噴出する現象であり、地
球冷却にともなう内部からの熱輸送の1つでもある。マグマ生成は地殻形成、
地球内部物質の進化、地球表層環境の変動に大きくかかわる。

　岩石は複数の鉱物から構成されているため、特別な場合をのぞいて、融点で
すべてが溶けきることはなく、液相（マグマ）
と固相の混合物となる（部分融解）。部分融解
の生じる温度・圧力境界を、固相線という。岩
石の温度・圧力による状態図（相図）を考え、
固相のある点をAとする（図11.1）。Aにあ
る岩石が融解してマグマを生じるためには、3
つの過程がありうる。①温度が上昇し固相線を
超えること、②圧力が減少し固相線を超えるこ
と、③融点が降下し固相線がAを下回ること

図11.1　岩石の部分融解によ
るマグマの生成

である。

　マグマはマントルあるいは下部地殻で生成され、密度が周囲よりも小さいため上昇する。地表付近の物質の密度は内部物質ほど大きくないため、マグマの上昇はある深さで止まる。マグマに溶けこんでいる水などの揮発性物質は、上昇にともなう減圧により気相となってマグマ内の圧力を高める。下からマグマが供給されてマグマだまりの圧力が高くなることもある。圧力が高くなるとマグマは押し上げられ、地表に噴出し、あるいは地表近くに貫入する。マグマだまりは、上昇過程でいくつか形成されると考えられている。

11.1.2　火山の大分類——島弧火山とホットスポット火山

　地球に分布する火山は、主にプレートの沈み込む部分に帯状に分布している（図 11.2）。これらの火山が海面上に現れると、海溝に沿った弧状配列となる（島弧火山）。島弧火山は比較的小規模な火山であり、日本列島の火山などがある。一方、ハワイ島キラウェア火山のように、プレート内に分布するものもある。これらはホットスポットとよばれ、点状に分布することが多く、海洋地域では海洋島を形成する（ホットスポット火山）。現在のマグマ生成のうち、島弧火山活動が約 26 ％、ホットスポット活動が約 12 ％、海嶺における海洋プレート生成が 62 ％と推定されている。海嶺におけるマグマ活動（プレート生

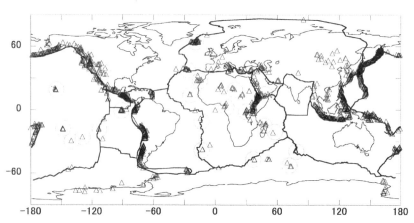

図 11.2　地球の火山分布。三角印：火山、太い実線：プレート境界、細い実線：海陸の境界、細い丸印：ホットスポット。

成）は上部マントル物質の上昇・減圧・部分融解と考えられ、ここでは島弧火
山、ホットスポット火山と別に扱うことにする（第Ⅱ部第12章）。

11.1.3　火山噴出物と噴火規模

　火山は、同じ火口から何回も噴火して火山体が大きくなっていく複成火山
と、1回の噴火ごとに新たな火口を作る単成火山に大別される。富士山は複成
火山であり、さらに溶岩や火山灰が積み重なってできていることから成層火山
に区分される。ハワイ島は、大部分が溶岩からなる複成火山であり、粘性の低
い溶岩のためにゆるやかな地形をもち、盾状火山として区分される。日本の代
表的な単成火山として、伊豆半島東部の大室山がある。

　噴火形態は、噴煙柱などの激しさ、噴出物、噴出物の広がる速さ、水蒸気爆
発の有無、溶岩ドーム形成の有無などから、いろいろな噴火様式に分類されて
いる。1つの火山でも、噴火ごとに様式がことなることがある。

　火山爆発の規模を表す指標として、火山爆発指数（Volcanic Explosivity
Index, VEI）が提唱されている（**表11.1**）。一般に、火山爆発指数が大きい
ほど激しい爆発となる。ハワイ島キラウェア火山は大量の溶岩を流出するが、
火山灰・噴煙柱はほとんどなく非爆発的なため、爆発指数は0である。1986
年の伊豆大島噴火はVEI 3のやや大規模のマグマ噴火であり、全島民が非難
した。1707年の富士山宝永噴火では宝永火山ができ、1914年の桜島大正噴火

表 11.1　火山爆発指数　VEI（Newhall and Self, 1982）。

VEI	0	1	2	3	4	5	6	7	8
規模	非爆発的	小規模	中規模	やや大規模	大規模	非常に大規模			
火山灰噴出量 [m³]	$<10^4$	$\sim10^6$	$\sim10^7$	$\sim10^8$	$\sim10^9$	$\sim10^{10}$	$\sim10^{11}$	$\sim10^{12}$	$<10^{12}$
噴煙柱の高さ [km]	<0.1	$0.1\sim1$	$1\sim5$	$3\sim15$	$10\sim25$	>25			
性質	穏やか	流出的	爆発的		激しく破局的				

では大量の溶岩流出があり、両方とも VEI 5 の非常に大規模な噴火であった。

11.2　島弧火山の形成——プレートの沈み込み

11.2.1　火山フロント

　島弧火山は海溝の陸側で起きていることから、原因は海溝で沈み込むプレートにあると考えられる。地理的特徴として、島弧火山は海溝からある程度離れたところに帯状に分布している。海溝にもっとも近い火山をつなぐ線を、火山フロントという。火山フロントと海溝との距離は、島弧の地域によって異なっている。例えば、東北日本の火山フロントと日本海溝との距離は約 200 km であるが、インドネシアの火山フロントとジャワ海溝との距離は約 300 km である。

　プレートテクトニクスの提唱当初は、沈み込むプレートと周囲のマントルとのまさつ熱による温度上昇が原因となる可能性も考えられた。冷たいプレートが沈み込む一方でマグマが発生するためには、何らかの熱源が必要と考えたからである。しかし、まさつ熱により沈み込むプレートの温度があがると、まさつ係数が小さくなって熱発生が小さくなってしまう。

　別のモデルとして、沈み込むプレートに引きずられて陸側マントルに局所的な流れが生じ、沈みこむプレートを加熱するのではないかとも考えられた。このモデルでは、海側プレートの沈み込む速度が関係する。しかしながら、海溝における沈みこみ速度と火山分布との関係はあまり見られず、火山フロントの位置も明確に説明できなかった。

　ここで、沈み込むプレート（スラブという）上面の深さを見てみよう。スラブ上面の深さは、地震の震源分布から推定できる（第 II 部第 10 章）。震源の等深線をたどると海溝にほぼ沿った弧状になっている。同じ太平洋プレートでも、沈み込む角度は伊豆・小笠原海溝で大きく、東北日本地域の日本海溝では相対的に小さい。火山フロントに対応するプレートの深さを調べると、海溝によらずほぼ 100 km になることがわかった。

　日本列島以外の地域でも、火山分布の特徴を見てみよう（図 11.3）。太平洋プレートの沈み込む千島・カムチャッカ海溝でも、火山は帯状に分布し、火山

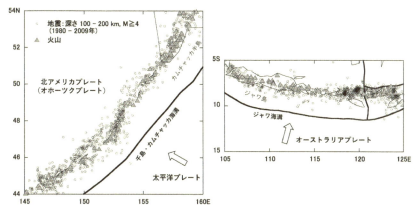

図 11.3 千島・カムチャッカ海溝、ジャワ海溝における島弧火山（灰色三角印）と深さ 100-200 km の地震（白抜き丸印）。

フロントにおける地震の等深線は約 100 km である。ジャワ海溝では、インドプレートが緩やかな角度で沈み込み、急激に大きな角度になる。このようなスラブの形状にかかわらず、火山フロントにおける地震の等深線は約 100 km である。また、大部分の島弧火山はスラブ上面の深さが約 100 km から 200 km の部分に分布している。

11.2.2 融点降下で生じるマグマ

島弧火山のマグマ生成のためには、深さ約 100 km 付近のマントル物質が部分融解すればよい。島弧の下には相対的に温度の低いプレートが沈み込んでいるため、温度をあげることはむずかしく、マントル物質の融点を下げることが必要である。

マントル物質の融点は、水成分を含むと、乾燥した状態よりも下がることが室内実験から知られている。島弧火山の溶岩を分析すると、含水鉱物（OH 基をもつ鉱物）を 1-2 ％以上含むものが多い。沈み込んだプレート物質に含まれる水成分が上部のマントル物質に供給されて融点降下・部分融解が生じ、島弧火山のマグマを作っている可能性がある。

海洋プレートの地殻を構成する岩石には、緑泥石 $(Mg, Fe, Al)_6(Al, Si)_4O_{10}$ $(OH)_8$ やカクセン石 $Ca_2Na(Mg, Fe)_4(Al, Fe, Ti)[(Si, Al)_8O_{22}](OH)_2$ など、

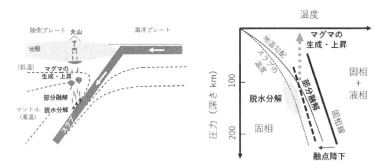

図 11.4　島弧火山のマグマ活動の模式図（左図）と水成分によるマントル岩石の部分融解（右図）。巽（1995）にもとづく。

含水鉱物が存在する。海底で形成された含水鉱物は地表付近では安定であるが、マントル中の温度・圧力では不安定になり別の鉱物に転じる。このとき OH 基は分離し、水成分が放出される（脱水分解反応）。室内実験で含有鉱物が脱水分解反応をする圧力・温度条件を調べると、約 100〜200 km まで沈み込んだプレートの条件に相当することがわかった（図 11.4）。このようなことから、島弧火山のマグマ活動は、沈み込んだ海洋地殻の含水鉱物の分解が主な原因であると考えられている。

　島弧火山のマグマは、粘性が高く、水成分など揮発性成分に富むものが多い（第 II 部第 12 章）。このため、爆発的な噴火や火山灰噴出をともなうものもあり、災害上の注意を要する。

図 11.5　日本列島の活火山と海底地形図。黒三角：活火山。

11.2.3　日本列島の火山

　概ね過去 1 万年以内に噴火した火山及び現在活発な噴気活動のある火山を活火山という。活火山を含む第四紀火山（過去約 200 万年間）について、日本列島および近辺を例にとり、島弧火山の特徴をとらえてみよう（図 11.5）。

　日本列島の活火山の最高峰は富士山である。富士山は伊豆諸島・小笠原諸島へ

と続く狭い帯状の島弧火山の北端付近に位置する。プレート境界との対応を見ると、太平洋プレートがフィリピン海プレートに沈み込む伊豆・小笠原海溝に沿っていることがわかる。これらの火山活動が、伊豆大島、三宅島、西之島などを形成した。小笠原諸島東部にある父島、母島などは活火山ではなく、4,000万年前以上の古い火山活動により形成された火山島である。

　帯状の火山列として、浅間山・榛名山・赤城山から始まって那須岳、蔵王山、樽前山と続くものがある。この火山列は、太平洋プレートが北アメリカプレート（東北日本地域）に沈み込む日本海溝と平行である。日本海側にも、鳥海山、岩木山などもう1つの火山列があることがわかる。東北日本の陸地地形は、これら2つの火山列によるところが大きい。

　北海道地域には、十勝岳から始まり羅臼岳から千島列島へ続く帯状火山列があり、太平洋プレートが北アメリカプレートに沈み込む千島海溝と平行である。日本列島中央部には飛騨山脈（いわゆる日本北アルプス）に沿って木曽御嶽山、乗鞍岳などがある。中央アルプス、南アルプスに活火山はない。

　西南日本地域の日本海側に白山、大山、三瓶山などの火山がある。これらの火山は、フィリピン海プレートがユーラシアプレートに沈み込む南海トラフと平行であるが、火山間の距離が大きい。九州の由布岳、阿蘇山から桜島、開聞岳、さらに南西諸島の口之永良部島、硫黄鳥島にいたる火山列がある。この火山列は、フィリピン海プレートがユーラシアプレートに沈み込む琉球海溝に平行である。雲仙岳は、この火山列よりも陸側に位置している。

11.3　海洋島火山の形成——ホットスポット

11.3.1　線状の海洋島・海山

　ホットスポットとよばれる火山活動は、地球上に数十箇所ある。有名なホットポットとして、ハワイ、アイスランド、ガラパゴス、イエローストーン、レユニオンなどがある（図11.2）。プレート境界にかかわりなく、特定の場所にマグマ活動があることが特徴である。また、現在活発な火山から線状に連なるかつての火山や海山をともなっている。

　ホットスポット火山のマグマは一般に粘性が低いため、島弧火山のような爆

発的な火山活動はほとんど見られず、大量の溶岩流出が特徴的である。その結果、海底からの高さをみると数千メートルの巨大な火山となる。ハワイ島の代表的火山として、マウナケア火山、マウナロア火山、キラウェア火山がある。最も高い標高はマウナケア火山の 4,205 m と富士山よりも高く、ハワイ島の陸地面積は富士山の火山岩分布地域の 10 倍程度になる。島弧火山の代表的な活動期間は数十万年間であるが、ホットスポット火山の活動は数千万年間以上続いていることが多い。

11.3.2　マントルプルームで生じるマグマ

ホットスポット火山は、マントル深部のメソスフェアから上昇する高温物質が原因と考えられている。マントルからの物質上昇をマントルプルームといい、高温のものはホットプルームともよばれる。マントルプルームが上昇すると減圧により部分融解し（図 11.1）、大量のマグマを生成する。

マントルプルームは周囲の物質よりも高温であるため、地震波速度が相対的に小さくなっていると考えられる。ハワイ島の下のマントルを調べると、P 波速度の低い異常部分はマントル最下部まで続くと推定されている。

マントルプルームによる火山活動として、極めて大量のマグマを生成し噴出することがある（洪水玄武岩）。北アメリカ大陸に分布するコロンビア川洪水玄武岩は、日本列島の面積の半分以上になる約 20 万 km^2 に分布し、約 300 万年間で 170 万 km^3 の溶岩を噴出した。このような活動は、シベリア洪水玄武岩や海底にも見られ、地殻形成、物質循環、さらには気候の全地球的変動にも影響を与えたと考えられている（第 II 部第 14 章）。

11.3.3　ホットスポットとプレート絶対運動

ハワイ島を始めとするハワイ諸島は、南東・北西方向の線状になっており、ハワイ島から遠い島ほど溶岩の年代が古くなっている。さらに、海底火山が北西方向に続いており、カムチャッカ海溝まで多数ある（ハワイ・天皇海山列）。線状の火山列・海山列は、メソスフェアに起源をもつホットスポットの上をプレートが移動したためにできたと考えられる（図 11.6）。

ハワイ・天皇海山列の形成は太平洋プレートの運動によるものであり、ハワ

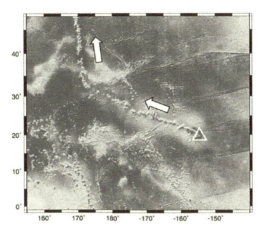

図 11.6　ホットスポットにより線状に形成されたハワイ・天皇海山列。

イ島は 0-100 万年前、ミッドウェー島は約 2,000 万年前、推古海山は約 5,900 万年前、明治海山は約 7,000 万年前であることから、太平洋プレートのハワイホットスポットに対する運動の速さは約 8 cm yr^{-1} と推定されている。また、ハワイ・天皇海山列の方向は約 4,000 万年前に大きく変わっている（図 11.6）。このことは、ハワイのホットスポットから見て、太平洋プレートの運動は約 4,000 万年前に、北北西から北西方向に変化したことを示している。

　海洋地域には、ハワイ島のように活発なホットスポットがいくつもある。ホットスポットの熱源を調べると、メソスフェアの最深部にあたる中心核・マントル境界にあると考えられている。メソスフェアの流動性は小さいため（第Ⅱ部第 8 章）、ホットスポットを不動点と考えてもよいだろう。このように、ホットスポット対するプレート運動をプレートの絶対運動という。プレート相対運動においてプレートの外に仮定した座標系を、ホットスポットに置き換えればよく、ω_A や ω_B が絶対運動に相当する（図 11.7）。

　複数のホットスポットから推定されるプレート絶対運動はほぼ一致していることから、ホットスポットを不動点して扱ってよいと考えられているが、少しずつ動いているとする説もある。

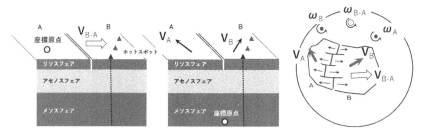

図 11.7　プレートの相対運動・絶対運動の比較（左）と、球面上における運動（右）。

────── Teatime ──────

火星、金星のホットスポット

　火星のオリンポス火山は、標高約 25 km の巨大な火山であり、火星のホットスポットによって形成されたと考えられている（画像の中央下）。数百万年前に噴火した可能性も報告されている。

　地球と異なり、ホットスポット活動が一箇所に集中していたために、巨大な火山となったとする説がある。一方で、火星には磁気縞模様にみえる約 40 億年前の磁気異常が観測されている。磁気縞模様が地球と同じくプレート運動の結果であるならば、オリンポス火山はなぜ形成されたのだろうか。火星にプレートテクトニクスはあったのだろうか。プレート運動が終息した後に、オリンポス地域にホットスポット活動が起きたのだろうか。

　金星には、直径 20 km 以上の火山が 1,000 個以上あるが、プレート運動はないと考えられている。表面にはクレータが少なく、今から3 億年-5 億年前に、大規模な火成活動によって地表が一新されてしまったらしい。

（画像出典：NASA）

> ## Exercise

11.1　中央海嶺の総距離を 1 万 km、プレートの平均的厚さを 70 km として、次の見積もりをしよう。

(1)　プレート相対運動の平均値を 5 cm yr^{-1} としたとき、地球上の中央海嶺では 1 年間に何 km^3 のマグマが流出・固化しているか。

(2)　コロンビア川洪水玄武岩の年間平均噴出量と比較して議論せよ。

11.2　東北日本地域における活火山（黒色三角印）、および、約 1,200-1,500 万年前に生成された火山岩（灰色丸印）の分布図を示す。

(1)　現在の火山フロントを実線で示せ。

(2)　1,200-1,500 万年前、太平洋プレートが日本海溝から沈み込んでいたとして、当時の火山フロントを推定し点線で示せ。

(3)　火山フロントの位置に基づき、東北日本地域の下にある太平洋プレートの形状について、現在と 1,200-1,500 万年前との相違を考察せよ。

11.3　太平洋プレートの絶対運動は、オイラー極

(63.8°S、110.2°E)、回転角速度 0.67°m.y.$^{-1}$（1 m.y.＝100 万年）と推定されている。ハワイ島、タヒチ島における絶対運動の速さを計算せよ。

第12章　地殻の岩石（1）―火成作用

地球地殻の岩石は、マグマ生成・固化、河川による運搬・堆積、高温高圧による再結晶などで生成されてきた。地殻の形成・進化は、地球における元素の移動や熱の輸送をもたらし、また、表層環境の変動を記録している。

（画像出典：東京工業大学地球史資料館）

12.1　地殻の岩石

12.1.1　岩石の生成過程と分類

地殻の岩石は、生成過程から大きく 3 つに区分される。

①火成岩

マグマが冷却し固まったできた岩石であり、溶岩は代表的な火成岩である。地球内部の熱史、内部からの熱輸送、さらに選択的な元素移動による地殻の形成と地球の分化に関わる。

②堆積岩

岩石・鉱物の粒子が地表でたまってできた岩石である。地球の海、湖、大気の組成変化や生物進化（化石も含む）の連続記録を与える。また、その場所の隆起・沈降などの運動や構造的な変動も記録している。（第Ⅱ部第 13 章）

③変成岩

火成岩や堆積岩が、生成時よりも高い温度・圧力下で再結晶した岩石である。大規模な造山運動などの地殻変動を記録している。（第Ⅱ部第 13 章）

12.1.2　岩石を構成する元素

　地表で見られる岩石には溶岩、砂、泥などさまざまなものがあり、それぞれが鉱物の集まりである。岩石の分類の前に、岩石を構成する元素を見て地球岩石を化学的に概観してみよう。

　固体地球最上層の地殻を構成する元素の推定例を、表に示してある（**表12.1**）。地殻の構成元素で圧倒的に多い元素は酸素（O）であり、次にケイ素（Si）である。これら 2 種類の元素が $SiO_4{}^{4-}$ を作り、それらを骨格とするケイ酸塩鉱物が地殻構成物質の大部分である。体積比で見れば、岩石の 90 ％以上の体積を酸素が占めており、その間に他の元素が入っていることになる。

12.1.3　地殻を構成する岩石、鉱物

　地殻を構成する代表的な岩石として、ゲンブ岩、アンザン岩、カコウ岩などがある。地殻岩石の分布状況を地球全体にわたって厳密に決めることは難しいが、大まかな推定がなされている。概算例として、火成岩～65 ％、変成岩と

表 12.1　地球の地殻を構成する主要な元素の相対的な量比。Mason（1966）による。

元素	重量比％	原子数比％	体積比％	イオン半径
O	46.6	62.6	93.8	1.40
Si	27.7	21.2	0.9	0.42
Al	8.1	6.5	0.5	0.51
Fe	5.0	1.9	0.4	0.74
Mg	2.1	1.8	0.3	0.66
Ca	3.6	1.9	1.0	0.99
Na	2.8	2.6	1.3	0.97
K	2.1	1.4	1.8	1.33
合計	98.5	99.9	100.0	

堆積岩～35 ％となっている。地殻を構成する鉱物としては、斜長石～39 ％、
カリウム長石～12 ％、石英～12 ％、輝石～11 ％、カクセン石～5 ％、雲母～
5 ％、粘土鉱物～5 ％、その他の鉱物～11 ％となっている。上位3つの鉱物（斜
長石、カリウム長石、石英；後述）は鉄・マグネシウムを含まず、マントル物
質、中心核物質と大きく異なっていることがわかる（第Ⅱ部第7章）。

12.2 火成岩

12.2.1 鉱物の大きさ、岩石の色

　マグマが地球内部で生成され、浮力により上昇すると、周囲の温度が低いた
め冷却する。地下で固化することもあれば、地表に噴出することもある。この
ような一連の活動を火成作用という。相対的に深いところで冷却・固化した火
成岩を深成岩、火山活動などにより地表に噴出、あるいは浅いところに貫入し
て冷却・固化した火成岩を火山岩という。鉱物のサイズを見ると、深成岩に含
まれる鉱物は大きくそろっていて（等粒状）、肉眼でも見える。火山岩に含ま
れる鉱物は概して小さく、肉眼で見える鉱物は少なく、急冷してできるガラス
質を含む場合もある。

　岩石は化学組成によっても分類される。岩石の主な化学組成である二酸化ケ
イ素（シリカ；SiO_2）の含有量を使うのが一般的である。SiO_2 成分が多いと、

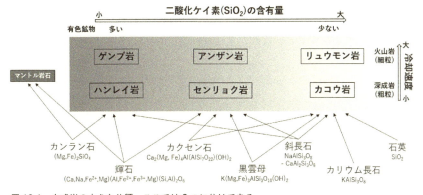

図 12.1　火成岩の大きな分類。ここでは 6 つに分けてある。

岩石が白くなり、少なくなると黒さを増す。

　これらをまとめると、火成岩は冷却速度と SiO_2 の含有量により、大きく 6 種類に分類されている（図 12.1）。地殻を構成する火成岩（65 %）の内訳は、ゲンブ岩的な岩石〜43 %、カコウ岩的な岩石〜11 %、アンザン岩的な岩石〜11 %となっている。

12.2.2　日本列島の火成岩

　日本各地の火成岩を例にとって、SiO_2 の量（wt. %）を具体的に見てみよう。
〈火山岩〉

山梨県富士山青木が原（ゲンブ岩）	51.0 wt. %
群馬県浅間山鬼押出し（アンザン岩）	62.3 wt. %
長野県和田峠（リュウモン岩）	76.5 wt. %

〈深成岩〉

茨城県筑波山（ハンレイ岩）	46.7 wt. %
神奈川県丹沢　（センリョク岩）	53〜73 wt. %
岐阜県苗木（カコウ岩）	76.8 wt. %

SiO_2 含有量（重量比）は、ゲンブ岩・ハンレイ岩〜50 %、安山岩・センリョク岩〜60 %、リュウモン岩・カコウ岩〜70 %以上である。ゲンブ岩でも半分程度は SiO_2 であり、SiO_2 が岩石で最も多い化学成分であることがわかる。

　固化する前のマグマの粘性についても、SiO_2 の含有量で大きくことなる。マグマ中の SiO_2 分子が多いと、それらが結合して長い構造をつくりやすくなるため、一般に粘性は高くなる。例えば、ハワイ島のキラウェア山の噴出する溶岩の SiO_2 平均含有量は 49 %のため粘性は低い。一方、爆発的噴火のあった長崎県普賢岳溶岩の SiO_2 含有量は約 65 %であり、粘性が高い。

12.2.3　元素の分配、結晶分化作用

　岩石の部分融解によりマグマが生じたとき、マグマは元の岩石と同じ元素組成をもっているわけではない。固相として残っている岩石の化学組成も変化している。マグマ（液相）と固体岩石・鉱物（固相）が化学的に平衡にあるとき、

ある元素の固相中の濃度 C_{solid} と液相中の濃度 C_{liquid} の比を分配係数 D という。

$$D = \frac{C_{solid}}{C_{liquid}}$$

分配係数は、温度・圧力条件、さらに鉱物によってことなる。このように、マグマの化学組成は、元となる岩石の鉱物組成と温度・圧力条件によって決まる。

　一般に、カリウム、ナトリウムなどイオン半径の大きな元素は液相に入りやすい（$D < 1$）。このため、マグマによって選択的な元素移動がマントルから地殻へ行われ、地球内部の化学組成が変化していく（地球の化学的分化）。

　固化した溶岩には、肉眼で見ることのできる大きな結晶を含むことがあり、斑晶とよばれる。マグマだまりが地下で比較的ゆっくり冷却すると、鉱物がマグマの中で晶出・成長し、マグマと一緒に噴出すると斑晶として観察される。鉱物の密度は、石英（$2.7\,g/cm^3$）、斜長石（$2.6\,g/cm^3$）、黒雲母（$2.8\,g/cm^3$）、輝石（$3.3\,g/cm^3$）、カンラン石（$3.2\,g/cm^3$）などさまざまである。このため、マグマの液相との密度差により浮いたり沈んだりして液相と分離することがある。残った液相は、分離した鉱物とは独立に結晶化が進み、組成がさらに変化する（結晶分化作用）。結晶分化作用のため、1つの火山でも噴出物の組成が大きくことなることがある。

12.3　海洋底の岩石、大陸の岩石

12.3.1　ゲンブ岩

　地表へ噴出し、あるいは地表近くに貫入して速く冷却し、鉱物が結晶・成長するため、斑晶を除き細粒の鉱物からなる。急激に冷却した場合、結晶のないガラス質の部分がみられることもある。ゲンブ岩のマグマの温度は 1,200 ℃程度以上である。

　海洋底の岩石は、表面付近はゲンブ岩、深い部分はハンレイ岩である。堆積物をとり除けば、ごく表層に海中で急冷した溶岩からなる枕状溶岩が見られる。地球表面の約 7 割は海洋であり、ゲンブ岩が広範囲に分布していることがわかる。プレート運動のため海底は常に更新されているため、現在の海洋底ゲンブ岩は 2 億年前以降の新しいものである。ただし、地上に押し上げられて

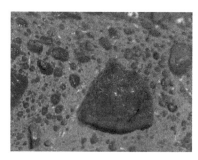 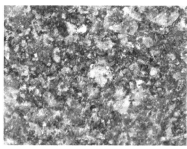

図 12.2 ゲンブ岩（左）とハンレイ岩（右）。ゲンブ岩で黒く見える部分は発泡して空隙になった部分。白い鉱物は、斜長石。ハンレイ岩の黒っぽく見える鉱物は主にキ石。

残った古い海洋地殻もある（オフィオライト）。

ハワイ島、アイスランド島、タヒチ島など海洋島火山の溶岩は、大部分がゲンブ岩である。日本列島の火山でもゲンブ岩の噴出はよく見られ、伊豆大島は全体がゲンブ岩でできているといってもよい。

ゲンブ岩の主な鉱物は、斜長石、輝石、カンラン石である。

斜長石　$NaAlSi_3O_8 - CaAl_2Si_2O_8$　白色

輝石　$XY(Si, Al)_2O_6$、X には Ca、Na、Fe^{2+}、Mg、また Y には Al、Fe^{2+}、Fe^{3+}、Mg の元素が入る。無色あるいは半透明（褐色、緑色など）。

カンラン石　$(Mg, Fe)_2SiO_4$、半透明の濃緑色。

結晶分化作用として、ゲンブ岩マグマから、カンラン石、輝石が晶出し沈降すると、アンザン岩マグマ、リュウモン岩マグマの組成に近づいていく。結果として、アンザン岩、リュウモン岩が同じ火山から生じうる。

12.3.2 海洋プレートの地殻

海洋プレートは海嶺において生成され、地球における最大の火成活動となっている（第 11 章）。マグマから生成される主な岩石はゲンブ岩からハンレイ岩である。海底表面に近い部分は冷却速度が速く、ゲンブ岩である（$SiO_2 = 50 - 51$ wt. %）。中央海嶺で生成されるゲンブ岩を中央海嶺ゲンブ岩という。ゲンブ岩質マグマが海底に噴出すると急冷し、枕状溶岩という独特の構造をもった溶岩を形成する。深い部分はゆっくりと冷却するため、主に粗粒のハンレイ

岩で構成されている。中間の深さでは、マグマが貫入して冷却・固化してできた岩脈や岩床などからできていると考えられている。また、それらのゲンブ岩質岩石層の上を、堆積物がおおっている。

海洋地殻を構成する岩石層を、第1層（堆積物）、第2層（主に枕状溶岩および岩脈）、第3層（主に、ゲンブ岩質岩床およびハンレイ岩）と3つの層に区分している。各層の厚さは生成年代や地域によりことなるが、代表的な厚さとしては第1層が数百m、第2層が2km程度、第3層が5km程度である。

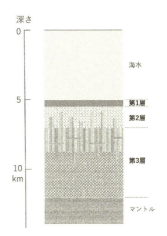

図12.3　海洋地殻の代表的構造。Vine and Moore（1972）にもとづく。

中央海嶺ゲンブ岩のマグマは、約1,300℃以上のマントル物質が上昇し、中央海嶺下で減圧・部分融解してできると考えられている（第Ⅱ部第11章）。全地球的に分布しているが、島弧火山や海洋島火山と比較すると、化学組成・同位体組成の変化が小さい。このことから、原材料としてのマントル物質はかなり均質になっていると推測される。しかしながら、不均質さもある程度見られ、結晶分化作用やことなる物質の混合も考えられている。

12.3.3　カコウ岩

カコウ岩は地下でゆっくり冷却し鉱物が結晶・成長するため、粗粒で同じような大きさ（等粒）の鉱物から構成される。主な鉱物は、石英、長石（斜長石、カリウム長石）、黒雲母である。いずれの鉱物も肉眼で見えるサイズなので区別をつけやすい。また、カコウ岩からセンリョク岩をまとめてカコウ岩類とよぶことも多い。センリョク岩には、カクセン石や輝石も含まれる。

石英　SiO_2　透明

斜長石　$NaAlSi_3O_8$-$CaAl_2Si_2O_8$　白色

カリウム長石　$KAlSi_3O_8$　白色しばしば薄赤色

黒雲母　$K(Mg, Fe)_3AlSi_3O_{10}OH_2$　黒色

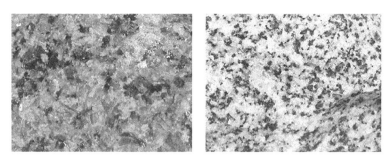

図 12.4　カコウ岩類。カリウム長石を含むカコウ岩（左）とカリウム長石を含まないセンリョク岩（右）。白い鉱物：斜長石、石英。黒い鉱物：黒雲母。灰色の鉱物（左）：カリウム長石。

カクセン石　$Ca_2(Mg, Fe)_4Al(AlSi_7O_{22})(OH)_2$　灰褐色

　大陸地域では 10―30 億年前のカコウ岩類が広く分布しており、生成後に隆起・侵食を経て地表に露出している。このため、カコウ岩は大陸地殻の上部を構成する主要岩石と考えられる。カコウ岩の密度は約 $2.7\,g/cm^3$ とマントル物質や玄武岩と比べて小さく、プレート運動によってもマントル中に沈み込みにくいために、古いカコウ岩が残っている。このように、地球の大陸地殻は成長してきたと考えられている（**図 12.5**）。

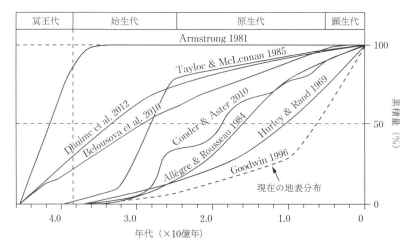

図 12.5　大陸地殻の成長モデル。横軸は時間（×10 億年）、縦軸は現在の大陸面積を 100 とした割合。Cawood et. al.（2013）にもとづく。

　日本にもカコウ岩は広く分布し、隆起・侵食によりカコウ岩の山体をもつ山がある。例として、茨城県筑波山（約6,000万年前）、群馬県谷川岳（約300万年前）、兵庫県六甲山（約8,000万年前〜1億年前）、阿武隈山地（約1億年前）、北上山地（約1億年前以上）がある。

　黒雲母の化学式にOH基が含まれるように、カコウ岩は地球内部の水成分が関与している。カコウ岩マグマの温度は1,000℃程度であり、ゲンブ岩マグマよりも低温である。カコウ岩マグマは、地殻物質の再溶融により生じるという考え方もある。しかしながら、巨大なカコウ岩体の生成メカニズムについて詳しくはわかっていない。

12.4　月の岩石

12.4.1　白い高地、黒い海

　月の岩石は地球の次に良くわかっている。月を見ると、大きく2つの地域に分けられる。1つは、白色に見える地域であり、標高が高いことから高地とよばれる。もう1つは、黒っぽく見える地域であり、標高が低いことから海とよばれる。

　高地・海の色の違いは、太陽光の反射率がことなることによる。高地の岩石は斜長石を主鉱物とするシャチョウ岩であり、太陽光の反射率が高いため白く見える。海の岩石はゲンブ岩であり、反射率が低いため黒っぽく見える。ま

図12.6　月面の写真。画面中央：表側中心、上縁：北極、下縁：南極。（画像出典：NASA）

た、海はクレータに形成されているため、標高が低くなっている。

　高地、海の形成について、次のシナリオが考えられている。原始地球に火星サイズの天体が衝突し（巨大衝突説）、地球周囲に飛び散ったマントル物質が分布した。その物質が集積し、月を形成した。集積が急速だったため重力エネルギーの放出で月にマグマオーシャンが形成された。重いキ石・カンラン石は沈んで月マントルとなり、軽い斜長石は浮いて月地殻となった（シャチョウ岩）。その後、月には大量の小天体が衝突した期間があり、大規模な衝突クレータも形成された。そのクレータの中で、ゲンブ岩が噴出した。

　年代としても、高地岩石は 38-45 億年前のものが多く、海のゲンブ岩は相対的に若いものが多い（30-36 億年前）。海のゲンブ岩マグマの成因は、月内部岩石の放射性元素による熱の蓄積、あるいはクレータ形成時の衝突により発生した熱と考えられている。

12.4.2　親鉄元素の欠乏

　元素存在度をみると（第 I 部第 12 章）、H、C、O、N 等の揮発性元素を除けば、太陽大気中の元素組成は隕石（炭素質コンドライト）の元素組成とほぼ等しい。隕石は原始地球と同じ構成物質と考えられているので、地球も同様であろう。しかし、持ち帰った月岩石を分析すると、隕石と比較して Ni、Co、Ir、Au など鉄と挙動をともにしやすい元素（親鉄元素）が 1/10-1/10,000 ほど欠乏していることがわかった。

　現在もっとも有力な地球・月系形成モデル（巨大衝突説）に基づくと、地球の周囲に飛び散った物質は岩石からなるマントル物質が大部分である。そのために、月には鉄および親鉄元素が少ないと説明されている。

――――――――― Teatime ―――――――――

アポロ計画で持ち帰った月の岩石・土

　アポロ計画の 11 号（1969 年）から 17 号（1972 年）まで、月面着陸の有人飛行により月の岩石・土の試料が地球に持ちかえられた（サ

ンプルリターン）。11 号（21.7 kg）、12 号（34.4 kg）、14 号（42.9 kg）、15 号（76.8 kg）、16 号（94.7 kg）、17 号（110.5 kg）とサンプルリターンは徐々に増え、総重量は約 381 kg である。当初は、貴重さのため月試料を使うことはむずかしかったが、最近では広い研究機関で使われるようになってきている。月試料の分析により、物質科学および生成年代の観点からも、地球と月を一つのシステムとして理解することができるようになった。

宇宙飛行士による月の土の採取（画像出典：NASA）

Exercise

12.1 岩石の密度は、構成鉱物の密度とその割合で決まる。鉱物の密度は、石英（$2.7 \times 10^3\,\mathrm{kg\,m^{-3}}$）、斜長石（$2.6 \times 10^3\,\mathrm{kg\,m^{-3}}$）、黒雲母（$2.8 \times 10^3\,\mathrm{kg\,m^{-3}}$）、輝石（$3.3 \times 10^3\,\mathrm{kg\,m^{-3}}$）、カンラン石（$3.2 \times 10^3\,\mathrm{kg\,m^{-3}}$）である。

(1) カコウ岩の鉱物組成を、石英 30 %、斜長石 60 %、黒雲母 10 % とすると（体積%）、密度は何 $\mathrm{kg\,m^{-3}}$ か。

(2) ゲンブ岩の鉱物組成を、斜長石 35 %、輝石 45 %、カンラン石 20 % とすると（体積%）、密度は何 $\mathrm{kg\,m^{-3}}$ か。

(3)　マントル物質がカンラン石からなり、流動性をもっているとしよう、そのマントルに、カコウ岩の柱（高さ 30 km、断面積一定）と玄武岩の柱（高さ 10 km、断面積一定）を浮かべたとしよう。それぞれの柱について、マントルから浮かび出る部分の高さは何 km か。ただし、圧力による圧縮は考えないとする。

12.2　月の質量は 7.4×10^{22} kg、半径は 1,738 km である。

(1)　月の平均密度を計算せよ。

(2)　月が一様な組成の岩石からなると仮定しよう。密度の比較からすると、月岩石はカコウ岩質の物質あるいはゲンブ岩質物質のどちらに近いか。

第13章　地殻の岩石(2)—堆積作用、変成作用

海岸や谷には、積み重なった地層がしばしば見られる。地層は傾き、曲がっていたりする。色や粒径の異なる地層もある。地層のでき方がわかると、生成されたときの地球環境とその後の変遷を知ることができる。

13.1　堆積岩

13.1.1　堆積物から堆積岩へ

　地表に露出している岩石は、風化や浸食により細かく砕かれる（砕せつ）。砕せつ物は川に流れ込み運搬され、沈殿して堆積物を作る。これらの一連の過程を堆積作用という。運搬されやすさは、砕せつ物のサイズと密度、さらには形状に依存する。堆積物には間隙が多く多量の水分が含まれており、まだ固化していない。堆積物の上に新たな堆積物が積もっていくと、荷重により徐々に水分が抜けていく。脱水が進行すると間隙は小さくなり、炭酸カルシウム（$CaCO_3$）やシリカ（二酸化ケイ素、SiO_2）でうめられていく。この結果、粒子どうしは結合し、堆積物は固化する。堆積してから固化にいたる過程を続成作用といい、このようにしてできた堆積岩を砕せつ岩という。

　砕せつ物は、サイズに応じて礫、砂、泥などに分類される（表13.1）。砕せつ岩も、元の砕せつ物により礫岩、砂岩、泥岩などに分類される。

　火山灰など火山噴火に由来する砕せつ物を火山砕せつ物という（溶岩は含まない）。砂に相当する粒径サイズよりも小さなものを火山灰（2 mm以下）、より大きなもの火山礫（2-64 mm）といい、さらに大きいものを火山岩塊

表 13.1　粒径サイズによる砕せつ物の分類

砕せつ物の種類	粒径［mm］
礫	≧2
粗い砂	0.2-2
細かな砂	0.02-0.2
シルト	0.002-0.02
粘土（泥）	＜0.002

（64 mm 以上）という。火山砕せつ物が堆積してできた岩石を、火山砕せつ岩あるいは火砕岩という。火砕岩は、運搬される砂岩・泥岩などの砕せつ岩とことなり、基本的には流水によって運ばれることなく堆積する。このため、火山砕せつ岩は、堆積岩、火山岩のどちらにも分類されることがある。

　生物起源の物質が沈殿してできた堆積岩もあり、生物岩と言われる。その1つである石灰岩は、浅海に生息するサンゴ、有孔虫の遺骸を起源とする炭酸カルシウム（$CaCO_3$）からなり、やわらかい岩石である。一方、放散虫を起源とするチャートは深海ででき、シリカ（SiO_2）からなる非常に固い岩石である。石炭も、陸上植物を起源とする堆積岩である。

13.1.2　堆積環境の復元

　現在のいろいろな場所、条件下で作られつつある堆積物の特徴と堆積環境との関係をモデル化し、すでに形成された堆積岩の特徴と比較することで、過去の堆積環境を調べることができる。

　河川流域において、山岳地帯では浸食と速い流速の水（代表的流速＞1 m/秒）により多くの砕せつ物が運搬される。大きな礫は、平野部に出ると運搬力が落ちて堆積する。より細かな砕せつ物はさらに運ばれ（代表的流速～0.1 m/秒）、河口付近の堆積物は主に泥・砂からなる（河川堆積環境）。大陸斜面の砕せつ物には、地震などに誘発された多量の泥・砂の混じった水が流れ（乱泥流）、砂岩・泥岩の層が繰り返しできることが特徴である（乱泥流堆積環境；

図 13.1　砂岩と泥岩が繰り返す堆積岩。（千葉県房総半島）

図 13.1）。しばしば、扇状に堆積した海底扇状地を作る。

　深海底など陸地から遠い地域では、細粒の粘土、風で運ばれてきたもの、生物遺骸などが堆積し、堆積速度は 1,000 年間で 1-10 mm 程度と小さい（遠洋性堆積環境）。約 4,000-5,000 m より深い海中では、炭酸塩は溶けてしまう（炭酸塩補償深度）。

$$CaCO_3 + CO_2 + H_2O \rightarrow Ca^{2+} + 2HCO_3^-$$

石灰岩は炭酸塩補償深度より浅い海底でつくられ、より深い海底ではチャートが多い。氷河のある寒冷な地域では、礫と泥・砂が混在しており、基盤の岩石には礫によって削られた跡（擦痕）がしばしば見られる（氷河堆積環境）。これら以外にも、さまざまな堆積環境が調べられ、過去の堆積岩に適用されている。

13.2　変成岩

13.2.1　2 つの変成作用

　堆積岩や火成岩が地下深部に押し込められたり、マグマに接触したりすると、高温・高圧のもとで再結晶して新たな鉱物が生成され、ことなる岩石に変わる（変成作用）。変成作用でできた岩石を変成岩、新たに生成された鉱物を変成鉱物という。元は同じ岩石でも、変成作用の温度圧力条件により異なる変

成岩が生成されうる。

　カコウ岩マグマや熱水が地表近くに上昇すると、周囲の岩石が高温にさらされて変成岩を生じる。このような変成作用を接触変成作用という。周囲の岩石の熱伝導とマグマの冷却が基本的な過程であり、接触変成作用の範囲は数 m から数 km の規模である。

　地表の岩石が地下数 km から数十 km の深さまで引き込まれ、水成分が抜け出すことや（脱水反応）、鉱物どうしの反応がおきる変成作用がある。その範囲は、数十 km から数百 km の帯状分布のことが多く、広域変成作用という。しばしば、高圧の変成作用と高温の変成作用の両方が対となって観察される。広域変成作用は、プレート運動によってもたらされたと考えられている。

13.2.2　変成岩の特徴

　変成作用の圧力は 1 気圧から約 1 万気圧、温度は約 100 ℃から 800 ℃程度であり、それぞれの上限値は地殻最下部の圧力・温度に相当している。変成作用では固相のまま再結晶することが基本過程であり、温度が高すぎると融けてしまう（再溶融）。

　広域変成岩の例として、泥岩を源岩とする場合をみてみよう。地表で泥が堆積し、続成作用により泥岩になる。上部で堆積が進行すると、泥岩に圧力が加わり頁岩、粘板岩、千枚岩と変わっていく（埋没変成作用）。さらに圧力が加わると結晶片岩になり（低温変成作用）、温度も上がると片麻岩になる（高温変成作用）。温度がいっそう上昇すると、溶融してカコウ岩マグマになる。温度上昇にともなう主な反応は、脱水反応である。

　結晶片岩では、変成鉱物が平行に並んでいる縞状の構造（片理）が見られる。片麻岩では、粗粒の変成鉱物が縞模様になっている。このような方向性は、変成作用の過程で岩石がずれの力を受けたことが原因と考えられている（図 13.2）。

　接触変成岩の代表的なものとして、石灰岩からできた結晶質石灰岩（大理石）、泥岩・砂岩などからできたホルンフェルスがある。温度上昇が接触変成作用の原因であり、岩石の構造にあまり方向性は見られない。

図 13.2　広域変成岩（アメリカ・ミネソタの片麻岩）。

13.2.3　圧力・温度の指標

　変成鉱物から、変成作用の圧力・温度を知ることができる。典型的な例として、アルミニウムのケイ酸塩鉱物 Al_2SiO_5 がある。同じ Al_2SiO_5 という化学組成でも結晶構造のことなる紅柱石、珪線石、藍晶石があり、それぞれの存在しうる圧力・温度領域が実験から決められている。したがって、これらの鉱物の存在により、変成岩の受けた圧力・温度範囲を推定することが可能になる。

　ゲンブ岩やアンザン岩などの火成岩を源岩とする変成岩の分類をもとにして、圧力・温度との関係を示した変成岩の区分（変成相）がよく用いられる（図 13.3）。これらの変成相は特徴的な鉱物の組み合わせを持っており、変成岩の鉱物を調べることによりその変成条件を推定することが可能となる。

13.2.4　日本列島の広域変成作用

　日本における代表的な広域変成作用として、中央構造線を境とし南側に分布する三波川変成帯、北側に分布する領家変成帯がある。典型的な三波川変成帯は、四国山地、紀伊山地に見られ、関東山地にも分布する。約 1 億年前に高圧・低温の条件下できた結晶片岩が特徴的な変成岩である。地表の堆積岩がプレートの沈み込みに伴って引きずりこまれ、比較的温度が上がらずに高圧の変成作用を受けたと解釈されている。典型的な領家変成帯は、長野県南部、中国山地から九州東部に分布しており、約 1 億年前に高温の条件下できた片岩が特徴的である。この地域には大規模なカコウ岩もあり（領家カコウ岩）、広範囲に温度が上昇したと考えられている。

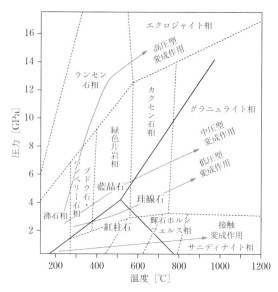

図 13.3　圧力・温度条件によるいろいろな変成相（点線）。Al₂SiO₅ の化学組成をもつ変成鉱物の圧力・温度領域も示してある（実線）。

13.3　主な地質構造

13.3.1　等時代面としての地層

　地質構造には、岩石生成時にできた構造（初生構造）と生成後に変形してできた構造（二次構造）がある。典型的な初生構造は、水平な堆積構造である。堆積物は重力下で積もるため、基本的には水平な地層になり、時間順は下から上へとなる（地層累重の法則）。同じ地層は同時代に形成され、等時代面になっている。

　地層が隆起し水面よりも上に出ると、堆積作用はなくなり浸食作用が起きる。その後沈降して堆積作用が再び始まると、連続性が失われた不整合ができる。不整合は典型的な二次構造である。

　実際に観察できる地層は、植生や土壌等により覆い隠され、断片的な露出にとどまることが多い。野外調査により地層を作っている岩石・化石を調べて対比し、同じ地層をつないでいくことで、直接には見えない部分の地層分布を推

定することができる。噴火で積もった火山灰層など特徴的な地層は、距離が離れていても対比することが比較的容易であり、鍵層とよばれる。

　堆積した年代を決める主な方法をあげると、(1) 比較的短期間で広範囲に生存した生物の化石（示準化石）を用いる、(2) 火山灰層などに含まれる鉱物を用いて放射年代を測定する、(3) 堆積残留磁化を測定し地磁気逆転史と照合する、(4) 酸素同位体比の変化を測定し変動曲線の年代と照合する、(5) ところどころ判明した堆積年代から堆積速度を求めて年代を内挿する、などがある。

13.3.2 断層

　二次構造である断層には、地層のずれが生じている。断層は、正断層、逆断層、横ずれ断層の3つの典型に分類される。実際の断層では、上下のずれと横ずれの両方により斜めにずれが生じていることが多い。このような断層を調べ、どのような力が作用したかを知ることができる。

　地球内部の岩石について、上部の岩石の荷重による圧力以外に、プレート運動などによる水平の力が作用するとしてみよう。鉛直方向 (z) と2つの水平方向 (x, y) との3つの方向の力を考え、平均からの差を考えるとわかりやすい（第Ⅱ部第10章）。作用する力の方向により、3種類の断層を生じる。引張力が x 方向にあると、相対的に圧縮力が鉛直方向に生じる。この場合に破壊すると正断層が発生し、地層全体としては x 方向に伸長する（図 13.4a）。圧縮力が x 方向にあると、相対的な引張力が鉛直方向にあることになり、逆断層が生じる（図 13.4b）。逆断層では、地層全体として x 方向に短縮する。それらの中間的な状態があり、横ずれ断層となる（図 13.4c）。このように、作用する力に応じて、破壊面と破壊方向が回転すると考えればよい。

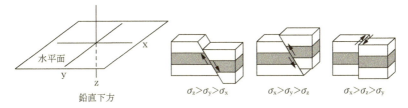

図 13.4　作用する力の方向と3種類の断層。左から(a)正断層、(b)逆断層、(c)横ずれ断層（図では右横ずれ断層）。圧縮力を正とする。

13.3.3　傾斜・褶曲

　堆積後に外力が加わり地層が変形すると、地層面は傾斜する。傾斜した後で浸食を受けると、下位の地層も現れてくる。地層面と水平面とのなす交線の方位を走向（角）といい、水平面に対する地層面の下向きの傾きを傾斜（角）という。

　褶曲は、圧縮力のもとに生じる地層変形の 1 つである（図 13.5）。傾斜が 0°の部分が褶曲の中心（褶曲軸）となり、上昇した部分を背斜、下降した部分を向斜という。水平圧縮力による 1 回の褶曲では、褶曲軸の方向は圧縮力と垂直になる。褶曲後に浸食を受けると、地表には下位の地層も現れる。褶曲した地層の走向・傾斜を測定し、地下の地層構造を推定することができる。

　褶曲を受けた後に傾斜を生じると、褶曲軸が傾く。あるいは、傾斜した後に褶曲すると、褶曲軸は地層面と一致しない。複数の変形が見られる場合、時間的変化の復元には注意を要する。

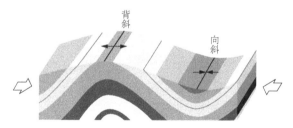

図 13.5　地層の褶曲と褶曲軸

13.3.4　付加体

　プレートの沈み込む場所では、海側の堆積物やゲンブ岩がはぎとられ、陸側に次々と付け加わることがある。堆積物には、チャートなどの遠洋性堆積物や陸起源の乱泥流が含まれ、地層のセットとして付加する。プレートの沈み込みが続くと、新たな地層のセットはすでに付加した地層の下側（海側）にもぐりこみ、逆断層を境として付け加わっていく。このような地層群を付加体という（図 13.6）。付加体があれば、その場所でかつてプレートの沈み込みがあったと考えられる。

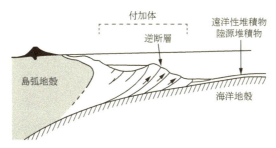

図 13.6　付加体の模式図。

　付加体において、逆断層と次の逆断層の間にある地層は、上側が新しく下側が古い地層になっており、地層累重の法則が成り立っている。しかし、地層のセットとしてみると、上位が古く下位が新しくなり、通常の地層とは逆になっている。見かけ上、地層累重の法則に反する現象は、チャートに含まれる放散虫化石の年代や岩石の放射性元素に基づく年代から明らかにされた。

　日本列島の代表的な付加体は、四万十帯とよばれる数千万年前の地層であり、四国南部を中心に分布する。現在は、南海トラフからフィリピン海プレートが沈み込んでいるが、そのプレート形成は 2 千万年前以降であり、四万十帯よりも若い。したがって、四万十帯はそれ以前のプレートの沈み込みにより生じた。このように、付加体の有無は、かつてのプレート運動を推定する上で重要な情報を与えてくれる。

13.4　日本列島の基盤

　日本列島の地表付近の物質を取り除くと、大部分が付加体あるいは変成岩である（図 13.7）。それらは基盤岩といわれるものであり、その上に火山物質、土壌、さらに植生があると考えてよいだろう。基盤岩は地域によって年代で区分され、概して帯状に分布していることから、○○帯とよばれる。異なる基盤岩は、構造線や断層で接している。

　日本列島全体の特徴として、大陸側で古く海側で新しい。この原因は、海側からプレートが大陸側に沈み込み、付加体を形成し、さらに広域変成作用を引き起こしたと考えると理解できる。帯状構造は、日本列島と必ずしも平行には

図 13.7　日本列島の基盤岩区分の概要。ここでは主な分類を示す。

●火山岩など
　付加体・堆積岩など
●変成岩・カコウ岩など

なっていないこともわかる。原因として、約 1,500 万年前に日本海が形成・拡大し、日本列島がユーラシア大陸から分離したことがあげられる（本章 Teatime）。さらに、伊豆半島に代表される新たな地殻が日本列島に衝突した影響もある。日本列島の大部分は、プレート運動によって寄せ集められた岩石からできていると考えてもよいだろう。

Teatime

日本海の拡大

　日本列島の基盤岩の大部分は、ユーラシア大陸の東縁で形成された。最も古い地層は富山県から北九州に分布し、約 20 億年前の原岩年代をもつ変成岩も存在する。現在の地形を見ると、日本列島とユーラシア大陸の間には、日本海がある。日本海地域のプレートは海洋プレートであり、日本海盆という。

　約 2,000 万年前、西南日本部分にはフィリピン海プレートの一部（四国海盆）が沈み込み、東北日本部分には太平洋プレートが沈み込んでいた。約 1,900–1,500 万年前に、日本海盆が拡大・形成された。

　このように沈み込みの陸側にできる海盆を後背海盆という。マリアナ海盆、スコティア海盆も後背海盆である。

　日本海盆の形成は、岩石の磁化方位から検証された。日本列島が昔からずっと現在の位置・形状であれば、岩石の磁化方位は北方向を指す。しかし、約2,000万年前よりも古い岩石の残留磁化を測定すると、西南日本では北から東回りに50°前後、東北日本で西回りに45°前後の方向を指す（図中の⇒印）。それぞれの地域は、日本海拡大とともに東回り、西回りに回転し、現在の位置になったことを意味している。

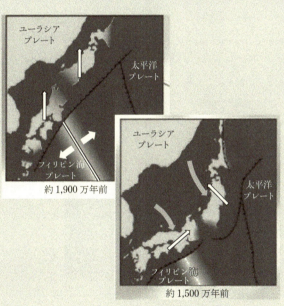

Exercise

13.1　堆積岩の一枚の地層の下部に粗い粒子があり、上部では細かい粒子が観察されることがある。これは、泥や砂などいろいろなサイズの粒子が水中を沈むとき、粗い粒子ほど速く落下するためと考えられる。そこで、密度が等しくサイズの異なる2種類の粒子について、

沈殿速度を検討する。密度 ρ_w、粘性 η の水中において、直径 d、密度 ρ の球形粒子の落下速度 v は、重力加速度を g として次式で与えられる。

$$v=g(\rho-\rho_w)d^2/18\eta \quad \text{（ストークスの法則）}$$

直径が $5\,\mu\mathrm{m}$（泥）と $50\,\mu\mathrm{m}$（細かい砂）の球形をした長石（$\rho=2.6\times10^3\,\mathrm{kg\,m^{-3}}$）について、海水中での落下を考えよう。

(1) 海水を $\rho_w=1.03\times10^3\,\mathrm{kg\,m^{-3}}$、$\eta=1.2\times10^{-3}\,\mathrm{Pa\,s}$ として、それぞれの球形長石の落下速度 v を計算せよ。

(2) それぞれの球形長石が、海面から深さ $10\,\mathrm{m}$ の海底に落ちるまでの時間（単位：時間 hour）を推定せよ。

13.2 水平な地表で、地層の走向・傾斜が下図の通り観察された（地層を色別に示した）。中心の点線を軸として対称に分布し、東側の地層は西側に 30 度傾斜し、西側の地層は東側に 30 度傾斜している。また、中央の地層にはほとんど傾斜が見られない。これらの地層の地下構造として垂直断面を推察し、点線の枠内に描き入れること。

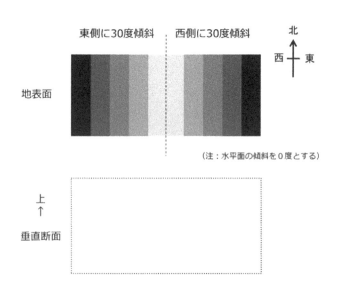

第14章 地球の環境変動と生命進化

地球の初期生命発生について
は未だわかっていない。しか
し、生命誕生後、しばしば激
変する地球表層では多様な生
物種が誕生し、多くの生物種
が絶滅した。一方向に進む時
間軸上で、地球表層環境の大
変動と生命の大進化はリンク
している。

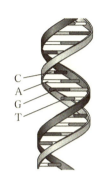

14.1 生物の分類と進化

14.1.1 ゲノム

進化は、形態の変化や機能の変化が次世代へ遺伝し、拡散していくことであり、成長など単一個体にとどまる変化とは異なる。進化のメカニズムはまだ完全には解明されていないが、遺伝子に反映される必要がある。

遺伝子により、どのようなタンパク質を作るかが決められる。遺伝子は、DNA（デオキシリボ核酸）にあり、RNA（リボ核酸）やタンパク質の合成する情報を担っている。DNAは遺伝情報を持ち、その遺伝情報により複数の種類のRNAが合成され、ことなるRNAの作用によりタンパク質が合成される。このような過程を、遺伝子発現という。DNAは遺伝情報の倉庫にあたり、RNAは遺伝情報に基づいてタンパク質合成を実行する役割をもつ。

DNA、RNAは、複数の異なるヌクレオチド（糖、窒素を含む塩基、リン酸基からなる低分子有機化合物）から構成された高分子有機化合物である（本章冒頭図）。DNA、RNAに含まれる遺伝情報全体をゲノムといい、塩基の配列にあたる。配列全部が遺伝子発現にかかわるわけではなく、複雑な生物が長

い配列のゲノムを持つとは限らない。例えば、ヒトのゲノム配列は約 30 億個の塩基を持つが、コムギのゲノム配列には約 170 億個の塩基がある。遺伝子はゲノムの一部の領域であり、どのような RNA やタンパク質を合成するかという情報を持っている。

　生物の分類は、主に生理学的機能や形態などに基づいて行なわれてきた。最近になって、遺伝子の配列により分類することが可能になっている。遺伝子配列は時間とともに変化してきており、遺伝子変化の要因として、自然環境への適応度による選択（自然選択）、個体群の中の遺伝子のばらつき（遺伝的浮動）、遺伝子の突然変異、さらに地球表層環境の変動などが考えられている。

14.1.2　生物の大分類

　現在の生物や生物化石を分類することは、生命進化を解き明かす重要な鍵となる。生物は、ドメイン-界-門-綱-目-科-属 種と、大きな分類から順次細分化されている。

　細胞の種類により、3 つのドメインに大きく分類される。細胞は最小の生命単位であり、エネルギーや維持に必要な物質を得る代謝活動を行う。光合成、化学合成、発酵、呼吸などが代謝活動である。また、細胞は自己複製できる遺伝情報を持つ。細胞と外部とは細胞膜で分けられている。細胞膜は、透過する物質を選択する機能をもつ。ドメインには、細菌（真正細菌ともいう）、アーキア（古細菌ともいう）、および真核生物の 3 つがある。真核生物に対して、細菌とアーキアをあわせて原核生物という。

　原核生物は単細胞であり、細胞核がない。真核生物には単細胞、多細胞のものがあり、細胞核を持っている。原核生物である細菌は、いわゆるバクテリアである。光合成で酸素を発生するシアノバクテリア、また大腸菌は、細菌ドメインに属する。もう 1 つの原核生物であるアーキアは、細胞膜の物質が細菌と異なる。代表的なアーキアとして、熱水に生息する好熱菌や、メタンを発生するメタン発生菌などがある。アメーバなどの原生生物、カビなどの菌類、さらに植物・動物は、真核生物ドメインに属する。

　分類の例として、ヒトとチンパンジーを比較する。両方とも、真核生物-動物界-脊索動物門-哺乳綱-サル目-ヒト科であり、属以下の分類が異なる。ヒト

は、ヒト属-ヒト種（ホモ・サピエンス）であり、チンパンジーは、チンパンジー属-チンパンジー種である。

　各ドメインに属する現生生物に見られる細胞の構造・機能の相違・類似性から、地球形成後のおおまかな生物進化の道すじが考えられている。

14.1.3　地質年代区分と生物分類

　地質年代区分は、大型生物の化石が見られる約5億年前以降の顕生代（あるいは顕生累代）と、それ以前の先カンブリア時代に二分される（図14.1）。顕生代は、代-紀-世-期に細分される。現在は、新生代-第四紀-完新世である。地質年代の区分は基本的に化石によっておこなわれるため、カンブリア紀以降は細分化されている。

　各地質年代の区分は、国際年代層序表として取り決められている。年代値

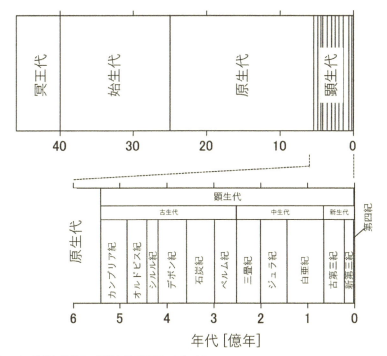

図 14.1　地質年代区分。国際年代層序表にもとづく。

は、百万年（Ma）を単位として記述することが多く、例えば 100 Ma は 1 億
年前になる。以下に、代、紀の地質年代区分と生物分類に基づく特徴的な出来
事を記す。

先カンブリア時代

　冥王代　4,600 Ma-　地球の形成、海洋の形成

　始生代　4,000 Ma-　原核生物の誕生、大陸形成の開始

　原生代　2,500 Ma-　真核生物の誕生、

顕生代（顕生累代）　　多細胞生物の繁栄

　古生代　541 Ma-

　　　カンブリア紀　541 Ma-　海洋生物（無脊椎動物）の爆発的進化

　　　オルドビス紀　485 Ma-

　　　シルル紀　　　443 Ma-

　　　デボン紀　　　419 Ma-

　　　　オルドビス紀からデボン紀　動物群の多様化

　　　　　　例：　オルドビス紀　三葉虫、フデイシ、オウムガイ

　　　　　　　　　シルル紀　魚類、昆虫の誕生、植物の上陸

　　　　　　　　　デボン紀　魚類の繁栄、森林の形成、昆虫の上陸

　　　石炭紀　　　　359 Ma-　シダ植物・昆虫類の繁栄、爬虫類の誕生

　　　ペルム紀　　　299 Ma-　両生類・シダ植物の繁栄、裸子植物の誕生

　中生代　252 Ma-　爬虫類の繁栄、被子植物（門）の出現

　　　三畳紀　　　　252 Ma-

　　　ジュラ紀　　　201 Ma-

　　　白亜紀　　　　145 Ma-

　新生代　66 Ma-　哺乳類、鳥類、被子植物の繁栄

　　　第三紀　　　　66 Ma-（23 Ma を境に古第三紀、新第三紀に区分される）

　　　第四紀　　　　2.58 Ma-

14.2　10 億年スケールの変動

14.2.1　初期地球の海洋・大気

　46 億年前に原始地球が誕生し、巨大衝突により地球・月システムが形成された。現在の火山活動、隕石、地球以外の惑星、さらに古い年代の岩石の研究から、地球の初期大気は二酸化炭素が多く、酸素は少なかったことがわかっている（第 II 部第 3 章）。もし、酸素が原始大気中に多かったとすると、酸素の強い反応性のため、生命の起源となりうる有機分子は酸化されて存在しにくい環境になってしまった可能性がある。

　地球形成後、数億年経つ間に海洋が形成され、大気中の二酸化炭素は海に溶け込み吸収されていった。地球最古の岩石は約 38 億年前のものであり、グリーンランド南部などで発見されている（**図 14.2**）。最古の岩石の分布している地域には、海中で急冷したときにできる特徴的形状をしたゲンブ岩（枕状溶岩）や礫岩が分布しており、原始海洋の存在を裏付けている。

　火成活動により大陸が形成されると、海洋に溶け出した地殻岩石の元素が二酸化炭素と結合して炭酸塩を作り、堆積物として沈殿するようになった。堆積物は二酸化炭素を固体物質中に取り込むことになり、原始大気、原始海洋とは別の新たな CO_2 貯蔵庫としての機能を果たすことになった。

図 14.2　約 38 億年前のアミツォーク片麻岩（東京工業大学地球史資料館）。

14.2.2 微生物の進化

　これまでに発見されている地球最古の生物化石あるいは生痕化石は、35－38億年前の地層にある。当時の生物は、化学合成をおこなう水生の微生物に代表される。現在の細菌の研究から、地球内部から出てくる硫化水素やメタンなどの無機分子から電子を奪ってエネルギーを得る化学合成であったと考えられる。約30億年前には、光エネルギーを利用するものの酸素を発生しない光合成を行う微生物が出現した。

　27億年前には、酸素を発生する光合成細菌（シアノバクテリアなどのランソウ類）が現れた。シアノバクテリアは浅海の堆積物に生息する細菌であり、日中に光合成を行い、夜間に砂・泥などを取り込み堆積する。この繰り返しにより外見がドーム状の独特な多層構造を作り、ストロマトライトとよばれる（図14.3）。現生でも、ストロマトライトは、オーストラリアなどの浅海地域に見られる。

　大陸は約25億年前に急成長し、地殻物質を構成する元素が大量に海洋へ供給されたと考えられている（第II部第12章）。陸起源の物質の供給は、生命活動に要するいろいろな元素を与えることになり、生命の進化を促した要因と考えられている。約20億年前になると、光合成を行って酸素を発生する生物として藻類が出現・繁栄し、海洋中の酸素が急増した。原始海洋中には多くの鉄イオンが溶けており、急増した酸素により酸化鉄として沈殿した。鉄の沈殿は、二酸化ケイ素を主成分とする層と交互に堆積した縞状鉄鉱層を形成した

図14.3　光合成細菌によるストロマトライト（東京工業大学地球史資料館による）。

図 14.4　縞状鉄鉱層（東京工業大学地球史資料館）。

（図 14.4）。縞状鉄鉱層は約 18-27 億年前に多量に形成され、海洋が無酸素状態から酸素に富む状態になった証拠と考えられている。海水中の酸素は大気へ放出され、大気中の酸素濃度も増加した。当時の地層には、酸化した陸上砕せつ物も見られる。

14.2.3　大型生物の出現

　遅くとも約 6 億年前になると、海洋に大型生物が出現した。オーストラリアのエディアカラで多数の化石が発見されたことから、エディアカラ生物群とよばれる（地質年代は原生代末のエディアカラン紀）。硬い殻や骨格をもたず扁平な形をした多細胞生物であり、多様な生物が見られるが、約 5 億 5,000 年前に絶滅した。

　約 5 億年前の地層には、極めて多様な大型海洋動物の化石が見られる。カンブリア紀の始まりにあたることからカンブリア紀の大爆発とよばれ、現生につながる多くの動物群が出現した。その後、コケ類、シダ類が陸上に進出し、さらに昆虫や脊椎動物が上陸することとなった。

　生命進化にとって、大気・海洋の酸素濃度の上昇は 2 つの重要な要因をもたらしたと考えられる。1 つ目は、酸素を利用してエネルギーを得る機能、つまり呼吸のできる生物が選択されたことである。2 つ目は、大気上層にオゾン（O_3）層が生じ、紫外線が地表に到達しにくい環境を作ったことである。DNA は紫外線によって破損しやすく、生物の陸上進出にはオゾン層形成が必

要であったと考えられている。

14.2.4　10 億年スケールの地球生命進化

　10 億年スケールで概観すると、地球生命に直接かかわる環境変動は、大気・海洋中の二酸化炭素濃度減少と酸素濃度増加と考えてよいだろう。生命の誕生にとっては、酸素は有害物質に相当したと考えられる。豊富な二酸化炭素を使った光合成生物が出現・繁栄すると、大気・海洋は無酸素状態から高い酸素濃度に変わった。生物活動によって環境の大変化がもたらされたことになる。この背景には、大陸の急成長によって生命活動に必要な元素が豊富になったことが関与したとも考えられている。

　呼吸機能を持つ生物は、酸素の高反応性により効率よくエネルギーを得ることができ、海洋の大型生物も登場することとなった。オゾン層の形成により、生物は陸上でも繁殖可能となり、生命活動の領域が水から解放された。最近の研究から、約 10-25 億年前に地球のダイナモ作用が強くなって磁場強度が上昇し、生物に有害な宇宙線が効果的に遮断されるようになったことが生命進化に影響した可能性もあげられている。

14.3　1 億年スケールの大変動

14.3.1　生物の大進化

　継続時間から見ると、生物の進化には、自然選択に代表される恒常的な進化と、短時間の大変化がある。短時間の大変化は、生物の大量絶滅や多様化が相当し、生物の大進化という。近年、大進化当時に形成された堆積岩の観察、化学分析などから、地球環境の大変動が原因になっていると考えられている。一般に、突然に起きる大変動をカタストロフィという。原生代末以降のカタストロフィは、1 億年スケールのイベントであるといえよう。

14.3.2　大量絶滅

　既存の多くの生物種が絶滅するイベントを大量絶滅という。科レベル、属レベルの数でカウントしたとき、約 10 ％以上が同時に絶滅するイベントは、顕

生代に5回あったとされ、地質区分年代の境界近くにあたる。

4億4,000万年前　オルドビス紀／シルル紀境界

3億7,000万年前　デボン紀後期

2億5,000-6,000万年前　ペルム紀／三畳紀境界（2回に分けることもある）

2億1,000万年前　三畳紀／ジュラ紀境界

6,600万年前　白亜紀／第三紀境界

5回の中で地球史上最大の大量絶滅は、ペルム紀／三畳紀境界で起きたペルム紀大量絶滅である。科・属レベルで約80％、種レベルで約90％が絶滅した。考えられている原因として、マントルプルームにより約400万km²のシベリア洪水玄武岩が噴出し、噴出物・火山ガスによって地球が温暖化した可能性が考えられている（**図14.5**）。

　白亜紀末の大量絶滅は、地球史上2番目の規模である。約70％が絶滅し、特に恐竜などの陸上大型動物、100 m以浅の海洋表層に生息する生物が絶滅した。直径約10 kmの小天体が地球に衝突したことが原因とする説が有力である。衝突の場所は、メキシコ・ユカタン半島のチクラブ・クレータであるとさ

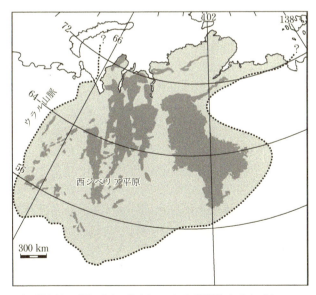

図14.5　シベリア洪水ゲンブ岩の分布。Reichow et al.（2009）にもとづく。

れる。白亜紀・第三紀境界の地層には、地球物質には少なく隕石に多い元素イリジウムの濃度が異常に高く、小天体起源の物質は地球全体に広がったとされる。衝突により森林火災が発生し、太陽光が遮断されて光合成が困難になり、二酸化炭素が増えて地球が温暖化したと考えられている。

　これら2つの大量絶滅の原因・過程について、シベリア洪水玄武岩の形成、小天体衝突は確かである（参照、図14.6）。しかし、それらの事件から絶滅に至るプロセスについては、まだ仮説の域にある。また、白亜紀末の大量絶滅は、インド・デカン地域における洪水ゲンブ岩の形成が原因とする説もある。

14.3.3　多様化

　多くの新たな生物が爆発的に生まれることを多様化イベントという。背景には、それまでの生命環境とは異なる環境が生まれた、あるいは成熟したことがある。先カンブリア時代末のエディアカラ生物群は、多様な原始的多細胞生物の同時発生であり、多様化イベントにあたる。原因として、海洋中の酸素濃度が十分に高かったことと、約6-7億年前に起きた全球凍結（後述）後の温暖化が考えられている。

　大量絶滅の後には生態系の空洞化が生じる。その部分を埋めるように、生き残った生物が著しい進化を遂げることがある。例えば、白亜紀末の大量絶滅により、陸上の恐竜は100％絶滅した。その後に取って代わったのが哺乳類（哺乳綱）であり、新生代に繁栄することとなった。

14.3.4　全球凍結

　地球表層の大部分が氷床で覆われ凍結していた時代があり、全球凍結とい

図14.6　約5万年前の鉄隕石衝突により形成されたアリゾナ大隕石孔。直径約1.2 km。

う。全球凍結は、約22-24億年前、約6-7億年前の少なくとも2回はあったと考えられている。当時の堆積岩の中に氷河堆積物があり、地層の古緯度（第Ⅱ部第5章）を測定すると低緯度地域にあったことがわかった。したがって、地球の赤道域までが凍結していた氷河時代だったことになる。

　全球凍結の発生および回復過程については、まだ仮説の段階である。大陸が急成長すると、海洋へCaなど金属元素が大量に供給され、海洋の二酸化炭素は炭酸塩鉱物として沈殿・堆積し、海洋中のCO_2濃度が減少した。大気中の二酸化炭素は海洋へ溶け込み、海洋では沈殿する過程が進行し、大気のCO_2濃度が減少して温室効果が弱まった。このために、地球全体の気温が低下し全球凍結にいたった。全球凍結が起きると、地表の風化は止まり、生物活動も停止した。その結果、二酸化炭素濃度が増えて温暖効果があがり、全球凍結から脱出した。全球凍結の時代には、多くの生物は絶滅したであろう。一部で生物は生き残り、全球凍結から脱出すると、生物の爆発的進化・多様化が起きたと考えられている。

Teatime

エウロパの地下の海、地球外生命の可能性

　ガリレオが1610年に望遠鏡で発見した木星の月（ガリレオ衛星）は4個あり、軌道半径の小さな順にイオ、エウロパ、ガニメデ、カリストとよばれる。いずれも表面が氷に覆われており、内部に岩石層、中心核がある（第Ⅱ部第7章）。エウロパの半径は約1,570kmと地球の月（約1,740km）より一回り小さく、表面の温度は約−100〜−150℃である。これまでの探査から、エウロパの固体の氷層の下には、溶けた氷の部分、つ

（画像出典：NASA）

まり海が広がっていると考えられている。表面にある線状の地形は、表面の氷が木星の強い潮汐力で裂け、内部から湧き出た海水が凍りついてできたと解釈されている。この地下の海には太陽光はとどかないので、光合成をおこなう生物でなく、化学合成によりエネルギーをえる微生物が生息している可能性がある。地球初期のバクテリアにあたり、現在でも地球深海の熱水孔の近くに生息する好熱菌もその一種である。欧州宇宙機関（ESA）が中心となって、2022 年に探査機を打ち上げ、2030 年に木星に到達し、エウロパを含むガリレオ衛星を探査する計画を進めている。

Exercise

14.1   地球生命の誕生、進化において、10 億年スケールの酸素濃度変化の影響を説明せよ。

14.2   C、H、N を含む有機物は一般的に酸化されやすく、結果的に CO_2、H_2O、NO_2 の無機物を生じる。また、大量絶滅の起きた時代に相当するペルム紀末の泥岩層には、有機物が多いものがある。これらのことから、ペルム紀末の海洋の酸素濃度はどのようであったかを推測せよ。

第15章 太陽系の探査

人類の太陽系に関する知識は、約60年間の月・惑星探査により、飛躍的に進んできた。また、地球以外の天体を知ることで、地球を一つの惑星として科学的に見ることができるようになっている。宇宙スケールの科学的地球観・自然観の誕生である。

(画像出典：JAXA)

15.1 人工衛星による科学探査

15.1.1 ミッション

　人工衛星探査の計画では、明確な科学目標（ミッション）を決めなくてはならない。観測対象となる天体について、これまでの探査結果およびすでに予定されている探査計画に基づき、どのような観測をあらたに行えば何を解明できるのかを、関連する科学者および技術者で議論する。科学探査の全体像を策定した後に、提案された観測候補の重要度を検討し、スケジュール、打ち上げロケット、予算などに応じて、人工衛星に搭載する機器を選出する。

　観測の精度は、観測機器機能を左右するため重要である。観測機器開発では、従来の機器の踏襲部分と新規開発部分とに分け、機器開発の可能性を検討する。実際には、将来の衛星探査を見据えた基礎的な機器開発を事前に行ってきたうえで、搭載機器候補として提案される。

15.1.2 スピン制御衛星と姿勢制御衛星

　観測機器を搭載する人工衛星の機能は、観測条件を制約する。例えば、姿勢制御の方法がある（図15.1）。スピン制御衛星とよばれる人工衛星は、衛星全

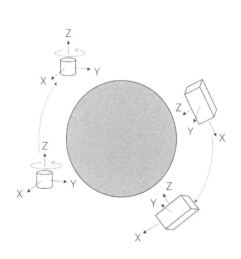

図 15.1　スピン衛星と 3 軸姿勢制御衛星の概念図（左図）と、月周回衛星の例（右図）。右図の人工衛星は、スピン衛星の「ルナ・プロスペクタ」（右上：NASA、重量約 300 kg、直径約 1.4 m、5 つの観測機器、1998-1999 年観測）、3 軸姿勢制御衛星の「かぐや」（右下：JAXA、重量約 2,900 kg、約 2 m×2 m×4 m、14 の観測機器、2007-2008 年観測）。

体が数秒に 1 回で回転することで人工衛星の姿勢の安定をはかっている。小型の推進エンジン、少ない燃料など衛星全体の軽量化を行える利点があり、科学目標を絞り少数の観測機器を搭載した人工衛星にしばしば用いられる。スピン制御衛星では観測機器も回転している。また、人工衛星の回転軸は宇宙空間で変化しないため、観測対象の天体に対して観測機器の方向が変化する。

　一方、3 次元的に姿勢制御を常時行う 3 軸姿勢制御衛星がある。さまざまな画像を撮る地球観測衛星では、3 軸姿勢制御によりカメラなどの観測機器を地上へ向けたまま保持できる。姿勢制御専用の多数の小型推進エンジン、人工衛星を回転させるために角運動量を調整する装置などを搭載し、スピン衛星より大型になる。気象衛星「ひまわり」も姿勢制御衛星であり、日本列島を常時撮影できるようになっている。

15.1.3　ノミナル観測とオプション観測

　探査計画の重要な要素として、打ち上げ、飛行、観測のスケジュールがあ

る。地球外天体の探査では、到達するまでの期間や燃料消費をできるだけ抑えるため、打ち上げの期間と飛行軌道が限定される。月は約1ヶ月で地球を公転するので、打ち上げを延期しても1ヶ月後にほぼ同じ条件になるが、火星や水星の探査は数年に一度、打ち上げの好機がおとずれる。このような遠方の天体の場合、打ち上げ期間にあわせて機器開発を数年前から実施することが多い。

打ち上げ時期は、観測条件を左右することもある。特に、磁場・プラズマ観測は太陽風の影響を強く受けるため、11年周期の太陽活動変化のどの時期にあたるかにより、観測条件が大きくことなる。

到達後、科学目標を達成するために詳細に計画された定常観測（ノミナル観測）を始めに行う。人工衛星と観測機器は、最低でもノミナル観測の間は作動するように設計される。ノミナル観測終了後、科学目標の達成度、機器・燃料の状況などに基づき、事前にいくつか計画された後期観測から適切なものを選び、観測を延長することがある（オプション観測）。オプション観測では、特定の科学観測に絞って、人工衛星の軌道を大きく変更することもある。JAXAによる月周回衛星「かぐや」の場合、高度約100 km のノミナル観測を2007年12月21日に開始し2008年10月31日に終了した後、軌道高度を維持した観測を約3ヶ月間延長し、さらに2009年2月12日から6月11日まで低高度による観測を実施した。

15.2　人工衛星の軌道

人工衛星の軌道は、周回軌道と放物線・双曲線軌道に大別される。地球の場合、周回軌道の軌道速度は約7.9 km/s（第一宇宙速度）、放物線・双曲線軌道の速度は約11.2 km/s（第二宇宙速度または地球脱出速度）である。

周回軌道には、形状により円軌道と楕円軌道がある。円軌道は高度一定であり、一例として地球の静止軌道（高度約36,000 km）がある。楕円軌道は、天体に最も近い点（近地点）と遠い点（遠地点）に特徴づけられる細長い軌道であり、磁気圏探査によく用いられる。軌道の重要な要素として、自転軸に対する傾斜角があり（後述）、傾斜角0度に近いものを赤道軌道、90度に近いものを極軌道という。

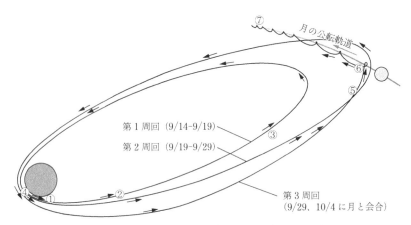

図 15.2　月周回衛星「かぐや」の打ち上げ後の軌道（JAXA 資料にもとづく）。

　地球周回をする軌道を生成するとき、通常は高度約 200 km の円軌道にいったん乗せてから、さらに加速して軌道半径を大きくする。月探査の場合、始めから楕円軌道に乗せ、近地点で加速して月の重力圏内に到達する（図 15.2）。そのままでは人工衛星の軌道面は月の赤道軌道に近い。月全体を観測するためには極軌道に乗せる必要があり、月重力圏内に入るときに軌道面と垂直方向に加速して軌道傾斜角を変更する。一般に、人工衛星と目標とする天体との相対速度は大きくことなるため、周回軌道投入には高精度の制御を要する。

15.3　観測機器の開発

15.3.1　宇宙観測機器への制約

　人工衛星搭載の観測機器には、特有の制約がある。ロケットの打ち上げられる最大重量、最大サイズは決まっているため、軽量化、小型化、省電力化が必須である。特に軽量化は重要であり、搭載機器が軽くなればその分を燃料に回せ、観測期間を長くすることが可能になる。

　宇宙観測特有の制約として、放射線対策がある。地球外天体に行くときには地球周囲の強い放射線帯を通過するため、地上で使っている電子部品では故障することがある。このため、特別仕様の耐放射線の部品を使ったり、宇宙線から保護する部品を取り付けたりする。

　宇宙では空気による熱輸送がないため、機器の温度が高くなりすぎたり、低くなりすぎたりすることがある。さらに、太陽のあたる面と影の部分との温度差が100度を超える。このため、人工衛星全体を軽量の断熱材でおおい、機器の発熱を抑え、さらに熱を影の部分へ運び放熱する装置が取り付けられる。

　空気がないことによる影響として、金属どうしが密着して滑りにくくなる現象が起きる。このため、宇宙空間で機械的に動く装置、伸展する装置には、滑りやすくするための工夫をしなくてはならない。また、空気がないことによる影響として、太陽光による静電気が発生しやすくなることもある。

　ロケット打ち上げ時には、加速による数Gという衝撃と、強い振動が発生する。観測開始後の軌道修正の場合にも衝撃が加わる。それらの衝撃・振動に十分に耐えられる装置を開発しなくてはならない。

　観測で得るデータには、機器性能だけでなくデータ通信の制約もある。地球への転送レートによって、機上で取得できるデータ量は限られるため、観測計画そのものにかかわってくる。

15.3.2　人工衛星への搭載

　観測機器や人工衛星維持の装置の間で、熱、電気、磁場、視野などさまざまな干渉が起きうる。これらの可能性を事前にチェックし、相互に調整する必要がある。また、各機器、各装置に温度・電圧などをモニタするセンサを要点に取り付け、常時チェックすることが行われる。機器開発の段階では、熱真空試験（真空中で温度をあげて作動させる実験）、振動・衝撃試験、電磁場干渉試験、通信の試験、動作試験などを、地上施設で行う（**図15.3**）。これらの地上試験は、個別機器だけでなく連結した状態でも実施し、全体で確認しながら進

図 15.3　月周回衛星「かぐや」搭載・磁場観測装置（12 m長のセンサ・マスト）の地上伸展試験（左・中図）と、月周回軌道投入後の伸展状況の確認画像（右図：広角モニタカメラによる）。

めていく。さらに、機器・装置に不具合が生じた場合にありうる自機器・他機器への影響について、その度合いと解決策を事前に練っておく。

15.4 人工衛星観測

15.4.1 重力観測

　人工衛星の軌道は、6つの要素で表すことができ、探査対象の天体による重力により決まる（図 15.4）。もし天体が球対称の密度分布をもつならば、軌道要素は変化しない。密度分布が球対称からずれていると、人工衛星の軌道は少しずつ変化していく。軌道観測から、天体の重力場を決定できる。

　地球の比較的近くを周回する人工衛星には、地球が球対称でない形状に起因する軌道変化が見られる。人工衛星は、地球赤道の膨らんだ部分から、軌道面を地球自転軸に向かうような偶力 N を受ける。この偶力の大きさは、地球のふくらみ度合いに比例する。軌道傾斜角により、人工衛星の角運動量 L の向きは北半球側、南半球側となる（図 15.5）。

　$N \perp L$ なので、L は自転軸との傾きを保ったまま、自転軸の周りに回転し、軌道面は少しずつずれていく。このずれの速さは、軌道傾斜角（L と自転軸との成す角）、高度と地球の扁平度で決まる。一般に、軌道傾斜角が 90 度以下ならば西回り回転、90 度を超えると東回り回転になる。また、高度が大きいほど軌道面の移動速度が小さくなる。例えば、軌道傾斜角 30 度のとき、高度 200 km では一日間で約 8 度の西回り、高度 1,000 km では一日間で約 5 度の西回りの移動となる（図 15.6）。

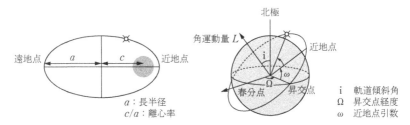

図 15.4　人工衛星の軌道要素。軌道のサイズ・形：離心率、長半径；軌道面の宇宙空間における位置：軌道傾斜角、昇交点経度、近地点引数；人工衛星の軌道上の位置：ある時刻における位置。

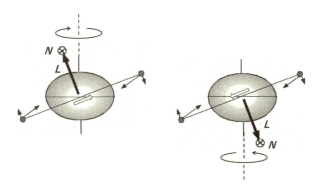

図 15.5　人工衛星の軌道面の回転。

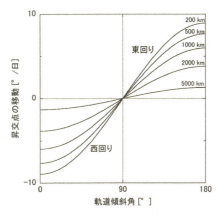

図 15.6　人工衛星軌道面の移動の速さと軌道傾斜角・高度との関係。

このような人工衛星軌道変化の観測と地球自転軸の歳差運動の観測（第 II 部第 5 章）から、地球の慣性モーメントを推定できる。

15.4.2　クレータ年代学

月には最大直径 1,000 km サイズまで大小さまざまのクレータが見られる。撮像機器開発の結果、近年では 10 m スケールの精度で地形を判別できるようになってきた。重要な観測結果として、ある地域のクレータサイズと個数（クレータ数密度）をカウントすることで、月表面の形成年代を詳細に推定することができるようになった（クレータ年代学）。形成年代の若い地域ではクレー

タ数密度が低く、古い地域ではクレータ数密度が高い。このことを利用し、月
地殻の年代が推定されている。

　同じ溶岩が広がっている地域など、地形などから同年代の地域（層序）を決
め、表面に分布するクレータの直径と個数を数えてサイズごとの数密度を求め
る。一般に、サイズの小さなクレータほど数密度が高い。形成年代のことなる
地域ではクレータ数密度もことなるが、サイズ依存性は類似していることがわ
かる（図 15.7、左）。クレータ数密度を、「晴れの海」を基準にして規格化し
て表すと、月のクレータサイズ分布はいずれの地域でもほぼ同じである（図
15.7 右）。このことは、月形成以来、形成されるクレータのサイズ分布は同じ
メカニズムであり、全体としての数密度の高低は年代に差異によることを意味
している。

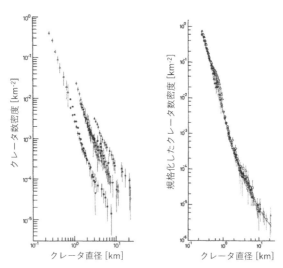

図 15.7　月クレータのサイズ分布（Neukum et al., 1975）。縦軸は大きいものから小さいものへ
の累積数密度である。左：各地域の観測データ、右：「晴れの海」の値で規格化した数密度。

　一方、アポロによって持ち帰った月岩石の放射年代から、いくつかの地域で
の年代がわかっており、クレータ数密度と年代との関係を推定できる。半径
$1\,\mathrm{km}$、$1\,\mathrm{km^2}$ あたりのクレータ数密度を N、年代を T（$\times 10$ 億年）とすると、
次の実験式となる。

$$N = 5.44 \times 10^{-14} \{\exp(6.93T) - 1\} + 8.38 \times 10^{-4}T$$

　結果として、人工衛星から撮影した画像から月クレータのサイズと個数を読み取り、サイズに対する累積度数にクレータサイズ分布の多項式を適用して、N を求める。N の値から、年代較正曲線による年代 T が得られる。クレータ年代学により、たとえば、月の表側にある「雨の海」の溶岩は短期間で形成されたわけではなく、10 億年以上の期間を要したことがわかる（図 15.8）。

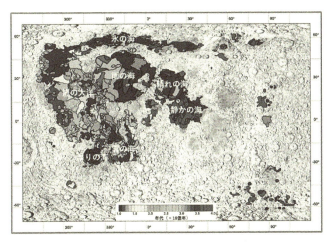

図 15.8　月表面岩石のクレータ年代（右）。Hiesinger et al. (2010) にもとづく。

— Teatime —

火星ローバーが発見した堆積岩

　火星に水がかつて大量に存在していたか、現在でも存在しているかということは、火星の進化、地球外生命の可能性、火星利用計画と関係し、重要な問題である。解明の鍵を握るのが、ローバー（探査車）による地表の直接探査である。月とことなり、火星のローバーは無人であること、電波の送受信に数分要することから、かなりの自律性も必要となる。

　火星ローバーで実際に動き回って観測したものは、ソジャーナ（1997年）、スピリット（2004-2009年）、オポチューニティ（2004年-）、キュリオシティ（2012年-）などである。

　ゲールクレータにおいてキュリオシティが撮影した火星岩石には、層状構造が明瞭に見える堆積岩があった。特徴を調べると場所によって堆積環境が大きくことなっており、例えば、ある場所では一つ一つの層が厚く赤鉄鉱（Fe_2O_3）が多いが、近くの別の場所では層が薄く褐鉄鉱（Fe_3O_4）が多かった。地図上に観測結果を描いてみると、かつて存在した湖の浅い水と深い水における湖底堆積物であることがわ

かった。浅い部分では陸地に近いため堆積層が厚く、また酸化的環境により赤鉄鉱を多く含む。一方、深い部分では堆積層が薄く、あまり酸化的でないため褐鉄鉱を多く含む。このように、地球の湖と似た環境が火星にもあったと考えられている。

（画像出典：NASA）

Exercise

15.1　地球の静止軌道衛星の高度を導け。

15.2　アポロ有人月探査の着陸地点は、月表側の低中緯度に限定されている。その理由を考察せよ。

15.3　月に観測機器を降ろし、1年間観測するとしよう。この計画では、どのようなことが難点となるか。

参考図書

本書の内容について理解を深めるために必要な図書を挙げる。

第Ⅰ部・第Ⅱ部を通して参考となる資料

■ 国立天文台編『理科年表』、丸善出版（各年度ごとに改訂）
■ 森口繁一ほか『岩波数学公式』（全3巻）、岩波書店（1987）
■ 岡村定矩ほか編『天文学事典』（シリーズ 現代の天文学 別巻）、日本評論社
（2012）

第Ⅰ部

入門的

■ 矢野太平『拡がる宇宙地図』（知りたいサイエンスシリーズ）、技術評論社
（2008）
■ 尾崎洋二『宇宙科学入門』、東京大学出版会（1996）

やや発展的

■ 岡村定矩編『天文学への招待』、朝倉書店（2001）
■ 岡村定矩『銀河系と銀河宇宙』、東京大学出版会（1999）
■ 海老原充『太陽系の化学』（化学新シリーズ）、裳華房（2006）

発展的

■「シリーズ 現代の天文学」（全17巻）、日本評論社（2007-2012）

第Ⅱ部

やや発展的

■ 山本明彦編著『地球ダイナミクス』、朝倉書店（2014）
■ Stacey, F.D., Davis, P.M., *Physics of the Earth* (4th edition), Cambridge University Press, 2008

発展的

■「岩波講座 地球惑星科学」（全14巻）、岩波書店（1996-1998）

328

引 用 文 献

第Ⅰ部

Anders, E., Grevesse, N. (1989) Abundances of the elements – Meteoritic and solar, *Geochimica et Cosmochimica Acta*, 53, 197, doi: 10.1016/0016-7037(89)90286-X

Bahcall, J.N. et al. (1995) Solar models with helium and heavy-element diffusion, *Reviews of Modern Physics*, 67, 781, doi: 10.1103/RevModPhys.67.781

Calvet, N. et al. (2005) Disks in Transition in the Taurus Population: Spitzer IRS Spectra of GM Aurigae and DM Tauri, *The Astrophysical Journal*, 630, L185, doi: 10.1086/491652

Charbonneau, D. et al. (2000) Detection of Planetary Transits Across a Sun-like Star, *The Astrophysical Journal*, 529, L45, doi: 10.1086/312457

Ferrarese, L. et al. (1996) Evidence for a Massive Black Hole in the Active Galaxy NGC 4261 from Hubble Space Telescope Images and Spectra, *The Astrophysical Journal*, 470, 444, doi: 10.1086/177876

Freedman, W.L. et al. (2012) Carnegie Hubble Program: A Mid-infrared Calibration of the Hubble Constant, *The Astrophysical Journal*, 758, 24, doi: 10.1088/0004-637X/758/1/24

Herschel, W. (1785) On the Construction of the Heavens, *Philosophical Transactions of the Royal Society of London*, 75, 213

Hesser, J.E. et al. (1987) A CCD color-magnitude study of 47 Tucanae, *Publications of the Astronomical Society of the Pacific*, 99, 739, doi: 10.1086/132094

Hubble, E. (1929) A Relation between Distance and Radial Velocity among Extra-Galactic Nebulae, *Proceedings of the National Academy of Sciences of the United States of America*, 15, 168, doi: 10.1073/pnas.15.3.168

Hubble, E.P. (1936) *Realm of the Nebulae*, Yale University Press.

Karachentsev, I.D. et al. (2003) Local galaxy flows within 5 Mpc, *Astronomy and Astrophysics*, 398, 479, doi: 10.1051/0004-6361:20021566

Kitamura, Y. et al. (2002) Investigation of the Physical Properties of Protoplanetary Disks around T Tauri Stars by a 1 Arcsecond Imaging Survey: Evolution and Diversity of the Disks in Their Accretion Stage, *The Astrophysical Journal*, 581, 357, doi: 10.1086/344223

Kokubo, E., Ida, S. (2000) Formation of Protoplanets from Planetesimals in the Solar Nebula, *Icarus*, 143, 15, doi: 10.1006/icar.1999.6237

Lean, J. (1991) Variations in the sun's radiative output, *Reviews of Geophysics*, 29, 505, doi: 10.1029/91RG01895

Mather, J.C. et al. (1990) A preliminary measurement of the cosmic microwave background spectrum by the Cosmic Background Explorer (COBE) satellite, *The*

Astrophysical Journal, 354, L37, doi: 10.1086/185717

Oort, J.H. et al. (1958) The galactic system as a spiral nebula (Council Note), *Monthly Notices of the Royal Astronomical Society*, 118, 379, doi: 10.1093/mnras/118.4.379

Palla, F., Stahler, S.W. (1993) The Pre-Main-Sequence Evolution of Intermediate-Mass Stars, *The Astrophysical Journal*, 418, 414, doi: 10.1086/173402

Russell, H.N. (1914) Relations Between the Spectra and other Characteristics of the Stars. II. Brightness and Spectral Class, *Nature*, 93, 252

Seeger, P.A. et al. (1965) Nucleosynthesis of Heavy Elements by Neutron Capture, *The Astrophysical Journal Supplement*, 11, 121, doi: 10.1086/190111

Shapley, H. (1918) Studies based on the colors and magnitudes in stellar clusters. VII. The distances, distribution in space, and dimensions of 69 globular clusters, *The Astrophysical Journal*, 48, 154, doi: 10.1086/142423

Sofue, Y. et al. (2009) Unified Rotation Curve of the Galaxy – Decomposition into de Vaucouleurs Bulge, Disk, Dark Halo, and the 9-kpc Rotation Dip –, *Publications of the Astronomical Society of Japan*, 61, 227, doi: 10.1093/pasj/61.2.227

Sowell, J.R. et al. (2007) H-R Diagrams Based on the HD Stars in the Michigan Spectral Catalogue and the Hipparcos Catalog, *The Astronomical Journal*, 134, 1089, doi: 10.1086/520060

Tordiglione, V. et al. (2003) Hipparcos open clusters as a test for stellar evolution, *Memorie della Società Astronomica Italiana*, 74, 520

Tully, R.B. (1982) The Local Supercluster, *The Astrophysical Journal*, 257, 389, doi: 10.1086/159999

Weidenschilling, S.J. (1977) The distribution of mass in the planetary system and solar nebula, *Astrophysics and Space Science*, 51, 153, doi: 10.1007/BF00642464

Woolf, N., Angel, J.R. (1998) Astronomical Searches for Earth-Like Planets and Signs of Life, *Annual Review of Astronomy and Astrophysics*, 36, 507, doi: 10.1146/annurev.astro.36.1.507

第Ⅱ部

Bird, P. (2003) An updated digital model of plate boundaries, *Geochemistry, Geophysics, Geosystems*, 4, 1027, doi: 10.1029/2001GC000252

Cawood, P.A. et al. (2013) The continental record and the generation of continental crust, *Geological Society of America Bulletin*, 125, 14, doi: 10.1130/B30722.1

DeMets, C. et al. (1994) Effect of recent revisions to the geomagnetic reversal time scale on estimates of current plate motions, *Geophysical Research Letters*, 21, 2191, doi: 10.1029/94GL02118

Dziewonski, A.M., Anderson, D.L. (1981) Preliminary reference Earth model, *Physics of the Earth and Planetary Interiors*, 25, 297, doi: 10.1016/0031-9201(81)90046

Forsyth, F. and Uyeda, S. (1975) On the relative importance of the driving forces of plate motion, *Geophysical Journal of the Royal Astronomical Society*, 43, 163, doi: 10.1111/j.1365-246X.1975.tb00631.x

Hiesinger, H. et al. (2010) Ages and stratigraphy of lunar mare basalts in Mare Frigoris and other nearside maria based on crater size-frequency distribution measurements, *Journal of Geophysical Research*, 115, E03003, doi: 10.1029/2009JE003380

入船徹男 (1997) マントル中の相転移と物質構成, 高圧力の科学と技術, 3, 19

Jewitt, D.C., Sheppard, S., Porco, C. (2004) Jupiter's Outer Satellites and Trojans. In Bagenal, F. (ed.) *Jupiter: The Planet, Satellites and Magnetosphere*, Cambridge University Press, 263

Kreemer, C. et al. (2014) A geodetic plate motion and Global Strain Rate Model, *Geochemistry, Geophysics, Geosystems*, 15, 3849, doi: 10.1002/2014GC005407

Mason, B. (1966) *Principles of Geochemistry* (3rd edition), John Wiley & Sons, 329

Maus, S. et al. (2007) National Geophysical Data Center candidate for the World Digital Magnetic Anomaly Map, *Geochemistry, Geophysics, Geosystems*, 8, Q06017, doi: 10.1029/2007GC001643

Mueller-Wodarg, I.C.F. et al. (2008) Neutral Atmospheres. In Nagy, A.F., Balogh, A., Cravens, T.E., Mendillo, M., Mueller-Wodarg, I. (eds.) *Comparative Aeronomy* (Space Sciences Series of ISSI, vol. 29), Springer, 191

Müller, R.D. et al. (2008) Age, spreading rates and spreading symmetry of the world's ocean crust, *Geochemistry, Geophysics, Geosystems*, 9, Q04006, doi: 10.1029/2007GC001743

Neukum, G. et al. (1975) A study of lunar impact crater size-distributions, *Moon*, 12, 201, doi: 10.1007/BF00577878

Newhall, C.G., Self, S. (1982) The volcanic explosivity index (VEI): An estimate of explosive magnitude for historical volcanism, *Journal of Geophysical Research*, 87(C2), 1231, doi: 10.1029/JC087iC02p01231

Reichow, M.K. et al. (2009) The timing and extent of the eruption of the Siberian Traps large igneous province: Implications for the end-Permian environmental crisis, *Earth and Planetary Science Letters*, 277, 9, doi: 10.1016/j.epsl.2008.09.030

Sandel, B. R., Goldstein, J., Gallagher, D.L., Spasojevic, M. (2003) Extreme Ultraviolet Imager observations of the structure and dynamics of the plasmasphere, *Space Science Review*, 109, 25, doi: 10.1023/B:SPAC.0000007511.47727.5

巽好幸 (1995) 沈み込み帯のマグマ学, 東京大学出版会, p. 186

Thebault, E. et al. (2015) International Geomagnetic Reference Field: the 12th generation, *Earth, Planets and Space*, 2015, 67, doi: 10.1186/s40623-015-0228-9

Vine, F.J. and Moores, E.M. (1972) A model for the gross structure, petrology, and magnetic properties of oceanic crust. In *Studies in Earth and Space Sciences: A Memoir in Honor of Harry Hammond Hess* (Memoir no. 132), Geological Society of America, 195

Watts, A.B. (2007) An Overview. In Watts, A.B. (ed.) *Crust and Lithosphere Dynamics* (Treatise of Geophysics, vol. 6), Elsevier, 1, doi: 10.1016/B978-044452748-6.00100-0

索　引

ま行

や・ら・わ行

著者紹介

佐藤文衛（さとうぶんえい）（第Ⅰ部執筆）
- 1975年　宮城県多賀城市出身
- 2003年　東京大学大学院理学系研究科天文学専攻博士課程修了
　　　　　博士（理学）
- 現在　　東京工業大学理学院地球惑星科学系准教授

綱川秀夫（つなかわひでお）（第Ⅱ部執筆）
- 1954年　栃木県宇都宮市出身
- 1982年　東京大学大学院理学系研究科地球物理学専攻博士課程修了
　　　　　理学博士
- 現在　　東京工業大学名誉教授、宇宙航空研究開発機構客員

NDC440　　351p　　21cm

宇宙地球科学（うちゅうちきゅうかがく）

2018年1月25日　第1刷発行
2020年8月25日　第3刷発行

著　者	佐藤文衛（さとうぶんえい）・綱川秀夫（つなかわひでお）
発行者	渡瀬昌彦
発行所	株式会社講談社

〒112-8001　東京都文京区音羽2-12-21
　　販売　（03）5395-4415
　　業務　（03）5395-3615

編　集	株式会社講談社サイエンティフィク
	代表　堀越俊一

〒162-0825　東京都新宿区神楽坂2-14　ノービィビル
　　編集　（03）3235-3701

本文データ制作	美研プリンティング株式会社
カバー・表紙印刷	豊国印刷株式会社
本文印刷・製本	株式会社講談社

ISBN 978-4-06-155242-5